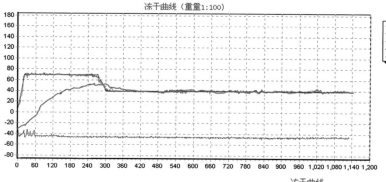

彩图 1　加热板分温度为二阶段变化时苹果片的冻干曲线

彩图 2　加热板分温度为四梯度时苹果片的冻干曲线

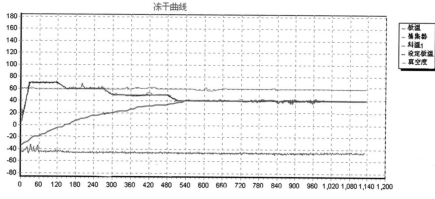

U0345168

彩图 3　加热板分温度为六梯度升温时苹果片的冻干曲线

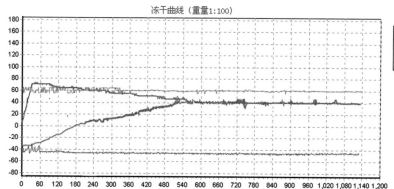

彩图 4　热风干燥苹果片

彩图 5　真空冷冻干燥苹果片

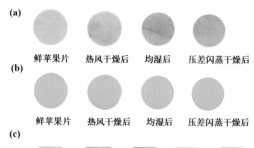

(a)　鲜苹果片　热风干燥后　均湿后　压差闪蒸干燥后

(b)　鲜苹果片　热风干燥后　均湿后　压差闪蒸干燥后

(c)

标准色卡1　标准色卡2　标准色卡3　标准色卡4　标准色卡5

	标准色卡1	标准色卡2	标准色卡3	标准色卡4	标准色卡5
R	213	201	201	175	149
G	204	182	163	135	90
B	152	114	99	95	53

(d)

鲜苹果片　热风干燥后　均湿后　压差闪蒸干燥后

彩图 6　压差闪蒸苹果脆片图像分割技术步骤：（a）原始图像；（b）背景移除；（c）确立参考色；（d）图像分割

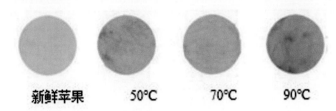

彩图7　不同预干燥温度压差闪蒸苹果脆片图像

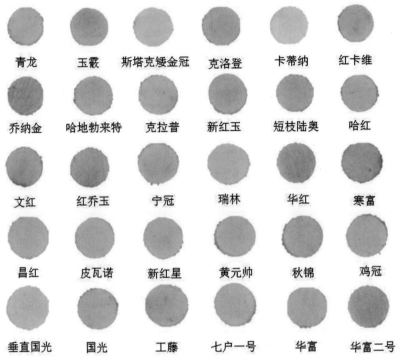

青龙　　　玉霰　　斯塔克矮金冠　　克洛登　　卡蒂纳　　红卡维

乔纳金　哈地勃来特　克拉普　　新红玉　　短枝陆奥　　哈红

文红　　　红乔玉　　　宁冠　　　瑞林　　　华红　　　寒富

昌红　　　皮瓦诺　　新红星　　黄元帅　　秋锦　　　鸡冠

垂直国光　　国光　　　工藤　　七户一号　　华富　　华富二号

彩图8　30个品种鲜苹果果肉图片

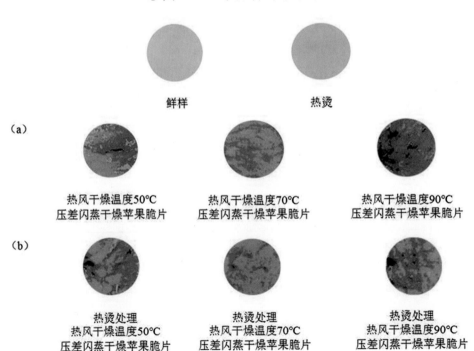

鲜样　　　　　　　　　热烫

（a）

热风干燥温度50℃　　　热风干燥温度70℃　　　热风干燥温度90℃
压差闪蒸干燥苹果脆片　　压差闪蒸干燥苹果脆片　　压差闪蒸干燥苹果脆片

（b）

热烫处理　　　　　　热烫处理　　　　　　热烫处理
热风干燥温度50℃　　热风干燥温度70℃　　热风干燥温度90℃
压差闪蒸干燥苹果脆片　压差闪蒸干燥苹果脆片　压差闪蒸干燥苹果脆片

彩图9　非热烫处理（a）与热烫处理（b）压差闪蒸苹果脆片图像分割处理图片对比

国家"十三五"重点研发计划　国家苹果产业技术体系

寒富苹果深加工关键理论与技术

李　斌　孟宪军　吕春茂　著

中国农业大学出版社
·北京·

内 容 简 介

本专著主要从寒富苹果深加工关键理论与技术两方面进行编写,着重介绍了寒富苹果果汁、果酒、脆片、果脯、果粉等产品加工理论和技术,并对加工后副产物多酚、果胶、膳食纤维、单细胞蛋白提取纯化等技术进行了详细介绍,旨在为苹果加工行业同行提供一些技术参数和应用指导。

图书在版编目(CIP)数据

寒富苹果深加工关键理论与技术 / 李斌,孟宪军,吕春茂著. — 北京:中国农业大学出版社,2018.7

ISBN 978-7-5655-2014-3

Ⅰ.①寒… Ⅱ.①李…②孟…③吕… Ⅲ.①苹果-水果加工-研究 Ⅳ.①TS255.4

中国版本图书馆 CIP 数据核字(2018)第 072239 号

书 名	寒富苹果深加工关键理论与技术
作 者	李 斌 孟宪军 吕春茂 著

策划编辑	王笃利 宋俊果	**责任编辑**	田树君
封面设计	郑 川		
出版发行	中国农业大学出版社		
社 址	北京市海淀区圆明园西路 2 号	**邮政编码**	100193
电 话	发行部 010-62818525,8625	**读者服务部**	010-62732336
	编辑部 010-62732617,2618	**出 版 部**	010-62733440
网 址	http://www.caupress.cn	**E-mail**	cbsszs @ cau.edu.cn
经 销	新华书店		
印 刷	涿州市星河印刷有限公司		
版 次	2018 年 7 月第 1 版 2018 年 7 月第 1 次印刷		
规 格	787×1 092 16 开本 16.5 印张 410 千字 彩插 1		
定 价	58.00 元		

图书如有质量问题本社发行部负责调换

前　　言

　　辽宁省素来有"苹果之乡"的美誉,苹果产量长期居全国首位。寒富苹果是由沈阳农业大学李怀玉教授以东光做母本、富士做父本选育而成,具有抗病、抗寒、果大、矮化、丰产、稳产、质优和美观等诸多优良特性,突破了世界苹果栽培"1 月份平均气温 −10℃ 安全线",将我国优质苹果栽培区域向北推移 200 km 以上,预计到 2020 年辽宁省栽培面积将达 200 万亩(1 亩 = 666.7 m²),产量将超过 200 万 t。受近年全国苹果产业规模迅速扩大的影响,寒富苹果整体价格走低,销量缓慢。以寒富苹果作为原料进行深加工,能够缓解收获季节大量苹果待出售的压力,减少因腐烂而造成的浪费;将农产品加工为休闲食品,能够提高产品附加值,增加农民收入,延长农业产业链,从而促进农业向产业化、现代化方向发展。沈阳农业大学食品学院"寒富苹果深加工关键理论与技术课题组"自"十五"以来一直从事寒富苹果深加工关键技术及综合利用研究,特别在寒富苹果多酚提取和性质研究、寒富苹果压差膨化脆片加工技术等基础理论方面的研究取得了系列成果,研究成果已处于国内领先地位,部分成果已申报国家发明专利,为寒富苹果的综合开发利用积累了坚实的理论基础和实践经验。

　　本专著主要从寒富苹果深加工关键理论与技术两方面进行编写,着重介绍了寒富苹果果汁、果酒、脆片、果脯、果粉等产品加工理论和技术,并对加工后副产物多酚、果胶、膳食纤维、单细胞蛋白提取纯化等技术进行了详细介绍,旨在为苹果加工行业同行提供一些技术参数和应用指导。

　　本专著涉及实验内容得到了中国农业科学院农产品加工研究所王强研究员、毕金峰研究员,沈阳农业大学园艺学院吕德国教授,辽宁省果蚕管理总站宣景宏研究员,沈阳农业大学食品学院岳喜庆教授、刘瑞海教授、辛广教授、张佰清教授、吴朝霞教授、颜廷才副教授、孙希云副教授、冯颖副教授、张琦副研究员、李冬男、汪艳群、王月华、檀德宏、史琳、边媛媛、田金龙、龚二生等老师的热情帮助和张炜佳、丑述睿、公丽艳、高琨等博士,张舒翼、王撼辰、崔慧军、何思、郭爽、曲彦丞、谢旭、张野、王博、石思文、韩璐、刘畅、宋雨涵、孙艺、赵明慧、郑鹏等硕士的辛勤付出,在此一并表示感谢。本书的出版得到了国家"十三五"重点研发计划(2016YFD0400203)、辽宁省科技厅、沈阳市科技局等资金资助。非常感谢国家农业部农产品加工局、辽宁省科技厅、沈阳市科技局有关领导对寒富苹果产业的关注和指导。由于编写仓促,水平有限,书中错误和缺憾之处在所难免,恳请读者谅解并提出宝贵的指导建议!

李斌

2018 年 1 月 23 日

我国40°N以北的广大冷凉地区受低温限制,历来是优质大苹果生产的禁区,国际上主栽的优质大苹果富士系、元帅系等品种不能正常越冬,只能零星种植一些酸度极高的劣质小苹果类型,经济效益低。寒富的育成打破了这种限制,扩大了传统优质大苹果的栽植区域,在1月份平均气温−10~−12℃的我国"三北"冷凉地区形成了优势产业,目前已占辽宁苹果栽培面积的1/2以上,全国超过250万亩,也是我国育成的300余个苹果品种中目前栽培面积最大、产量最高和效益最好的苹果品种,在促进冷凉地区农业产业结构调整、农村经济发展和农民致富方面起到了巨大作用。但是,随着产业规模的迅速扩大,果品依赖鲜食、产业链过短的弊端已经显现,果品精深加工是实现产业可持续发展的必由之路。寒富苹果除了良好的综合抗性和卓越的生产性能外,还具有优异的加工性状,如果实硕大、周正,可以加工成高档的脆片;果肉不易褐变,可以鲜切销售;制汁性能良好,可以加工成高档果汁;贮藏期间品质保持良好,适宜加工期长等。沈阳农业大学食品学院"寒富苹果深加工关键理论与技术课题组"多年来围绕寒富苹果全方位深加工的原理、关键技术进行了深入、系统的研究,并集成、优化了加工工艺,形成了多项专利成果,成为产业链延伸的可靠支撑。本著作《寒富苹果深加工关键理论与技术》系统总结了课题组多年的研究成果,既有深入系统的理论,又有可操作性强的技术,是理论联系实践的典范,相信这本著作的出版,会为东北地区苹果产业注入强劲的发展动力,也是其他农业产业可资借鉴的宝贵文献。

——吕德国

寒富苹果的选育成功将传统优质大苹果栽植北界向北推进了2个地理纬度,目前成为辽宁苹果栽培面积最大、产量最高和效益最好的苹果品种,从而改变了中国乃至世界大苹果栽培的适宜范围,特别是研究并建立了适于北纬40°以北地区集约、矮化栽培的"寒富/GM256/山丁子"砧穗组合的寒富苹果栽培理论体系及高效生产技术模式之后,实现了良种良法配套,极大地提高了寒富苹果的产量。寒富苹果产业链条涉及多个环节,其中的寒富苹果深加工是产业链条增粗延长的重要节点。多年来,沈阳农业大学食品学院"寒富苹果深加工关键理论与技术课题组"开展的寒富苹果深加工关键技术及综合利用研究,特别是在寒富苹果多酚提取和压差膨化脆片加工等基础理论方面的研究成果,为寒富苹果产业可持续发展奠定了坚实的理论基础和实践经验。寒富苹果果汁、果酒、脆片、果脯等产品加工理论和技术,以及加工后副产物多酚、果胶、膳食纤维、单细胞蛋白提取纯化等技术参数,是课题组人员多年的成果荟萃。既有深厚的理论功底,又有丰富的实践经验。该著作的出版对我国寒富苹果科学研究与生产实践均具有指导意义,对推动寒富苹果产业可持续发展具有重要作用。

——宣景宏

目　录

第一章　寒富苹果白兰地生产工艺的研究

第一节　概　　述

寒富苹果现多栽培于中国北方,主要是辽宁一带,辽宁地区生长季节的有效积温高达 2 560～3 642℃,而且日照充足,昼夜温差大,多为丘陵和山地,是苹果生产的有利条件。开发寒富苹果白兰地,一方面能够提高寒富苹果的市场需求量,带动辽宁及周边地区经济发展,具有重要意义;另一方面白兰地与中国的白酒类似,自进入中国市场以来,中国白酒市场受到严重冲击(孙俊良,2002),若能以寒富苹果为原料,酿造出澄清透明、果香宜人的寒富苹果白兰地,将会带动中国酿酒行业的发展,增加中国市场上高端酒的种类,为中国白酒品种的多样化提供发展平台。

第二节　酿造工艺参数对寒富苹果白兰地影响的研究

一、材料与条件

(一)材料、主要试剂

寒富苹果由沈阳农业大学园艺学院提供;安琪葡萄酒酵母:安琪酵母股份有限公司;果胶酶:烟台帝伯仕商贸有限公司;白砂糖:锦州佐源糖业食品有限公司。

碳酸钠、氯化钾、盐酸、醋酸钠、福林酚试剂:北京鼎国昌盛生物技术有限责任公司;焦性没食子酸、氢氧化钠、甲基红:国药集团化学试剂有限公司;聚氯乙烯袋:北京华盾塑料有限责任公司;亚铁氰化钾、3,5-二硝基水杨酸:北京市东区化工厂。

(二)主要仪器与设备

手持式数显糖度仪:成都泰华光学仪器有限公司;PHS-3C 型精密 pH 计:上海精密仪器厂;电子天平:上海越平科学仪器有限公司;UV-1600 紫外可见分光光度计:北京瑞丽分析仪器有限公司;手动 SPME 进样器、100 μm 聚二甲基硅氧烷 PDMS 萃取纤维头、Agilent 5975C-7890A 气质联用仪、15 mL 萃取瓶:美国 Supelco 公司;恒温水浴锅:上海乔跃电子有限公司。

(三)试验条件

1. 固相微萃取条件

如果萃取头是第一次使用,需要按照说明书上的操作步骤对其进行老化处理。根据本产品的说明书,确定老化温度为 250℃,老化时间为 30 min,直至无杂峰出现即可停止老化。利用固相微萃取法萃取寒富苹果白兰地香气成分,选用 100 μm PDMS 萃取头,萃取条件为:萃取温度 40℃,时间为 30 min,加入 1.5 g NaCl。

2. 色谱条件

(1)色谱条件。色谱柱:DB-1701(30 m×320 μm×0.25 μm);载气:(99.999%)氦气,流速 1.0 mL/min;进样口方式:不分流进样;程序升温:柱温 40℃,保持 5 min,以 10℃/min 升温至 110℃不保持,再以 5℃/min 的速度升至 130℃不保持,最后以 10℃/min 到 250℃保持 5 min(杨明志等,2007)。

(2)质谱条件。离子源温度为 230℃,四级杆温度 150℃,电离方式 EI,电子能量 70 eV,灯丝电流 150 μA,质核比扫描范围 55~550 m/z。采用 Agilent 化学工作站软件对数据进行收集和处理。

二、试验方法

(一)试验方法

1. 总糖的测定

(1)原理。总糖的测定采用 3,5-二硝基水杨酸比色测糖的方法(赵凯和许鹏,2008)。3,5-二硝基水杨酸试剂与还原糖溶液共同加热,可被还原成红棕色的氨基化合物(武平等,2011)。在一定范围内,还原糖的含量和颜色的深浅呈现线性关系。

(2)葡萄糖标准曲线的绘制。分别吸取葡萄糖标准溶液 0.0 mL,0.2 mL,0.4 mL,0.6 mL,0.8 mL,1.0 mL,1.2 mL,加入 7 支 25 mL 带塞式玻璃试管中,加水至 2 mL,接着再加入 0.5 mL 3,5-二硝基水杨酸溶液,沸水浴 5 min,取出用冷水浴冷却至室温后,定容至刻度,静置 15 min 之后,置于 520 nm 处用分光光度计测定吸光度,以试剂空白做参比对照(陈齐英等,2000)。

(3)酒样中总糖的测定。取一支 100 mL 的容量瓶,倒入事先量取的 20 mL 蒸馏水和一定体积的酒液,缓慢加入 10 mL 219 g/L 醋酸锌溶液和 106 g/L 的亚铁氰化钾溶液,加水至刻度,充分搅拌,静置 30 min。过滤并弃掉初滤液。量取 5 mL 上述溶液于 100 mL 容量瓶中,加入 1∶1 的盐酸 5 mL,再加 20 mL 水混匀,于(68±1)℃水浴中水解 15 min 后,取出冷却至室温,用 100 g/L 氢氧化钠溶液调至中性,最后加水定容至 100 mL。在 25 mL 比色管中加入 1 mL 处理液,用水稀释至 2 mL,再加入 0.5 mL 3,5-二硝基水杨酸试剂,沸水浴 5 min,冷水冷却至室温,于 520 nm 测定吸光度,以试剂空白为参考(施思和陈炼红,2010)。按公式(1)计算酒样中的总糖。

$$X = \frac{A}{W \times \frac{V_1}{100} \times \frac{V}{100}} \tag{1}$$

式中,

X—总糖含量,g/L;

A—酸味葡萄糖含量,mg;

W—样品体积,mL

V_1—样品稀释或水解的体积,mL;

V—测定用样品体积,mL。

2. 酒液中酒精的测定

(1)原理。利用酒精计测定酒液中的酒精度。酒精计是根据酒精浓度不同,比重不同,浮体沉入酒液中排开酒液的体积不同的原理而制造的。当酒精计放入酒液中时,酒的浓度越高,酒精计下沉也越多,比重也越小;反之,酒的浓度越低,酒精计下沉也越少,比重也越大。

(2)酒样中酒精度的测定。取 100 mL 酒液于 500 mL 的蒸馏瓶中,加水 100 mL,摇匀后对其进行蒸馏,再蒸馏出 100 mL 液体之后,蒸馏液的酒精度即为酒液的酒精度。

3. 总酸的测定

(1)原理。总酸测定采用电位滴定法(贾小霞,2010)。利用电位滴定法,在滴定过程中,随着滴定剂的不断加入,溶液的 pH 会逐渐发生变化,而其 pH 或电位值的变化能够通过复合电极测量出来并在屏幕上显示出来。通过仪器绘制 pH-V(滴定剂)或潜在的 E-V 曲线(滴定曲线),滴定终点后,可以读出滴定剂消耗量,计算结果。滴定终点为 9.0,能较好地与酚酞指示剂变色点相符合。

(2)酒样中总酸的测定。在 100 mL 烧杯加入 1 mL 酒样,加入 50 mL 水,插入电极,一边用氢氧化钠标准溶液滴定,一边搅拌,开始时搅拌速度较快,当 pH 达到 8 时,减缓搅拌速度,直至 9.0 为终点(游玉明,2009)。按公式(2)计算总酸含量。

$$X = (V - V_0) \times c \times f \times \frac{1}{V_1} \times 1\,000 \tag{2}$$

式中,

X — 酒样样品中总酸的含量,以酒石酸含量计,g/L;

c — 氢氧化钠标准溶液的浓度,mol/L;

V_0 — 空白试验消耗氢氧化钠标准溶液体积,mL;

V — 测定酒样样品消耗氢氧化钠标准溶液的体积,mL;

V_1 — 吸取酒样样品的体积,mL;

f — 消耗 1 mol/L 氢氧化钠 1 mL 时相当于酒石酸的克数。

4. 总酯的测定

(1)原理。利用皂化反应测定总酯含量。用氢氧化钠中和酒样的总酸后,加入过量的氢氧化钠,加热与酒中的酯起皂化反应,剩余的碱再用过量的硫酸溶液中和,再用氢氧化钠滴定中和过剩的硫酸,以测定总酯(王岸娜 等,2007)。

(2)总酯的测定方法。取 50 mL 酒样加入 250 mL 锥形瓶中,滴加 3 滴酚酞指示剂,用 0.1 mol/L 氢氧化钠中和,记下消耗的毫升数,以总酸含量计。准确加入 0.1 mol/L 的氢氧化钠 25 mL。装置回流冷凝管在沸水浴中加热回流煮沸 30 min,皂化。冷却后,用吸管加入 0.1 mol/L 硫酸溶液 25 mL,用 0.1 mol/L 氢氧化钠标准溶液滴定到呈微红色止,记下用去 0.1 mol/L 氢氧化钠的体积数(宋以玲,2012)。按公式(3)计算总酯含量。

$$X = \frac{(25 + A) \times N_1 - V \times N_2 \times 0.88 \times 100}{5} \tag{3}$$

式中，

X — 酒样样品中总酯的含量，以乙酸乙酯计，g/100 mL；

A — 皂化后滴定用去氢氧化钠标准溶液的体积，mL；

N_1 — 用作皂化及皂化后用去氢氧化钠标准溶液的浓度，mol/L；

N_2 — 皂化后加入硫酸标准溶液的浓度，mol/L；

V — 皂化后加入硫酸标准溶液的体积，mL；

0.88 — 醋酸乙酯的毫克当量数。

5. 可溶性固形物的测定

用手持式数显糖度仪测定白兰地中可溶性固形物的含量。

6. 寒富苹果白兰地香气成分的测定

吸取白兰地样品 8 mL（稀释样品的酒精度为 120 mL/L）于 SPME 样品瓶中，加入 1.5 g NaCl，加盖密封，摇匀之后放入 40℃ 水浴中平衡 10 min，预热结束之后，将老化好的固相微萃取头插入样品瓶中，推出纤维头使其位于液面之上 1.5 cm，顶空吸附 30 min 后，吸附结束，缩回纤维头，拔出萃取头。将萃取头插入气相色谱仪进样口，250℃ 解析 5 min 后拔出萃取头，启动仪器采集数据。各组分质谱经计算机检索并与图谱库（NIST—2005）的标准质谱图对照及文献资料分析。根据 Beaulieu 的报道（2009），可以利用总离子流色谱图面积归一化法确定每种物质的相对含量，用百分率表示，即成为相对百分含量。

（二）试验设计

1. 寒富苹果白兰地酿造的工艺流程

异维生素C钠　果胶酶
↓　　　　↓
寒富苹果→清洗→原料的破碎→榨汁→果汁的预处理→果汁成分调整（糖度、酸度的调整）→加纯培养酵母液→发酵→蒸馏→陈酿→成品。

2. 酵母菌的活化

按一定的酵母添加量称取适量活性干酵母，用 2% 的糖水于 38℃ 复水活化，置于 28～30℃ 恒温培养箱中，培养 2 h，当烧杯中形成上升泡沫，菌数水平达到 10^8 CFU/mL 时，即为活化完成（王战勇等，2010）。

3. 寒富苹果白兰地发酵工艺单因素设计

(1)初始糖度。分别量取 3 L 的寒富苹果汁于 5 L 的发酵罐中，初始糖度为 12%，分别加入 0.47 kg、0.62 kg、0.77 kg、0.94 kg、1.13 kg、1.34 kg、1.60 kg 白砂糖，分别使其初始糖度达到 24%、27%、30%、33%、36%、39%、42%，再分别加入 6 g 活化好的酵母菌，搅拌均匀，盖上盖子，置于 22℃ 恒温培养箱中发酵。发酵时间为 20 d。

(2)接种量。分别量取 3 L 的寒富苹果汁于 5 L 的发酵罐中，初始糖度为 12%，加入 0.94 kg 白砂糖，使其初始糖度达到 33%，再分别加入 0 g、3 g、6 g、9 g、12 g、15 g、18 g 活化好的酵母菌，使果汁中酵母含量分别达到 0 g/L、1 g/L、2 g/L、3 g/L、4 g/L、5 g/L、6 g/L。用一洁净的玻璃棒将其搅拌均匀，封口，置于 22℃ 恒温培养箱中发酵。发酵时间为 20 d。

(3)发酵温度。分别量取 3 L 的寒富苹果汁于 5 L 的发酵罐中，初始糖度为 12%，加入

0.94 kg 白砂糖,使其初始糖度达到 33%,再加入 9 g 活化好的酵母菌,使果汁中酵母含量达到 3 g/L。用一洁净的玻璃棒将其搅拌均匀,封口,分别置于 18℃、20℃、22℃、24℃、26℃、28℃、30℃ 的恒温培养箱中发酵。发酵时间为 20 d。

(4)发酵时间。分别量取 3 L 的寒富苹果汁于 5 L 的发酵罐中,初始糖度为 12%,加入 0.94 kg 白砂糖,使其初始糖度达到 33%,再加入 9 g 活化好的酵母菌,使果汁中酵母含量达到 3 g/L。搅拌均匀,封口,置于 24℃ 恒温培养箱中开始发酵。分别发酵 12 d、15 d、18 d、21 d、24 d、27 d、30 d。

4. 寒富苹果白兰地酿造工艺的确定

通过单因素实验确立较为适宜寒富苹果发酵的工艺参数之后,在此工艺参数下对寒富苹果进行发酵,蒸馏,利用 SPME、GC-MS 技术对不同工艺参数下的寒富苹果白兰地中的香气成分及相对含量进行检测,从而筛选出较为适合寒富苹果酿造的工艺参数。

5. 寒富苹果白兰地陈酿方式的确定

利用不同的人工催陈技术对寒富苹果白兰地的蒸馏液进行陈酿,通过检测酒液中的多酚含量、香气成分的种类以及相对含量,筛选出较为合适的陈酿方式。

6. 寒富苹果白兰地最佳生产工艺的确定

对在不同的工艺参数及陈酿方式下酿造出来的寒富苹果白兰地进行感官评价以确定寒富苹果白兰地的最佳生产工艺。

7. 寒富苹果白兰地的感官评价

由来自不同地域的走位成员组建的评价小组,参照 GB/T 15038—2006《葡萄酒、果酒通用分析方法》分别从外观、香气、滋味、典型性 4 个不同方面对不同加工工艺和陈酿方法酿造的寒富苹果白兰地酒进行感官分析。感官分析的评价标准如表 1-1 所示。

表 1-1　寒富苹果白兰地的感官评价

项目	满分	要　　求
外观	20	色泽鲜明光亮,澄清透明,无明显悬浮物,悦目协调
香气	40	具有纯正、优雅、愉悦、浓郁的果香和酒香
滋味	30	酒体丰满,醇厚协调,酸甜适中,柔和爽口
典型性	10	风格独特,典型完美

(三)工艺要点

1. 原料选择

选择的寒富苹果无明显腐烂、虫害,并且成熟度相近。

2. 清洗

去掉苹果蒂,用流动的水对其进行清洗以除去附着在苹果表面上的泥土、杂物、残存的农药和微生物等。苹果清洗好之后,切成小块,放入事先准备好的水中浸泡,水中添加 0.8% 的异维生素 C 钠,浸泡 5 min 左右即可。

3. 榨汁

压榨汁的可溶固形物含量为 12%,苹果出汁率为 58%。

4. 添加果胶酶

按每 9 L 果汁 1 g 果胶酶的比例进行添加(王春燕等,2003)。

5. 成分调整

酵母菌需要利用糖为其提供碳源来完成自身的生长繁殖。但是新鲜苹果中糖分含量比较低,如果只用鲜果浆(汁)发酵则酒度较低,口感较差。所以应该在果汁中添加适当的白砂糖,以提高果汁的含糖量,进而提高发酵酒中的酒精含量。糖度调整分别按总糖 24%、27%、30%、33%、36%、39%、42%的糖度进行加糖。

以糖度 15%为例:15%=(加糖量+苹果汁×苹果汁可溶性固形物含量)/(苹果汁量+加糖量)

6. 接种

将活化好的酵母液接入到调整成分后的果汁中。接种量调整分别按每 1 L 果汁 0 g、1 g、2 g、3 g、4 g、5 g、6 g 酵母活化液的比例进行添加。

7. 发酵管理

将发酵瓶擦洗干净,以免苹果汁在发酵过程中污染杂菌,晾干备用。最后将苹果汁装入发酵瓶中,苹果汁的量应控制在发酵瓶体积的 2/3 左右,苹果汁在发酵过程中体积会有所膨胀,要为其留出一定的空间。将发酵瓶放置好之后,每隔 2 d 要对其进行搅拌以使苹果汁发酵完全。

8. 蒸馏

待发酵停止之后,对其进行蒸馏。将发酵液倒入蒸馏锅中,蒸馏锅中温度逐渐升高,会有蒸馏液滴出。最初的蒸馏液中甲醇含量较高,会对人的身体健康造成损害,因此需要丢掉 5 mL 左右再继续蒸馏,蒸馏出 200 mL 后即可停止蒸馏,酒度(体积分数)为 40%左右,将其置于 500 mL 广口瓶中,同时与相同发酵条件下的对照组蒸馏液进行对比。

9. 陈酿

在蒸馏液中添加橡木片进行陈酿,陈酿后的苹果白兰地金黄透亮,味道优雅浓郁。

三、结果与分析

(一)酿造工艺对寒富苹果发酵液理化指标的影响结果

1. 初始糖度对寒富苹果发酵液理化指标的影响

仅改变果汁初始糖度,保持其他条件不变,进行单因素实验,在发酵结束后分别对其发酵液的理化指标进行测定,具体测定结果如表 1-2 所示。从表 1-2 中能够看出,初始糖度越高,发酵液中的酒精度含量越高,这是因为在酵母生长繁殖过程中,需要利用糖类物质为其自身发展提供能量,酵母菌能将糖类物质转化成酒精,因此,初始糖度越高,酒精度含量越高。发酵液中随着初始糖度的增加,总酸含量也逐渐增加,是因为酵母菌在生长过程中会向体系中释放热量,使体系温度升高,容易受到杂菌污染,感染产酸菌,所以酵母液浓度越大,发酵液中总酸含量越高(石思文等,2014)。总糖含量随着初始糖度的升高呈现先下降后平稳的趋势,是因为在一定范围,初始糖度越高,酵母菌可利用的糖类物质也就越多,繁殖速度越快,因此发酵液中的总糖含量会逐渐降低,但是由于发酵罐中空间有限,随着酵母的逐渐繁殖,氧气供给量无法满足酵母菌的生长需求,酵母菌开始大量衰亡,因此发酵液中总糖含量开始趋于平稳。

表 1-2　不同初始糖度的寒富苹果白兰地酿造参数

初始糖度/%	酒精度(20℃)/(%vol)	总酸/(g/L)	总糖/(g/L)	总酯/(g/L)
24	5.1	3.86	3.453	0.545
27	6.2	4.01	3.262	0.682
30	7.9	4.15	2.729	0.734
33	8.8	4.29	2.214	0.893
36	9.0	4.46	2.206	0.925
39	9.4	4.63	2.198	0.936
42	10.3	4.88	2.201	0.951

从表 1-2 中可以看出,随着初使糖度的增加,总酯含量处于上升趋势。酒之所以有自身独特的芳香,一大部分原因要归功于酯类物质。随着发酵时间的延长,发酵液中酒精度和酸度逐渐升高,因此发酵液中酯类物质的含量也在逐渐增加,酯类物质越多,酒液的香气越发浓烈、香醇。所以酯类物质的含量也是评价酒的品质的一项重要指标。综合考虑酒的口感、香气以及外观等因素(表 1-3),确定当果汁初始糖度为 33% 时,比较适宜寒富苹果的发酵,在此条件下,发酵液的各项理化指标均较好。

表 1-3　采用指标评分检验法对不同初始糖度的寒富苹果白兰地的评分结果

初始糖度/%	项目得分				总分
	外观	香气	滋味	典型性	
24	15.72±0.18[a]	26.66±0.72[a]	18.55±0.43[a]	6.63±0.55[a]	67.56
27	16.63±0.50[a]	29.58±0.55[b]	20.62±0.75[a]	7.35±0.20[b]	74.18
30	16.93±0.14[a]	30.45±0.26[a]	21.83±0.53[b]	7.43±0.38[a]	76.74
33	17.12±0.35[a]	33.53±0.43[a]	22.88±0.77[b]	7.88±0.33[a]	81.41
36	17.33±0.23[a]	33.21±0.35[a]	22.55±0.44[b]	7.62±0.45[a]	80.71
39	17.29±0.16[a]	36.45±0.33[a]	21.83±0.52[b]	7.42±0.36[a]	82.99
42	17.22±0.41[a]	35.85±0.57[b]	21.34±0.60[b]	7.21±0.56[b]	81.62

注:①当初始糖度为 36% 时,寒富苹果发酵液各项理化指标也较好,香气及滋味评分也较高。因此,初始糖度 36% 这一条件留作备用,在后期分析酿造工艺对寒富苹果白兰地香气成分的影响中使用。
②a,b 表示差异显著性,下同。

2. 接种量对寒富苹果发酵液理化指标的影响

保持果汁初始糖度为 33%,仅改变酵母接种量,其他条件不变,进行单因素实验。在发酵结束后分别对其发酵液的理化指标进行测定,具体测定结果如表 1-4 所示。从表 1-4 中能够看出,在一定范围内,酵母接种量越大,发酵液中的酒精度含量越高,总糖含量越低,这是因为酵母基数越大,其繁殖速度就越快,消耗的糖分也就越多,从而转化的酒精量也越多。

但是当酵母基数过大时,酵母菌就会出现繁殖过剩的情况,体系内的糖分和氧气不足以满足酵母菌自身生长繁殖所需的条件,所以酵母菌会出现自溶现象,因此,发酵液中的酒精度会趋于稳定。发酵液中的总酸含量随着酵母接种量的增加而升高,这是因为酵母菌在自溶过程中,会释放酸性物质,使体系内的总酸含量增加。随着酵母接种量的增加,总酯含量也逐渐升高。综合考虑酒的口感、香气以及外观等因素(表1-5),确定酵母接种量为 3 g/L,比较适宜寒富苹果的发酵,在此条件下,发酵液的各项理化指标均较好。

表1-4 不同接种量的寒富苹果白兰地酿造参数

接种量/(g/L)	酒精度(20℃)/(%vol)	总酸/(g/L)	总糖/(g/L)	总酯/(g/L)
0	3.9	2.33	9.582	0.632
1	5.8	2.75	6.037	0.891
2	6.9	4.06	4.545	0.925
3	8.5	4.27	2.233	0.954
4	9.2	4.68	1.981	0.963
5	9.5	4.92	1.788	0.972
6	9.6	5.08	1.662	0.977

表1-5 采用指标评分检验法对不同接种量的寒富苹果白兰地的评分结果

接种量/(g/L)	项目得分				总分
	外观	香气	滋味	典型性	
0	14.62 ± 0.25^a	13.41 ± 0.35^a	9.88 ± 0.69^a	5.48 ± 0.34^a	43.39
1	14.98 ± 0.30^a	19.47 ± 0.26^b	14.32 ± 0.53^a	6.35 ± 0.18^b	55.12
2	16.52 ± 0.46^a	28.35 ± 0.29^b	22.75 ± 0.82^b	7.47 ± 0.36^a	75.09
3	17.62 ± 0.21^a	34.53 ± 0.41^a	25.65 ± 0.28^b	8.93 ± 0.34^a	86.71
4	17.43 ± 0.28^a	34.02 ± 0.22^b	23.16 ± 0.23^b	8.39 ± 0.38^a	83.00
5	16.44 ± 0.32^a	34.37 ± 0.34^b	26.83 ± 0.52^b	8.13 ± 0.29^a	85.77
6	16.08 ± 0.62^a	34.13 ± 0.16^b	26.34 ± 0.60^b	7.92 ± 0.16^b	84.47

3. 发酵温度对寒富苹果发酵液理化指标的影响

果汁初始糖度为 33%,酵母接种量为 3 g/L,仅改变发酵温度,保持其他条件不变,进行单因素实验。在发酵结束后分别对其发酵液的理化指标进行测定,具体测定结果如表1-6所示。从表1-6中能够看出,在一定范围内,发酵温度越高,发酵液中的酒精度含量越高,总糖含量越低,这是因为随着发酵温度的升高,也越接近酵母菌的最适繁殖温度,所以其繁殖速度就越快,消耗的糖分也就越多,从而转化的酒精量也越多。但是当发酵温度过高时,酵母菌的生长就会受到抑制,因此,发酵液中的酒精度会趋于稳定。发酵液中的总酸和总酯含量均随发酵温度的升高而升高。综合考虑酒的口感、香气以及外观等因素(表1-7),确定发酵温度为 24℃,比较适宜寒富苹果的发酵,在此条件下,发酵液的各项理化指标均较好。

表 1-6　不同发酵温度的寒富苹果白兰地酿造参数

发酵温度/℃	酒精度(20℃)/(%vol)	总酸/(g/L)	总糖/(g/L)	总酯/(g/L)
18	7.1	3.85	5.613	0.894
20	7.6	3.92	4.825	0.908
22	8.2	4.03	3.281	0.926
24	8.8	4.19	2.368	0.947
26	9.1	4.32	2.055	0.965
28	9.0	4.53	1.968	0.972
30	9.2	4.58	2.033	0.983

表 1-7　采用指标评分检验法对不同发酵温度的寒富苹果白兰地的评分结果

发酵温度/℃	项目得分				总分
	外观	香气	滋味	典型性	
18	14.93±0.26[a]	22.67±0.35[a]	16.34±0.28[a]	5.72±0.45[a]	59.66
20	15.42±0.27[a]	24.82±0.44[b]	18.35±0.37[a]	6.03±0.28[b]	64.62
22	15.97±0.51[a]	30.18±0.46[a]	22.37±0.45[b]	7.63±0.22[a]	76.15
24	18.33±0.26[a]	36.52±0.29[b]	27.29±0.43[b]	8.55±0.17[a]	90.69
26	17.67±0.28[a]	33.52±0.25[a]	26.81±0.38[b]	7.93±0.31[a]	85.93
28	17.39±0.36[a]	34.11±0.18[a]	25.59±0.23[a]	7.69±0.37[a]	84.78
30	17.22±0.41[a]	35.32±0.15[b]	25.16±0.25[b]	7.56±0.26[b]	85.26

4. 发酵时间对寒富苹果发酵液理化指标的影响

果汁初始糖度为33%,酵母接种量为3 g/L,发酵温度24℃,仅改变发酵时间,进行单因素实验。在发酵结束后分别对其发酵液的理化指标进行测定,具体测定结果如表1-8所示。从表1-8中能够看出,在一定范围内,发酵时间越长,发酵液中的酒精度含量越高,总糖含量越低,这是因为随着发酵时间的延长,酵母菌繁殖的数量越多,消耗的糖分也就越多,从而转化的酒精量也越多。但是当发酵时间达到一定阶段之后,酒精度将不再发生变化,这是因为

表 1-8　不同发酵时间的寒富苹果白兰地酿造参数

发酵时间/d	酒精度(20℃)/(%vol)	总酸/(g/L)	总糖/(g/L)	总酯/(g/L)
12	4.8	3.56	5.326	0.632
15	5.2	3.92	5.168	0.891
18	6.9	4.15	3.953	0.925
21	7.5	4.28	3.663	0.954
24	8.9	4.37	2.285	0.963
27	9.0	4.39	2.242	0.972
30	9.0	4.40	2.235	0.977

体系中的营养物质已经被酵母菌消耗完全,因此酒精度趋于稳定。发酵液中的总酸和总酯含量随着发酵时间的延长而升高。综合考虑酒的口感、香气以及外观等因素(表1-9),确定发酵时间为24 d,比较适宜寒富苹果的发酵,在此条件下,发酵液的各项理化指标均较好。

表1-9 采用指标评分检验法对不同发酵时间的寒富苹果白兰地的评分结果

发酵时间/d	项目得分				总分
	外观	香气	滋味	典型性	
12	12.16±0.23ᵃ	20.68±0.17ᵃ	12.84±0.35ᵃ	5.36±0.87ᵃ	51.04
15	15.25±0.74ᵃ	24.36±0.26ᵇ	15.26±0.37ᵃ	5.45±0.26ᵇ	60.32
18	15.97±0.36ᵃ	26.37±0.84ᵃ	17.37±0.95ᵇ	6.77±0.73ᵃ	66.48
21	16.84±0.36ᵃ	30.23±0.63ᵃ	24.26±0.78ᵇ	7.82±0.26ᵃ	79.15
24	17.95±0.23ᵃ	36.83±0.62ᵃ	26.88±0.36ᵇ	8.75±0.47ᵃ	90.41
27	17.73±0.13ᵃ	37.84±0.47ᵃ	25.35±0.62ᵇ	8.27±0.45ᵃ	89.19
30	17.16±0.63ᵃ	38.05±0.33ᵇ	24.25±0.26ᵇ	8.21±0.64ᵇ	87.67

注:当发酵时间为30 d时,寒富苹果发酵液的各项理化指标均较好,尤其是发酵液中总酯的含量,比24 d的时候高很多,香气较为浓郁,但是总酸上升,总糖含量下降,导致口感略差。因此发酵时间30 d作为备选条件,以作为后期酿造工艺对寒富苹果白兰地的香气物质影响的因素条件。

综上所述,果汁初始糖度为33%,酵母接种量为3 g/L,发酵温度24℃,发酵时间为24 d,在这样的工艺参数下,酿制的发酵液理化指标较好,感官评分也最高。

考虑到初始糖度为36%和发酵时间30 d这两个工艺参数下,寒富苹果发酵液的理化指标与在初始糖度33%和发酵时间24 d工艺参数下相比,结果也较好,因此在开展酿造工艺对寒富苹果白兰地香气成分的影响实验中,也将改变这两个工艺参数,通过SPME和GC-MS方法测定寒富苹果白兰地的香气物质,分析并对比,以确定适宜寒富苹果白兰地的酿造工艺。

(二)酿造工艺对寒富苹果发酵液香气成分的影响

实验共设置3个实验组,1个对照组,具体酿造工艺参数详见表1-10。

表1-10 寒富苹果白兰地酿造参数

组别	初始糖度/%	接种量/(g/L)	发酵温度/℃	发酵时间/d
A	33	3	24	24
B	36	3	24	24
C	33	3	24	30
对照	12	0	20	24

1. 对照组工艺参数下寒富苹果白兰地香气成分

根据表1-10中对照组设置的工艺参数,酿造寒富苹果白兰地,采用固相顶空微萃取技术萃取其香气成分,利用GC-MS法对其进行分析检测,总离子流图详见图1-1。

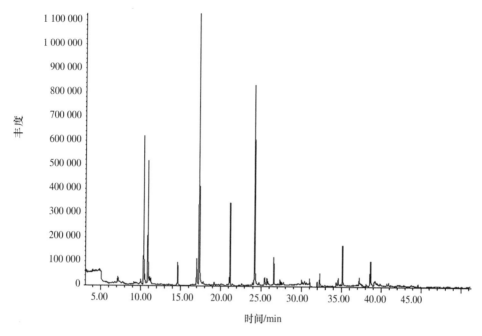

图 1-1　对照组寒富苹果白兰地总离子流图

通过计算机检索,并与 NIST—2005 质谱库提供的标准质谱图配比对照,得到定性定量结果,通过归一积分法得到对照组寒富苹果白兰地中香气成分的相对含量,如表 1-11 所示。

根据表 1-11 和表 1-12 可以看出:通过对对照组的寒富苹果白兰地的鉴定可以测出,对照组的寒富苹果白兰地的香气物质中共有 46 种香气成分。香气成分的主要部分来源是酵母菌的发酵,在苹果酒发酵的过程中,酵母菌会将碳水化合物进行分解,其产物主要是乙醇和二氧化碳,同时,也会生成少量的其他类型的香气物质。这些结构不相同的物质统称为发酵副产物,通过对其进一步划分,又可分为初级副产物、次生副产物,还有一部分物质,它既不是来源于发酵过程,也不是来源于酵母代谢,其大部分都是果酒的发酵香气(Beloqui A A, de Pinho P G,1995)。发酵果酒的酒香主要包括醇类化合物、酯类化合物、羧酸类化合物、烯烃类化合物以及其他化合物(Ajila et al,2011)。

表 1-11　对照组寒富苹果白兰地中主要香气成分的种类及其相对含量

序号	保留时间/min	化合物	相对含量/%	匹配度/%
1	1.943	乙醇	16.436	83.6
2	2.132	乙酸	1.234	86.4
3	2.253	乙醇酸	4.868	97.6
4	2.533	乙酸乙酯	3.347	88.5
5	2.657	正丙醇	1.578	78.2
6	3.286	2-甲基-3-乙基环氧乙烷	0.348	91.2
7	3.697	1,1-二乙氧基乙烷	0.548	91.3
8	4.435	1-乙氧基-3-己烯	0.189	88.3
9	4.683	2-甲基-1-丙醇	0.432	92.7

序号	保留时间/min	化合物	相对含量/%	匹配度/%
10	4.758	2-甲基-1-丁醇	4.389	81.4
11	5.348	4-羟基-2-十一烯	0.084	71.5
12	7.896	丙二酸二乙酯	0.011	87.2
13	10.868	香叶基丙酮	0.269	83.1
14	11.335	乙酸丁酯	0.384	86.9
15	11.457	乙酸丙酯	0.142	74.2
16	14.865	2-甲基丁酸	0.148	70.7
17	16.658	乙酸乙酯	0.838	80.2
18	19.435	特戊酸-2-甲基丙酯	0.037	71.1
19	25.958	乙酸己酯	4.853	92.5
20	30.405	乙酸-2-甲基丁酯	0.084	78.5
21	30.689	己酸异戊酯	0.189	70.2
22	30.858	己酸	0.358	88.4
23	31.345	庚酸乙酯	0.037	77.6
24	31.574	1-辛醇	0.373	74.5
25	33.379	2-甲基庚酸	0.038	88.4
26	33.753	惕各酸丁酯	0.238	81.1
27	33.856	3-甲基噻吩	0.096	89.1
28	33.921	正辛酸异丁酯	0.189	87.5
29	35.152	4-癸烯酸乙酯	0.223	75.4
30	35.385	己酸己酯	4.659	90.1
31	35.848	癸酸乙酯	11.549	79.8
32	37.846	辛酸-2-甲酸丁酯	0.548	74.4
33	38.354	α-法尼烯	16.759	79.9
34	38.433	3,7,11-三甲基-1,3,4,6,10-十二四烯	0.859	71.6
35	38.647	1-乙烯基-3-乙基-2-甲基环戊烷	0.195	83.8
36	39.254	1-甲基-4-(1-甲基乙烯基)环己烯	0.158	77.5
37	39.530	辛酸己酯	1.859	77.8
38	40.168	十二酸乙酯	4.359	85.2
39	40.223	二苯基甲烷	0.348	73.1
40	40.698	1,4-二乙基-1,4-二甲基-2,5-环己二烯	0.494	79.5
41	40.923	2,6-二甲基-2,4,6,-辛三烯	0.085	78.5
42	41.339	4,5-二甲基-1-己烯	0.374	77.5
43	41.646	10-十一烯酸乙酯	0.495	78.5
44	41.668	十四酸乙酯	0.237	92.3
45	41.695	2-甲基十一酸甲酯	0.279	86.4
46	42.755	十六酸乙酯	0.859	86.7
		总计	100.00	

表 1-12　对照组寒富苹果白兰地中香气成分分析结果

香气成分类别	数量	相对含量/%
酯类	22	48.533
羧酸类	4	7.265
醇类	5	22.143
酮类	1	0.267
烃类	14	22.335
其他	0	0
共计	46	100.00

注:本试验为舍去测出匹配度小于70%的香气物质后重新归一计算的香气物质百分数含量。

通过对照组寒富苹果白兰地香气成分分析可以看出,其主要香气物质就是乙醇、乙醇酸、乙酸乙酯、2-甲基丁酸丁酯、乙酸己酯、丁酸乙酯、辛酸乙酯、2-甲基丁酸己酯、己酸己酯、癸酸乙酯、α-法尼烯、辛酸己酯、十二酸乙酯、十六碳酸乙酯等。其中,酯类、醇类和烃类化合物是最主要的挥发性香气成分,相对含量占总挥发性香气成分的90%以上。其中α-法尼烯、乙酸乙酯、2-甲基丁酸己酯和2-甲基丁酸丁酯、乙酸己酯等香气物质在酒中含量和所占比例均较高,说明其对寒富苹果白兰地的香气贡献比较大。Echeverria等的研究结果表明,苹果具有特征香气,而对其特征香气贡献最大的物质就是酯类,主要为2-甲基丁酸乙酯、2-甲基丁酸丁酯以及乙酸己酯这三种酯类物质(Echevern et al,2004)。在寒富苹果白兰地中检测出了α-法尼烯,首先它会在苹果果实表皮角质层中大量合成,然后再分别向外蜡质层和向内皮下细胞和果肉薄壁细胞双向转移(段亮亮等,2010)。它在苹果中有较高的含量,是苹果香气物质的重要组成部分。

丁酸乙酯、乙酸丁酯和丁酸己酯等香气成分,在对照组寒富苹果白兰地中均检测出来了,其中丁酸乙酯具有苹果、菠萝的甜味香味,却不持久,极易挥发扩散;辛酸乙酯和癸酸乙酯含量要较大,辛酸乙酯具有令人愉快的花果香气,并且更加稳定,更能持久地保持其香气味道。

2. A组工艺参数下寒富苹果白兰地香气成分

根据表 1-10 中 A组设置的工艺参数,酿造寒富苹果白兰地,采用固相顶空微萃取技术萃取其香气成分,利用GC-MS法对其进行分析检测,总离子流图详见图1-2。

通过计算机检索,并与 NIST—2005 质谱库提供的标准质谱图配比对照,得到定性定量结果,通过归一积分法得到 A组寒富苹果白兰地中香气成分的相对含量,如表 1-13 所示。

根据表 1-13 和表 1-14 可以看出:通过对 A组的寒富苹果白兰地的鉴定可以测出,A组的寒富苹果白兰地的香气物质中共有 69 种香气成分。

通过对 A与对照组的寒富苹果白兰地香气成分分析对比可以看出,对照组中含有的香气成分物质,A组寒富苹果白兰地中都有,而且 A组寒富苹果白兰地的香气物质的种类还比对照组多了 23 种,其中有 2-羰基-3-甲基-丁酸甲酯、3,7-二甲基丁酯、4-氰基-3-甲基苯甲酸甲酯和 2-苯乙基乙酸酯等酯类物质。根据 Echeverria 等的研究结果可知,苹果的特征香气贡献最大的物质就是酯类,而在 A实验组中的寒富苹果白兰地中的酯类物质明显多于对照组,丰富了寒富苹果白兰地的香气,提高了寒富苹果白兰地的品质。从而也更能够确定,在前期的单因素实验中确定的发酵条件,的确比较适合用于寒富苹果白兰地的酿造。

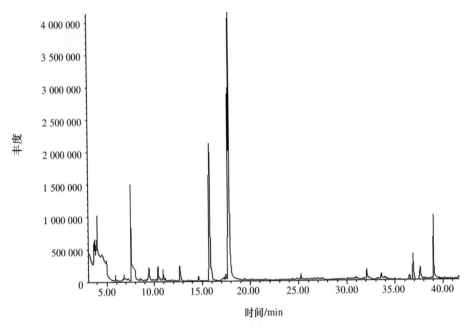

图 1-2　A组寒富苹果白兰地总离子流图

表 1-13　A组寒富苹果白兰地中主要香气成分的种类及其相对含量

序号	保留时间/min	化合物	相对含量/%	匹配度/%
1	1.748	乙醇	15.043	80.9
2	2.147	乙酸	0.826	84.4
3	2.192	乙醇酸	5.067	91.8
4	2.493	乙酸乙酯	3.545	89.7
5	2.645	正丙醇	1.774	79.5
6	3.246	2-甲基-3-乙基环氧乙烷	0.146	82.3
7	4.671	1,1-二乙氧基乙烷	0.557	93.3
8	4.739	1-乙氧基-3-己烯	0.057	87.2
9	4.889	2-甲基-1-丙醇	0.458	89.7
10	4.997	2-甲基-1-丁醇	4.236	82.8
11	6.354	4-羟基-2-十一烯	0.084	76.5
12	9.892	丙二酸二乙酯	0.013	83.3
13	10.615	2-甲基-3-羧基-4,6-辛二烯	0.087	72.9
14	10.893	香叶基丙酮	0.235	86.1
15	11.341	乙酸丁酯	0.357	88.5
16	11.406	乙酸丙酯	0.015	78.2
17	14.964	2-甲基丁酸	0.076	75.7
18	15.535	苯甲酸	1.067	93.5
19	17.827	2-羰基-3-甲基-丁酸甲酯	0.031	86.5
20	17.816	乙酸乙酯	0.882	87.7

续表 1-13

序号	保留时间/min	化合物	相对含量/%	匹配度/%
21	20.067	特戊酸-2-甲基丙酯	0.035	74.7
22	22.73	1,1-二乙氧基正己烷	0.227	84.4
23	22.945	2-甲基丁酸丁酯	0.854	84.8
24	27.363	乙酸己酯	3.016	91.9
25	27.643	丁酸己酯	0.821	85.4
26	27.722	丙酸-2-甲基己酯	0.112	81.7
27	27.968	辛酸己酯	5.152	94.3
28	28.087	丁酸己酯	1.421	76.5
29	28.257	己醇	0.375	77.6
30	29.662	2-甲基丁酸己酯	8.451	80.8
31	29.844	3-甲基丁酸己酯	0.351	83.6
32	30.163	乙酸-2-甲基丁酯	0.035	78.5
33	30.243	己酸异戊酯	0.145	70.2
34	30.545	己酸	0.387	88.4
35	31.512	庚酸乙酯	0.057	77.2
36	31.756	1-辛醇	0.313	74.7
37	33.036	2-甲基庚酸	0.077	88.4
38	33.368	惕各酸丁酯	0.290	81.9
39	33.489	3-甲基噻吩	0.013	89.7
40	33.979	正辛酸异丁酯	0.147	87.5
41	35.047	4-癸烯酸乙酯	0.234	75.9
42	35.668	己酸己酯	4.669	90.5
43	35.603	癸酸乙酯	11.799	79.7
44	37.567	辛酸-2-甲酸丁酯	0.402	74.1
45	37.875	3,7-二甲基丁酯	0.976	84.5
46	38.147	4-氰基-3-甲基苯甲酸甲酯	0.389	71.3
47	39.399	α-法尼烯	16.751	79.9
48	39.867	7,11-二甲基-3-亚甲基-1,6,10-十二碳三烯	0.338	74.1
49	40.246	3,7,11-三甲基-1,3,4,6,10-十二四烯	0.847	71.6
50	41.136	1-乙烯基-3-乙基-2-甲基环戊烷	0.148	85.5
51	41.275	1-甲基-4-(1-甲基乙烯基)环己烯	0.148	78.0
52	41.547	辛酸己酯	1.848	78.6
53	41.556	十二酸乙酯	4.307	85.2
54	41.572	二苯基甲烷	0.676	72.1
55	41.683	1,4-二乙基-1,4-二甲基-2,5-环己二烯	0.095	73.5
56	41.695	1,3-二(1-甲基乙基)-1,3-环戊二烯	0.603	77.1
57	41.923	2,6-二甲基-2,4,6,-辛三烯	0.031	82.5

序号	保留时间/min	化合物	相对含量/%	匹配度/%
58	41.925	邻苯二甲酸酐	0.911	78.1
59	42.139	4,5-二甲基-1-己烯	0.268	76.5
60	42.227	5-甲基-4-(2-甲基-2-丙烯)-1,4-己二烯	0.167	77.4
61	42.456	硫酸异戊酯	0.079	73.9
62	42.632	6-乙基-2-甲基-癸烷	0.006	73.8
63	42.727	1,3-二甲乙烯基-4,5,5-三甲基环己烷	0.077	77.5
64	42.832	1-(2-呋喃基)-3-丁烯-1,2-二醇	0.005	76.4
65	42.922	10-十一烯酸乙酯	0.434	76.9
66	43.025	2-苯乙基乙酸酯	0.661	93.2
67	43.042	十四酸乙酯	0.746	97.5
68	43.117	2-甲基十一酸甲酯	0.086	88.2
69	43.125	十六酸乙酯	0.884	87.2
		总计	100.00	

表 1-14 A 组寒富苹果白兰地中香气成分分析结果

香气成分类别	数量	相对含量/%
酯类	34	64.873
羧酸类	7	2.538
醇类	8	14.885
酮类	2	0.254
烃类	15	17.437
其他	3	0.013
共计	69	100.00

注:本试验为舍去测出匹配度小于 70% 的香气物质后重新归一计算的香气物质百分数含量。

丁酸乙酯、乙酸丁酯和丁酸己酯等香气成分,在 A 组寒富苹果白兰地中也被检测出来了,其中丁酸乙酯具有苹果、菠萝的甜果香味,却不持久,极易挥发扩散;辛酸己酯和癸酸乙酯含量比对照组含量高,其主要原因就是 A 组中的初始糖度较高,而且酵母含量较大,因此,在酵母繁殖过程中,其利用糖类物质供其自身生长,在发酵过程中,酯类物质产生,并发生了一系列复杂的变化,酯类物质合成之后会被分解,再次合成,形成了其他类型的高级酯或者其他的性质更加稳定的香味物质。从香气分布上可以看出,A 实验组的寒富苹果白兰地明显优于对照实验组。不但有水果香味的乙酸丙酯、己酸乙酯等物质,除此以外,还检测出闻香愉快的醇类香气成分正丙醇、1-辛醇,羧酸类香味物质、己酸和烯烃类香味物质等,这些化合物使香气更为浓郁(张明霞等,2011),在一定程度上决定了酒的品质,使其口感更加独特自然,口感复杂更有层次(尚宏芹,2010)。

3. B组工艺参数下寒富苹果白兰地香气成分

根据表1-10中B组设置的工艺参数,酿造寒富苹果白兰地,采用固相顶空微萃取技术萃取其香气成分,利用GC-MS法对其进行分析检测,总离子流图详见图1-3。

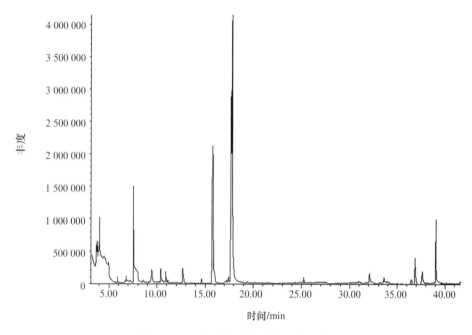

图1-3　B组寒富苹果白兰地总离子流图

通过计算机检索,并与NIST—2005质谱库提供的标准质谱图配比对照,得到定性定量结果,通过归一积分法得到A组寒富苹果白兰地中香气成分的相对含量,如表1-15所示。根据表1-15和表1-16可以看出:通过对B组的寒富苹果白兰地的鉴定可以测出,B组的寒富苹果白兰地的香气物质中共有57种香气成分。

与对照组相比,B组香气成分中,酯类物质多了9种,羧酸类物质增加1种,醇类物质增加1种,其他类物质增加1种,共增加了11种物质。其中包括丙酸2-甲基己酯、2-甲基丁酸己酯、3-甲基丁酸己酯、2-苯乙基乙酸酯、硫酸异戊酯、4-氰基-3-甲基苯甲酸甲酯、1-(2-呋喃基)-3-丁烯-1,2-二醇等物质。酯类物质对寒富苹果白兰地的香气组分至关重要,酯类物质大幅度减少,会导致寒富苹果白兰地品质下降。

与A组香气相比,B组中香气成分减少,虽然B组提高了果汁的初始糖度,但是在繁殖初期,由于体系内底物十分丰富会使酵母菌大量繁殖,由于酵母消耗糖用于自身生长繁殖,因此酵母菌的数量会与糖浓度成反比例关系,即酵母数量急剧上升,而糖浓度会迅速下降。酵母数量的迅速增加会导致体系内的酵母菌产生竞争机制,在此过程中,酵母会产生自溶现象,向体系内释放酸类物质,而酸类物质会影响体系内的pH,pH下降会使酵母菌的生长和繁殖受到抑制,所以糖浓度过高,反而使寒富苹果白兰地的香气降低,因为寒富苹果白兰地的香气物质有一大部分是酵母菌在其发酵过程中产生的,因此,当果汁初始糖度过高时,寒富苹果白兰地的香气物质必然受影响,而寒富苹果白兰地的香气也不会那么芳香浓郁了。因此,虽然初始糖度在36%时,寒富苹果白兰地的各项理化指标都比较好,但是由于其香气较为清淡,所以初始糖度依然采用33%。

表 1-15　B 组寒富苹果白兰地中主要香气成分的种类及其相对含量

序号	保留时间/min	化合物	相对含量/%	匹配度/%
1	1.588	乙醇	15.738	85.3
2	2.538	乙酸	0.762	83.2
3	2.388	乙醇酸	5.832	91.7
4	2.467	乙酸乙酯	3.738	88.9
5	2.845	正丙醇	1.283	78.4
6	3.377	2-甲基-3-乙基环氧乙烷	0.942	83.3
7	4.276	1,1-二乙氧基乙烷	0.278	93.1
8	4.526	1-乙氧基-3-己烯	0.732	87.2
9	4.829	2-甲基-1-丙醇	0.732	90.6
10	4.980	2-甲基-1-丁醇	4.278	80.1
11	6.273	4-羟基-2-十一烯	0.843	72.5
12	9.844	丙二酸二乙酯	0.732	81.7
13	10.246	香叶基丙酮	0.278	84.3
14	11.232	乙酸丁酯	0.832	86.5
15	11.472	乙酸丙酯	0.735	77.1
16	14.738	2-甲基丁酸	0.632	72.3
17	17.732	乙酸乙酯	0.732	80.1
18	20.127	特戊酸-2-甲基丙酯	0.035	77.6
19	22.272	2-甲基丁酸丁酯	0.854	83.2
20	27.370	乙酸己酯	3.016	90.7
21	27.453	丁酸己酯	0.821	82.8
22	27.622	丙酸 2-甲基己酯	0.112	83.6
23	27.759	辛酸己酯	5.152	95.5
24	28.125	丁酸己酯	1.421	77.6
25	28.464	己醇	0.375	79.3
26	29.267	2-甲基丁酸己酯	8.451	87.8
27	29.577	3-甲基丁酸己酯	0.351	88.2
28	30.272	乙酸-2-甲基丁酯	0.035	76.4
29	30.263	己酸异戊酯	0.145	73.9
30	30.748	己酸	0.329	86.8
31	31.159	庚酸乙酯	0.090	77.7
32	31.783	1-辛醇	0.313	73.7
33	33.267	2-甲基庚酸	0.077	89.6
34	33.355	3-甲基噻吩	0.721	88.7
35	35.278	4-癸烯酸乙酯	0.732	76.9

序号	保留时间/min	化合物	相对含量/%	匹配度/%
36	35.353	己酸己酯	4.892	92.1
37	35.643	癸酸乙酯	11.467	78.9
38	37.312	辛酸-2-甲酸丁酯	0.732	76.3
39	39.579	α-法尼烯	16.277	79.6
40	40.035	3,7,11-三甲基-1,3,4,6,10-十二四烯	0.793	74.5
43	41.102	1-乙烯基-3-乙基-2-甲基环戊烷	0.188	86.3
44	41.209	1-甲基-4-(1-甲基乙烯基)环己烯	0.277	71.7
45	41.511	辛酸己酯	1.738	77.9
46	41.612	十二酸乙酯	4.273	87.3
47	42.146	二苯基甲烷	0.728	77.4
48	42.368	1,4-二乙基-1,4-二甲基-2,5-环己二烯	0.272	79.3
49	42.452	2,6-二甲基-2,4,6,-辛三烯	0.072	78.5
50	43.628	4,5-二甲基-1-己烯	0.267	74.2
51	43.814	硫酸异戊酯	0.017	78.9
52	43.946	6-乙基-2-甲基-癸烷	0.073	75.4
53	44.016	1,3-二甲乙烯基-4,5,5-三甲基环己烷	0.027	79.4
54	44.337	10-十一烯酸乙酯	0.427	71.4
55	44.463	十四酸乙酯	0.727	90.3
56	44.762	2-甲基十一酸甲酯	0.066	87.3
57	44.927	十六酸乙酯	0.932	81.7
		总计	100.00	

表 1-16　B 组寒富苹果白兰地中香气成分分析结果

香气成分类别	数量	相对含量/%
酯类	31	49.335
羧酸类	5	6.483
醇类	6	22.375
酮类	1	0.376
烃类	13	20.928
其他	1	0.170
共计	57	100.00

注:本试验为舍去测出匹配度小于 70% 的香气物质后重新归一计算的香气物质百分数含量。

4.C 组工艺参数下寒富苹果白兰地香气成分

根据表 1-16 中 C 组设置的工艺参数,酿造寒富苹果白兰地,采用固相顶空微萃取技术萃取其香气成分,利用 GC-MS 法对其进行分析检测,总离子流图详见图 1-4。

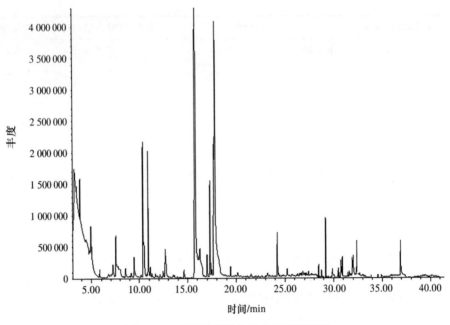

图 1-4 C 组寒富苹果白兰地总离子流图

通过计算机检索,并与 NIST—2005 质谱库提供的标准质谱图配比对照,得到定性定量结果,通过归一积分法得到 C 组寒富苹果白兰地中香气成分的相对含量,如表 1-17 所示。

表 1-17 C 组寒富苹果白兰地中主要香气成分的种类及其相对含量

序号	保留时间/min	化合物	相对含量/%	匹配度/%
1	1.953	乙醇	16.467	83.5
2	2.227	乙酸	0.834	85.8
3	2.095	乙醇酸	5.347	95.6
4	2.489	乙酸乙酯	3.584	87.5
5	2.683	正丙醇	1.278	78.2
6	3.269	2-甲基-3-乙基环氧乙烷	0.842	83.4
7	4.647	1,1-二乙氧基乙烷	0.347	94.3
8	4.763	1-乙氧基-3-己烯	0.733	88.3
9	4.837	2-甲基-1-丙醇	0.794	90.9
10	4.925	2-甲基-1-丁醇	4.284	80.3
11	10.857	香叶基丙酮	0.295	88.1
12	11.338	乙酸丁酯	0.384	86.9
13	11.437	乙酸丙酯	0.037	78.2
14	14.235	2-甲基丁酸	0.073	70.9
15	17.765	乙酸乙酯	0.884	83.2
16	22.373	2-甲基丁酸丁酯	0.837	84.2
17	27.337	乙酸己酯	3.037	97.5
18	27.669	丁酸己酯	0.883	83.9

序号	保留时间/min	化合物	相对含量/%	匹配度/%
19	27.745	丙酸-2-甲基己酯	0.178	83.5
20	27.938	辛酸己酯	5.198	93.8
21	28.058	丁酸己酯	1.272	76.5
22	28.285	己醇	0.377	77.8
23	29.378	2-甲基丁酸己酯	8.437	84.8
24	29.867	3-甲基丁酸己酯	0.362	83.9
25	30.287	乙酸-2-甲基丁酯	0.027	73.7
26	30.895	己酸异戊酯	0.187	73.2
27	30.278	己酸	0.365	82.4
28	31.954	庚酸乙酯	0.062	77.6
29	31.458	1-辛醇	0.267	74.5
30	33.068	惕各酸丁酯	0.227	81.1
31	33.378	3-甲基噻吩	0.245	87.1
32	33.847	正辛酸异丁酯	0.162	89.5
33	35.077	4-癸烯酸乙酯	0.227	75.1
34	35.374	己酸己酯	4.674	90.5
35	35.784	癸酸乙酯	11.584	78.7
36	37.267	辛酸-2-甲酸丁酯	0.437	74.1
37	39.385	α-法尼烯	16.783	73.9
38	40.845	3,7,11-三甲基-1,3,4,6,10-十二四烯	0.883	78.6
39	41.599	1-乙烯基-3-乙基-2-甲基环戊烷	0.184	83.5
40	41.954	1-甲基-4-(1-甲基乙烯基)环己烯	0.137	77.7
43	41.486	辛酸己酯	1.837	75.3
44	41.954	十二酸乙酯	4.343	83.5
45	42.488	二苯基甲烷	0.632	73.1
46	42.378	1,4-二乙基-1,4-二甲基-2,5-环己二烯	0.032	75.6
47	42.463	4,5-二甲基-1-己烯	0.287	76.5
48	42.479	5-甲基-4-(2-甲基-2-丙烯)-1,4-己二烯	0.126	72.4
49	42.847	硫酸异戊酯	0.278	71.9
50	42.934	6-乙基-2-甲基-癸烷	0.083	77.8
51	43.037	1,3-二甲乙烯基-4,5,5-三甲基环己烷	0.089	73.5
52	43.636	1-(2-呋喃基)-3-丁烯-1,2-二醇	0.004	78.4
53	43.668	10-十一烯酸乙酯	0.474	79.6
54	43.373	十四酸乙酯	0.787	95.5
55	43.658	2-甲基十一酸甲酯	0.083	87.6
56	43.785	十六酸乙酯	0.883	86.2
		总计	100.00	

根据表 1-17 和表 1-18 可以看出：通过对 C 组的寒富苹果白兰地的鉴定可以测出，C 组的寒富苹果白兰地的香气物质中共有 56 种香气成分。

与对照组相比，C 组香气成分中，酯类物质增加了 6 种，羧酸类物质增加 1 种，醇类物质增加 2 种，其他类物质增加 1 种，共增加 10 种物质。其中包括 2-甲基丁酸丁酯、2-甲基丁酸己酯、3-甲基丁酸己酯、正辛酸异丁酯等物质。酯类物质对香气的贡献最大，酯类物质的增加，能够促进寒富苹果白兰地香气的呈现。鉴定白兰地的品质，一是通过口感，二是通过香气，而香气浓郁，会使寒富苹果白兰地的品质提升。

与 A 组相比，C 组香气不够浓郁，这是因为 C 组是延长了寒富苹果白兰地的发酵时间，通过总离子流图也能够看出来，C 组的总离子流图更加杂乱无章，杂峰较多。原因就是，延长发酵时间，虽然能够促进某些酯类物质的合成，有利于提高其香气浓度，但是同时也增加了其被污染的概率，加重了酒液的污染情况。在酒液发酵过程中，不管采取何种措施，污染都在所难免，而延长发酵时间，会增加酒液中杂菌含量，杂菌数量的增长，一会影响酒液的口感，二会影响某些香气成分的合成。因此，虽发酵时间在 30 d 时，寒富苹果白兰地的各项理化指标都比较好，但是由于其综合品质没有发酵时间为 24 d 的高，因此，适宜寒富苹果白兰地的发酵时间确定为 24 d。

表 1-18　C 组寒富苹果白兰地中香气成分分析结果

香气成分类别	数量	相对含量/%
酯类	28	49.946
羧酸类	5	7.388
醇类	7	25.237
酮类	1	0.253
烃类	14	18.549
其他	1	0.013
共计	56	100.00

注：本试验为舍去测出匹配度小于 70% 的香气物质后重新归一计算的香气物质百分数含量。

四、结论

在寒富苹果酒发酵过程中，初始糖度选择 33%，接种量 3 g/L，发酵温度 24℃，发酵时间 24 d，在此酿造条件下，酒精度可达到 8.9%vol(20℃)，总酸 4.37 g/L，总糖 2.285 g/L；总酯 0.963 g/L，感官评分为 90.41 分，苹果酒的各项理化指标最佳，感官评分最高。当初始糖度为 36%，其他酿造条件保持不变时，寒富苹果酒的各项理化指标为酒精度 9.0%vol(20℃)，总酸 4.46 g/L，总糖 2.206 g/L，总酯 0.925 g/L，感官评分为 80.71；当发酵时间为 30 d，其他酿造条件保持不变的情况下，寒富苹果酒的各项理化指标为酒精度 9.0%vol(20℃)，总酸 4.40 g/L，总糖 2.235 g/L，总酯 0.977 g/L，感官评分为 87.67。在这 2 种条件下，寒富苹果酒的理化指标及口感均较好，因此这 2 个发酵条件作为备选，需通过下一步实验进行检验是否为寒富苹果的最佳酿造条件。

根据单因素实验筛选出的酿造条件，分别进行 4 组实验，包括 1 个对照组和 3 个实验组，通过 SPME 和 GC-MS 技术对在该条件下酿造出的寒富苹果白兰地进行香气分析，最后确定寒富苹果白兰地的最佳酿造条件是初始糖度 33％,接种量 3 g/L,发酵温度 24℃,发酵时间 24 d。

第三节　人工催陈方式对寒富苹果白兰地影响的研究

人工陈酿是相对于自然陈酿而言的另一种白兰地的陈酿方式,在保证白兰地品质的前提下,加快白兰地的陈化速度,缩短其生产周期,以提高经济效益。

本实验中共采用 3 种人工催陈方式,分别是:①通过人工模拟橡木桶陈酿过程中微氧环境的微氧熟化法;②通过模拟橡木成分浸提作用的橡木制品催陈法;③通过施加外源能量加速白兰地中各种成分相互转化的超高压法。

一、材料与方法

(一)材料和仪器

1. 材料

采用寒富苹果制成的寒富苹果白兰地酒液;橡木片规格为(2 mm×1 mm×0.5 mm),烘烤程度:中度烘烤(M),(200±10)℃烘烤 30 min。

2. 主要仪器与设备

手持式数显糖度仪:成都泰华光学仪器有限公司;电子天平:常州市宏衡电子仪器厂;PHS-3C 型精密 pH 计:上海精密仪器厂;手动 SPME 进样器、100 μm 聚二甲基硅氧烷 PDMS 萃取纤维头、Agilent5975C-7890A 气质联用仪、15 mL 样品瓶:美国 Supelco 公司;全自动超高压杀菌机 HPP-600-L:温州滨一机械有限公司;恒温水浴锅:上海乔跃电子有限公司。

(二)试验方法

1. 人工催陈方法的选择

根据第二节中确定的发酵条件,对寒富苹果进行发酵,取发酵液 1 000 mL 进行蒸馏,取 300 mL 蒸馏液,分别按照表 1-19 中的处理方式进行处理,对比 3 种陈酿方式差异。

表 1-19　人工催陈方法

分组	催陈方式	处理条件	处理时间/d
A	对照组	橡木桶陈酿	120
B	微氧熟化法	3.0 mg/L(每月)	120
C	橡木制品催陈法	8.0 g/L	120
D	超高压法	100 MPa,处理 2 h(每周)	120

2. 寒富苹果白兰地理化指标的测定

(1)总糖的测定。同第二节中总糖的测定方法。

(2)酒精的测定。同第二节中酒精的测定方法。

（3）总酸的测定。同第二节中总酸的测定方法。

（4）总酯的测定。同第二节中总酯的测定方法。

（5）寒富苹果白兰地香气成分的测定。同第二节中寒富苹果白兰地香气成分的测定方法。

二、结果与分析

（一）对照组的寒富苹果白兰地香气成分

采用固相顶空微萃取技术萃取其香气成分，利用 GC-MS 法对其进行分析检测，总离子流图详见图 1-5。

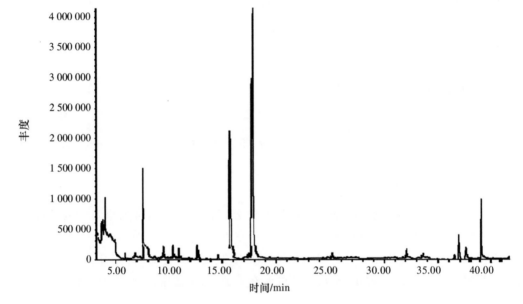

图 1-5 对照组寒富苹果白兰地总离子流图

通过计算机检索，并与 NIST—2005 质谱库提供的标准质谱图配比对照，得到定性定量结果，通过归一积分法得到对照组寒富苹果白兰地中香气成分的相对含量，如表 1-20 所示。

表 1-20 对照组寒富苹果白兰地中主要香气成分的种类及其相对含量

序号	保留时间/min	化合物	相对含量/%	匹配度/%
1	1.664	乙醇	15.032	80.6
2	2.057	乙酸	0.829	85.4
3	2.092	乙醇酸	5.060	90.6
4	2.481	乙酸乙酯	3.520	89.5
5	2.643	正丙醇	1.758	76.2
6	3.238	2-甲基-3-乙基环氧乙烷	0.115	81.4
7	4.699	1,1-二乙氧基乙烷	0.576	91.3
8	4.737	1-乙氧基-3-己烯	0.045	86.3
9	4.884	2-甲基-1-丙醇	0.430	90.7

序号	保留时间/min	化合物	相对含量/%	匹配度/%
10	4.991	2-甲基-1-丁醇	4.299	80.4
11	6.346	4-羟基-2-十一烯	0.007	71.5
12	9.875	丙二酸二乙酯	0.011	81.2
13	10.885	香叶基丙酮	0.254	85.1
14	11.335	乙酸丁酯	0.363	88.9
15	11.404	乙酸丙酯	0.015	74.2
16	14.949	2-甲基丁酸	0.027	70.7
17	17.849	乙酸乙酯	0.882	80.2
18	20.054	特戊酸-2-甲基丙酯	0.035	71.1
19	22.921	2-甲基丁酸丁酯	0.854	84.2
20	27.342	乙酸己酯	3.016	91.5
21	27.676	丁酸己酯	0.821	83.4
22	27.775	丙酸 2-甲基己酯	0.112	81.5
23	27.937	辛酸己酯	5.152	93.3
24	28.015	丁酸己酯	1.421	74.5
25	28.223	己醇	0.375	77.6
26	29.637	2-甲基丁酸己酯	8.451	80.8
27	29.884	3-甲基丁酸己酯	0.351	83.6
28	30.170	乙酸 2-甲基丁酯	0.035	78.5
29	30.286	己酸异戊酯	0.145	70.2
30	30.654	己酸	0.329	88.4
31	31.524	庚酸乙酯	0.090	77.6
32	31.767	1-辛醇	0.313	74.5
33	33.093	2-甲基庚酸	0.077	88.4
34	33.319	惕各酸丁酯	0.290	81.1
35	33.467	3-甲基噻吩	0.013	89.1
36	33.933	正辛酸异丁酯	0.107	87.5
37	35.082	4-癸烯酸乙酯	0.226	75.1
38	35.302	己酸己酯	4.613	90.5
39	35.668	癸酸乙酯	11.525	79.7
40	37.313	辛酸-2-甲酸丁酯	0.402	74.1
43	39.354	α-法尼烯	16.751	79.9
44	40.225	3,7,11-三甲基-1,3,4,6,10-十二四烯	0.847	71.6
45	41.149	1-乙烯基-3-乙基-2-甲基环戊烷	0.148	83.5

序号	保留时间/min	化合物	相对含量/%	匹配度/%
46	41.254	1-甲基-4-(1-甲基乙烯基)环己烯	0.148	77.0
47	41.530	辛酸己酯	1.848	77.6
48	41.905	十二酸乙酯	4.307	84.2
49	42.023	二苯基甲烷	0.676	70.1
50	42.698	1,4-二乙基-1,4-二甲基-2,5-环己二烯	0.094	75.5
51	42.923	2,6-二甲基-2,4,6,-辛三烯	0.031	71.5
52	43.339	4,5-二甲基-1-己烯	0.284	73.5
53	43.427	5-甲基-4-(2-甲基-2-丙烯)-1,4-己二烯	0.113	79.4
54	43.847	硫酸异戊酯	0.022	70.9
55	43.934	6-乙基-2-甲基-癸烷	0.004	72.8
56	44.027	1,3-二甲乙烯基-4,5,5-三甲基环己烷	0.078	74.5
57	44.632	1-(2-呋喃基)-3-丁烯-1,2-二醇	0.005	71.4
58	44.644	10-十一烯酸乙酯	0.484	77.6
59	44.675	十四酸乙酯	0.746	91.5
60	44.688	2-甲基十一酸甲酯	0.076	88.6
61	44.715	十六酸乙酯	0.884	84.2
		总计	100.00	

橡木桶陈酿是传统白兰地的酿造方式,将苹果白兰地贮藏在橡木桶中进行陈酿,主要能够从两方面对白兰地的品质进行改善,一方面,虽然将橡木做成了桶状的封闭型容器,但由于自身材质原因,橡木桶在一定程度上还会透气,而这也恰好为合成苹果白兰地的优雅风味提供完美的契机,穿过橡木桶而接触到苹果白兰地的氧气会与苹果白兰地产生一系列的复杂而又缓慢的氧化反应,使原本口感强烈、性质不稳定的白兰地变得柔和醇厚,性质稳定。另一方面,橡木中含有丰富的单宁、糖醛类化合物、橡木内酯和橡木丁香酚等成分,苹果白兰地与橡木桶长时间接触,由于分子的运动与扩散作用,这些有效成分会被浸取到苹果白兰地中,而在苹果白兰地蒸馏过程中所夹带的杂醇油等影响苹果白兰地口感的物质,也会慢慢挥发或被橡木桶吸附(赵光鳌,2001;李华,2010)。所以经过橡木桶陈酿之后的苹果白兰地,其色泽、香气、口感都会产生一个质的飞跃。金亮透明,芳香四溢,既包含了原料自身细腻香甜的苹果香,又混合了浓郁的橡木香以及在蒸馏和贮藏过程中形成的醇香和酯香(王晓红,2001)。

醇类化合物:传统陈酿所需时间较长,因此,在陈酿时间仅为 4 个月时,陈酿过程并没有完成,即白兰地的品质并没有达到最优,所以对照组中所含乙醇含量较高,但高级醇含量少。

酯类化合物:寒富苹果白兰地在橡木桶陈酿过程中,由于酒液与橡木桶之间长时间地接触,苹果白兰地蒸馏过程中所夹带的杂醇油等影响苹果白兰地口感的物质,也会慢慢挥发或被橡木桶吸附,同时,酯类物质也会逐渐合成,形成白兰地特殊的酯香。

羧酸类化合物:在传统陈酿过程中,羧酸类物质会参与合成分解反应,因此,含量较少,仅有 5 种。

其他化合物:对照组中共有 14 种烃类化合物,相对含量为 20.542%(表 1-21)。

表 1-21　对照组寒富苹果白兰地中香气成分分析结果

香气成分类别	数量	相对含量/%
酯类	33	50.604
羧酸类	5	6.322
醇类	7	22.207
酮类	1	0.254
烃类	14	20.542
其他	1	0.013
共计	61	100.00

注:本试验为舍去测出匹配度小于 70% 的香气物质后重新归一计算的香气物质百分数含量。

(二)微氧催陈法的寒富苹果白兰地香气成分

微氧技术(micro-oxygenation)是指在白兰地陈酿期间(李华,2005),添加可控制的微量氧气,以满足白兰地在陈酿期间的各种物理化学反应对氧的需求(赵光鳌,2001),模拟白兰地在橡木桶陈酿、成熟的微氧环境(Rundnistkaya,2009),达到促进白兰地成熟、改善白兰地品质的目的(张军翔,2011)。微氧技术在白兰地成熟和陈酿过程中的重要作用主要体现在:改善白兰地的口感和结构;增强白兰地颜色的稳定性(Tao,2104);促进各类香气的融合,使其趋于平衡、协调;降低使人不愉快的还原性气味(Gomez-Plaza,2011)。

用固相顶空微萃取技术萃取其香气成分,利用 GC-MS 法对其进行分析检测,总离子流图详见图 1-6。

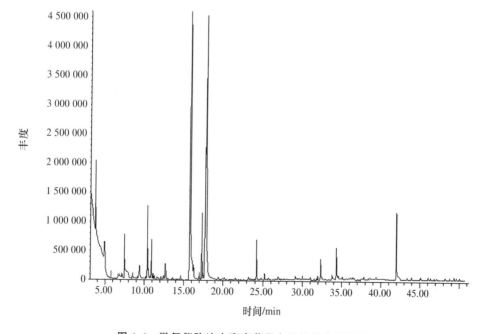

图 1-6　微氧催陈法中寒富苹果白兰地总离子流图

通过计算机检索，并与 NIST—2005 质谱库提供的标准质谱图配比对照，得到定性定量结果，通过归一积分法得到微氧催陈法中寒富苹果白兰地中香气成分的相对含量，如表 1-22 所示。

表 1-22　微氧催陈法寒富苹果白兰地中主要香气成分的种类及其相对含量

序号	保留时间/min	化合物	相对含量/%	匹配度/%
1	1.651	乙醇	15.084	80.3
2	2.165	乙酸	0.873	86.2
3	2.247	乙醇酸	5.093	93.8
4	2.478	乙酸乙酯	3.584	89.3
5	2.634	正丙醇	1.784	79.9
6	3.262	2-甲基-3-乙基环氧乙烷	0.136	82.3
7	4.690	1,1-二乙氧基乙烷	0.573	93.0
8	4.747	1-乙氧基-3-己烯	0.047	87.3
9	4.447	2-甲基-1-丙醇	0.473	89.3
10	4.974	2-甲基-1-丁醇	4.273	82.7
11	6.626	4-羟基-2-十一烯	0.073	76.3
12	9.843	丙二酸二乙酯	0.073	83.7
13	10.637	2-甲基-3-羧基-4,6-辛二烯	0.037	72.7
14	10.832	香叶基丙酮	0.273	86.3
15	11.367	乙酸丁酯	0.373	88.2
16	11.235	乙酸丙酯	0.027	78.7
17	14.776	2-甲基丁酸	0.073	75.3
18	15.574	苯甲酸	1.027	93.7
19	16.026	月桂酸乙酯	1.454	90.5
20	17.948	2-羰基-3-甲基-丁酸甲酯	0.036	86.5
21	17.383	乙酸乙酯	0.884	87.3
22	19.279	亚硫酸酯	1.664	88.5
23	20.832	特戊酸-2-甲基丙酯	0.034	74.3
24	22.268	1,1-二乙氧基正己烷	0.227	84.7
25	22.833	2-甲基丁酸丁酯	0.827	84.7
26	27.202	乙酸己酯	3.026	91.7
27	27.282	丁酸己酯	0.873	85.2
28	27.521	丙酸-2-甲基己酯	0.127	81.8
29	27.977	辛酸己酯	5.172	94.2
30	28.087	丁酸己酯	1.427	76.7
31	28.583	己醇	0.372	77.2
32	29.943	2-甲基丁酸己酯	8.427	80.7
33	29.996	3-甲基丁酸己酯	0.327	83.2
34	30.138	乙酸-2-甲基丁酯	0.012	78.7

序号	保留时间/min	化合物	相对含量/%	匹配度/%
35	30.238	己酸异戊酯	0.171	70.8
36	30.594	己酸	0.372	88.1
37	31.278	庚酸乙酯	0.057	77.2
38	31.794	1-辛醇	0.316	74.8
39	33.038	2-甲基庚酸	0.083	88.2
40	33.238	惕各酸丁酯	0.277	81.2
41	33.328	3-甲基噻吩	0.027	89.2
42	33.994	正辛酸异丁酯	0.127	87.1
43	35.094	4-癸烯酸乙酯	0.272	75.2
44	35.943	己酸己酯	4.278	90.8
45	35.998	癸酸乙酯	11.583	79.3
46	37.378	辛酸-2-甲酸丁酯	0.483	74.8
47	37.933	3,7-二甲基丁酯	0.976	84.2
48	38.234	4-氰基-3-甲基苯甲酸甲酯	0.328	71.1
49	39.943	α-法尼烯	16.783	79.2
50	39.989	7,11-二甲基-3-亚甲基-1,6,10-十二碳三烯	0.327	74.8
51	40.124	3,7,11-三甲基-1,3,4,6,10-十二四烯	0.883	71.8
52	41.154	1-乙烯基-3-乙基-2-甲基环戊烷	0.151	85.6
53	41.273	1-甲基-4-(1-甲基乙烯基)环己烯	0.172	78.2
54	41.523	辛酸己酯	1.842	78.5
55	41.574	十二酸乙酯	4.322	85.1
56	41.524	二苯基甲烷	0.662	72.7
57	41.657	1,4-二乙基-1,4-二甲基-2,5-环己二烯	0.062	73.7
58	41.622	1,3-二(1-甲基乙基)-1,3-环戊二烯	0.603	77.1
59	41.924	2,6-二甲基-2,4,6,-辛三烯	0.015	82.2
60	41.994	邻苯二甲酸酐	0.916	78.7
61	42.134	4,5-二甲基-1-己烯	0.261	76.7
62	42.294	5-甲基-4-(2-甲基-2-丙烯)-1,4-己二烯	0.126	77.8
63	42.434	硫酸异戊酯	0.079	73.9
64	42.634	6-乙基-2-甲基-癸烷	0.043	73.7
65	42.795	1,3-二甲乙烯基-4,5,5-三甲基环己烷	0.078	77.8
66	42.835	1-(2-呋喃基)-3-丁烯-1,2-二醇	0.062	76.7
67	42.942	10-十一烯酸乙酯	0.462	76.6
68	43.045	2-苯乙基乙酸酯	0.661	93.1
69	43.040	十四酸乙酯	0.772	97.3
70	43.153	2-甲基十一酸甲酯	0.077	88.8
71	43.184	十六酸乙酯	0.872	87.2
		总计	100.00	

在寒富苹果白兰地的陈酿过程中,定期向陈酿容器中通入微量氧气,这是因为在传统方式中,将白兰地放入橡木桶里,不仅仅是利用橡木桶的储存功能,更重要的一点就是,橡木桶能够为白兰地原液创造一个微氧环境。陈酿过程其实是一个复杂的化学反应,而氧气则是各个化学反应的中间介质。微氧催陈法正是模拟这个微氧环境,以加速寒富苹果白兰地的陈酿。

醇类化合物:通过微氧催陈法对寒富苹果白兰地进行陈酿,从对照组和表 1-23 中看出,对照组中所含乙醇含量较高,但高级醇含量少。而通过微氧催陈法催陈的白兰地中,所含乙醇含量较少,但高级醇含量高。

表 1-23　微氧催陈法寒富苹果白兰地中香气成分分析结果

香气成分类别	数量	相对含量/%
酯类	36	67.862
羧酸类	7	6.483
醇类	9	13.721
酮类	2	0.252
烃类	15	16.426
其他	3	0.018
共计	71	100.00

注:本试验为舍去测出匹配度小于 70% 的香气物质后重新归一计算的香气物质百分数含量。

酯类化合物:微氧处理可以促进单宁分子间的聚合、单宁与蛋白质的结合,从而降低白兰地的涩感,提高适口感;还能够促进酯类物质的合成,因此,微氧催陈法陈酿的白兰地中酯类物质的含量与对照组相比,增加了 2 种,分别是月桂酸乙酯和亚硫酸酯,使寒富苹果白兰地的整体质量和香气的复杂性均得到了明显提升。

羧酸类化合物:与对照组相比,微氧催陈法中的羧酸类物质与对照组相差不大,略有上升,这是因为微氧环境有利于酒液中化学反应的合成,因此羧酸类物质含量有所上升。

其他化合物:共检测出 15 种烃类化合物,相对含量为 16.426%,而对照组中共有 14 种烃类化合物。

(三)橡木制品催陈法下的寒富苹果白兰地香气成分

橡木制品作为橡木桶的替代品,是以橡木为原料,制成粉状、片状、块状、板状等,可在酒精发酵过程中、陈酿期间或装瓶前等多个阶段添加并赋予白兰地一定的橡木风味(李春光等,2014)。研究表明,在白兰地陈酿过程中使用橡木制品可以促进橡木类挥发性化合物的提取速率,并加快陈酿过程(Tao,2014)。这是因为白兰地可以完全渗入并浸透体积较小的橡木制品,而橡木桶的表面积只有 40% 可以被接触到。因此,在陈酿过程中,使用橡木制品可以加快橡木类成分的提取速度,从而缩短陈酿时间(Stutz,1999)。此外,橡木制品催陈还具有成本低廉、使用方便、控制精确、劳动强度低等优点。

用固相顶空微萃取技术萃取其香气成分,利用 GC-MS 法对其进行分析检测,总离子流图详见图 1-7。

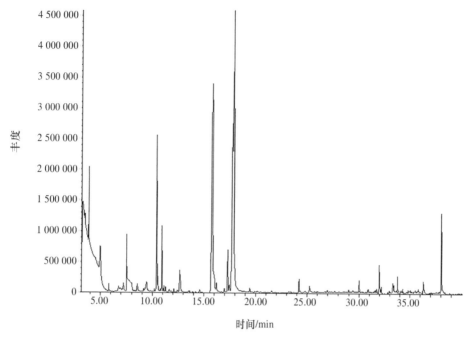

图 1-7 橡木制品催陈法中寒富苹果白兰地总离子流图

通过计算机检索,并与 NIST—2005 质谱库提供的标准质谱图配比对照,得到定性定量结果,通过归一积分法得到橡木制品催陈法中寒富苹果白兰地中香气成分的相对含量,如表1-24 所示。

表 1-24 橡木制品催陈法寒富苹果白兰地中主要香气成分的种类及其相对含量

序号	保留时间/min	化合物	相对含量/%	匹配度/%
1	1.736	乙醇	15.022	80.6
2	2.743	乙酸	0.872	84.7
3	2.942	乙醇酸	5.072	91.2
4	2.953	乙酸乙酯	3.561	89.2
5	2.965	正丙醇	1.772	79.7
6	3.784	2-甲基-3-乙基环氧乙烷	0.127	82.8
7	4.732	1,1-二乙氧基乙烷	0.583	93.2
8	4.826	1-乙氧基-3-己烯	0.027	87.8
9	4.933	2-甲基-1-丙醇	0.427	89.8
10	4.975	2-甲基-1-丁醇	4.283	82.2
11	6.267	4-羟基-2-十一烯	0.026	76.7
12	9.732	丙二酸二乙酯	0.083	83.2
13	10.672	2-甲基-3-羧基-4,6-辛二烯	0.083	72.2
14	10.727	香叶基丙酮	0.272	86.2
15	11.373	乙酸丁酯	0.373	88.8
16	11.763	乙酸丙酯	0.072	78.2

序号	保留时间/min	化合物	相对含量/%	匹配度/%
17	14.237	2-甲基丁酸	0.073	75.9
18	15.842	苯甲酸	1.027	93.7
19	16.832	肉蔻酸乙酯	1.044	90.3
20	17.994	2-羰基-3-甲基-丁酸甲酯	0.083	86.8
21	18.263	肉蔻酸异丙酯	0.985	88.7
22	18.732	乙酸乙酯	0.883	87.2
23	18.975	棕榈酸甲酯	1.223	89.9
24	20.141	特戊酸-2-甲基丙酯	0.048	74.9
25	20.632	棕榈酸乙酯	2.553	91.2
26	22.732	1,1-二乙氧基正己烷	0.263	84.8
27	22.992	2-甲基丁酸丁酯	0.898	84.3
28	27.737	乙酸己酯	3.073	91.7
29	27.943	丁酸己酯	0.872	85.8
30	27.963	丙酸 2-甲基己酯	0.183	81.2
31	27.984	辛酸己酯	5.178	94.8
32	28.733	丁酸己酯	1.482	76.9
33	28.836	己醇	0.383	77.2
34	29.234	2-甲基丁酸己酯	8.427	80.2
35	29.732	3-甲基丁酸己酯	0.363	83.7
36	30.732	乙酸-2-甲基丁酯	0.132	78.5
37	30.833	己酸异戊酯	0.145	70.2
38	30.924	己酸	0.384	88.2
39	31.325	庚酸乙酯	0.083	77.7
40	31.532	1-辛醇	0.373	74.8
41	33.166	2-甲基庚酸	0.087	88.6
42	33.434	惕各酸丁酯	0.234	81.6
43	33.626	3-甲基噻吩	0.026	89.9
44	33.732	正辛酸异丁酯	0.164	87.5
45	35.063	4-癸烯酸乙酯	0.273	75.8
46	35.773	己酸己酯	4.652	90.2
47	35.789	癸酸乙酯	11.562	79.9
48	37.457	辛酸-2-甲酸丁酯	0.843	74.1
49	37.954	3,7-二甲基丁酯	0.983	84.9
50	38.037	4-氰基-3-甲基苯甲酸甲酯	0.383	71.6
51	39.522	α-法尼烯	16.772	79.7
52	39.737	7,11-二甲基-3-亚甲基-1,6,10-十二碳三烯	0.324	74.8
53	40.234	3,7,11-三甲基-1,3,4,6,10-十二四烯	0.821	71.7
54	41.136	1-乙烯基-3-乙基-2-甲基环戊烷	0.127	85.9

序号	保留时间/min	化合物	相对含量/%	匹配度/%
55	41.275	1-甲基-4-(1-甲基乙烯基)环己烯	0.152	78.5
56	41.567	辛酸己酯	1.863	78.7
57	41.562	十二酸乙酯	4.363	85.5
58	41.873	二苯基甲烷	0.674	72.1
59	41.083	1,4-二乙基-1,4-二甲基-2,5-环己二烯	0.073	73.8
60	41.684	1,3-二(1-甲基乙基)-1,3-环戊二烯	0.625	77.7
61	41.947	2,6-二甲基-2,4,6,-辛三烯	0.063	82.7
62	41.997	邻苯二甲酸酐	0.943	78.6
63	42.034	4,5-二甲基-1-己烯	0.273	76.7
64	42.274	5-甲基-4-(2-甲基-2-丙烯)-1,4-己二烯	0.173	77.7
65	42.473	硫酸异戊酯	0.072	73.3
66	42.634	6-乙基-2-甲基-癸烷	0.062	73.8
67	42.786	1,3-二甲烯基-4,5,5-三甲基环己烷	0.032	77.2
68	42.893	1-(2-呋喃基)-3-丁烯-1,2-二醇	0.062	76.2
69	42.993	10-十一烯酸乙酯	0.462	76.7
70	43.023	2-苯乙基乙酸酯	0.622	93.4
71	43.078	十四酸乙酯	0.747	97.8
72	43.152	2-甲基十一酸甲酯	0.022	88.3
73	43.164	十六酸乙酯	0.827	87.9
		总计	100.00	

橡木制品催陈法是模拟橡木桶陈酿,不但能够节约成本,而且在保证白兰地品质的前提下,能够缩短陈酿时间。利用橡木制品催陈法,不但能够增加酒液中的橡木香,还能够提升酒液中总酚和聚合大分子单宁的含量。橡木制品还能够吸附白兰地中的不良香气,使得白兰地的香气更加优雅浓郁,并产生令人愉悦的香草香和香辛料香。

醇类化合物:通过橡木制品催陈法对寒富苹果白兰地进行陈酿,从对照组和表 1-25 中看出,对照组中所含乙醇含量较高,但高级醇含量少。而通过橡木制品催陈法催陈的白兰地中,所含乙醇含量较少,但高级醇含量高。

酯类化合物:与对照组相比,橡木制品催陈法陈酿之后的白兰地中,增加了 4 种酯类物质,分别是肉蔻酸乙酯、肉蔻酸异丙酯、棕榈酸甲酯和棕榈酸乙酯。使寒富苹果白兰地的整体质量和香气的复杂性均得到了明显提升。

羧酸类化合物:与对照组相比,橡木制品催陈法中的羧酸类物质与对照组相差不大,略有上升。

其他化合物:共检测出 15 种烃类化合物,相对含量为 16.433%,而对照组中共有 14 种烃类化合物。

表 1-25　橡木制品催陈法寒富苹果白兰地中香气成分分析结果

香气成分类别	数量	相对含量/%
酯类	38	69.033
羧酸类	7	1.325
醇类	8	11.682
酮类	2	0.245
烃类	15	16.433
其他	3	0.028
共计	73	100.00

注:本试验为舍去测出匹配度小于70%的香气物质后重新归一计算的香气物质百分数含量。

(四)超高压催陈法的寒富苹果白兰地香气成分

食品超高压技术(High hydrostatic pressure,HHP) 又称高静水压技术(陈复生, 2005)。超高压技术催陈白兰地的机理在于其提供的物理能可转化为陈酿反应中所需的活化能,破坏氢键,促进合成、分解等化学反应,加快老熟,从而对白兰地具有催陈作用(Tao, 2014)。用固相顶空微萃取技术萃取其香气成分,利用 GC-MS 法对其进行分析检测,总离子流图详见图 1-8。

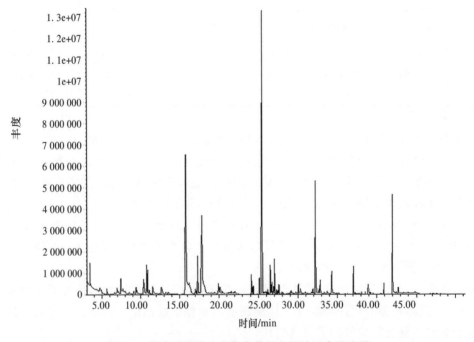

图 1-8　超高压催陈法中寒富苹果白兰地总离子流图

通过计算机检索,并与 NIST—2005 质谱库提供的标准质谱图配比对照,得到定性定量结果,通过归一积分法得到对照组寒富苹果白兰地中香气成分的相对含量,如表 1-26 所示。

表 1-26　超高压催陈法寒富苹果白兰地中主要香气成分的种类及其相对含量

序号	保留时间/min	化合物	相对含量/%	匹配度/%
1	1.768	乙醇	15.048	80.3
2	2.156	乙酸	0.852	84.6
3	2.184	乙醇酸	5.621	91.5
4	2.485	乙酸乙酯	3.521	89.6
5	2.663	正丙醇	1.712	79.6
6	3.237	2-甲基-3-乙基环氧乙烷	0.162	82.7
7	4.684	1,1-二乙氧基乙烷	0.522	93.7
8	4.774	1-乙氧基-3-己烯	0.072	87.2
9	4.848	2-甲基-1-丙醇	0.472	89.2
10	4.938	2-甲基-1-丁醇	4.261	82.6
11	6.384	4-羟基-2-十一烯	0.062	76.1
12	9.837	丙二酸二乙酯	0.061	83.1
13	10.685	2-甲基-3-羧基-4,6-辛二烯	0.087	72.9
14	10.743	香叶基丙酮	0.246	86.1
15	11.384	乙酸丁酯	0.357	88.5
16	11.474	乙酸丙酯	0.052	78.2
17	14.984	2-甲基丁酸	0.055	75.6
18	15.584	苯甲酸	1.051	93.5
19	17.837	2-羰基-3-甲基-丁酸甲酯	0.051	86.7
20	17.894	乙酸乙酯	0.851	87.7
21	18.738	癸烯酸酯	1.233	88.6
22	20.072	特戊酸-2-甲基丙酯	0.051	74.8
23	22.278	1,1-二乙氧基正己烷	0.261	84.5
24	22.983	2-甲基丁酸丁酯	0.861	84.9
25	25.027	十六碳烯酸乙酯	0.884	88.6
26	27.373	乙酸己酯	3.062	91.4
27	27.693	丁酸己酯	0.862	85.7
28	27.784	丙酸 2-甲基己酯	0.116	81.4
29	27.938	辛酸己酯	5.178	94.1
30	28.073	丁酸己酯	1.661	76.6
31	28.283	己醇	0.365	77.6
32	29.632	2-甲基丁酸己酯	8.462	80.1
33	29.884	3-甲基丁酸己酯	0.321	83.6
34	30.183	乙酸-2-甲基丁酯	0.072	78.7
35	30.283	己酸异戊酯	0.151	70.1
36	30.528	己酸	0.788	88.7
37	31.584	庚酸乙酯	0.032	77.7

序号	保留时间/min	化合物	相对含量/%	匹配度/%
38	31.728	1-辛醇	0.362	74.7
39	32.284	丙二酸双酯	1.078	85.3
40	33.038	2-甲基庚酸	0.072	88.2
41	33.384	惕各酸丁酯	0.272	81.1
42	33.438	3-甲基噻吩	0.067	89.7
43	33.984	正辛酸异丁酯	0.161	87.5
44	35.038	4-癸烯酸乙酯	0.287	75.3
45	35.678	己酸己酯	4.621	90.8
46	35.694	癸酸乙酯	11.572	79.3
47	37.538	辛酸-2-甲酸丁酯	0.483	74.8
48	37.823	3,7-二甲基丁酯	0.917	84.4
49	38.194	4-氰基-3-甲基苯甲酸甲酯	0.372	71.7
50	39.338	α-法尼烯	16.721	79.3
51	39.884	7,11-二甲基-3-亚甲基-1,6,10-十二碳三烯	0.372	74.1
52	40.284	3,7,11-三甲基-1,3,4,6,10-十二四烯	0.862	71.8
53	41.137	1-乙烯基-3-乙基-2-甲基环戊烷	0.162	85.9
54	41.284	1-甲基-4-(1-甲基乙烯基)环己烯	0.172	78.1
55	41.533	辛酸己酯	1.721	78.1
56	41.583	十二酸乙酯	4.678	85.2
57	41.535	二苯基甲烷	0.621	72.5
58	41.683	1,4-二乙基-1,4-二甲基-2,5-环己二烯	0.167	73.6
59	41.635	1,3-二(1-甲基乙基)-1,3-环戊二烯	0.782	77.3
60	41.983	2,6-二甲基-2,4,6,-辛三烯	0.611	82.7
61	41.935	邻苯二甲酸酐	0.921	78.8
62	42.184	4,5-二甲基-1-己烯	0.216	76.3
63	42.284	5-甲基-4-(2-甲基-2-丙烯)-1,4-己二烯	0.111	77.6
64	42.483	硫酸异戊酯	0.017	73.7
65	42.635	6-乙基-2-甲基-癸烷	0.061	73.3
66	42.784	1,3-二甲乙烯基-4,5,5-三甲基环己烷	0.072	77.2
67	42.883	1-(2-呋喃基)-3-丁烯-1,2-二醇	0.061	76.6
68	42.945	10-十一烯酸乙酯	0.421	76.7
69	43.035	2-苯乙基乙酸酯	0.722	93.8
70	43.083	十四酸乙酯	0.721	97.9
71	43.136	2-甲基十一酸甲酯	0.073	88.2
72	43.183	十六酸乙酯	0.857	87.9
		总计	100.00	

利用超高压处理白兰地原液,其主要原因就是,在陈酿过程中,会产生很多复杂的物理化学反应,而超高压就是提供这些反应所需的活化能,破坏氢键,促进合成、分解等化学反应,加快老熟。采用300 MPa的超高压处理白兰地2 h,可使酒中酯类化合物增加,风味更柔和,改善了白兰地的感官品质。

醇类化合物:通过超高压催陈法对寒富苹果白兰地进行陈酿,从对照组和表1-27中可以看出,对照组中所含乙醇含量较高,但高级醇含量少。而通过超高压催陈法催陈的白兰地中,所含乙醇含量较少,但高级醇含量高。

表1-27　超高压催陈法寒富苹果白兰地中香气成分分析结果

香气成分类别	数量	相对含量/%
酯类	37	67.988
羧酸类	7	1.857
醇类	8	12.732
酮类	2	0.227
烃类	15	16.872
其他	3	0.017
共计	72	100.00

注:本试验为舍去测出匹配度小于70%的香气物质后重新归一计算的香气物质百分数含量。

酯类化合物:超高压处理可以为分子间的聚合、单宁与蛋白质的结合等提供反应所需的活化能,缩短反应时间,从而降低白兰地的涩感,提高适口感;还能够促进酯类物质的合成,因此,超高压催陈法陈酿的白兰地中酯类物质的含量与对照组相比,增加了3种,分别是癸烯酸酯、十六碳烯酸乙酯和丙二酸双酯,使寒富苹果白兰地的整体质量和香气的复杂性均得到了明显提升。

羧酸类化合物:与对照组相比,超高压催陈法中的羧酸类物质与对照组相差不大,略有上升,这是因为微氧环境有利于酒液中化学反应的合成,因此羧酸类物质含量有所上升。

其他化合物:共检测出15种烃类化合物,相对含量为16.872%,对照组中共有14种烃类化合物。

三、结论

通过总离子流图以及上述分析可以看出,通过橡木制品催陈法酿造的寒富苹果白兰地,其品质及特征香气最佳,与传统陈酿方式酿造的白兰地香气成分也最为接近。微氧熟化法对白兰地的陈酿过程也会产生较大的作用,但是,香气成分变化不如橡木制品陈酿法明显。其实,这两者为互补关系,微氧熟化法可以为寒富苹果白兰地提供优良的陈酿条件,而橡木制品陈酿法可以为寒富苹果白兰地的陈酿提供橡木中所特有的香气成分,增加寒富苹果白兰地的特征香气,提高寒富苹果白兰地的品质。至于超高压陈酿法,它虽然对寒富苹果白兰地的陈酿也有一定的作用,但是与前两者相比,超高压法显然会耗费更多的能量,且正式投入生产时,也需要借助相应的仪器设备,耗费较大。

第四节　寒富苹果白兰地的感官评价研究

一、试验材料

采用寒富苹果酿造的寒富苹果白兰地酒液。

二、试验方法

寒富苹果白兰地的感官评分

参照 GB/T 15038—2006《葡萄酒、果酒通用分析方法》分别从外观、香气、滋味、典型性4 个不同方面对不同加工工艺和陈酿方法酿造的寒富苹果白兰地酒进行感官分析。感官分析的评价标准如表 1-28 所示。

表 1-28　寒富苹果白兰地的感官评价

项目	满分	要　　求
外观	20	色泽鲜明光亮,澄清透明,无明显悬浮物,悦目协调
香气	40	具有纯正、优雅、愉悦、浓郁的果香和酒香
滋味	30	酒体丰满,醇厚协调,酸甜适中,柔和爽口
典型性	10	风格独特,典型完美

三、结论

由表 1-29 可以看出,采用不同陈酿方式酿造的寒富苹果白兰地,其中,采用橡木制品法的陈酿方式酿制的寒富苹果白兰地感官评价得分最高,为 92.01 分,从外观上看,4 组酒样中,利用不同陈酿方式酿造的寒富苹果白兰地差异不显著($P>0.05$)。从香气角度来看,采用微氧法与超高压法酿造的寒富苹果白兰地差异不显著($P>0.05$),而与橡木制品法酿造的寒富苹果白兰地有显著差异($P<0.05$)。从滋味上来看,橡木制品法与超高压法酿造的白兰地无显著差异($P>0.05$),与微氧法差异显著($P<0.05$)。从典型性的角度来看,采用微氧法与超高压法酿造的寒富苹果白兰地无明显差异($P>0.05$),与橡木制品法酿造的寒富苹果白兰地有明显差异($P<0.05$)。

表 1-29　采用指标评分检验法对不同陈酿方式的寒富苹果白兰地的评分结果

酒样	项目得分				总分
	外观	香气	滋味	典型性	
对照组	15.72 ± 0.18^a	26.66 ± 0.72^a	18.55 ± 0.43^a	6.63 ± 0.55^a	67.56
微氧法	17.63 ± 0.50^a	35.58 ± 0.55^b	25.62 ± 0.75^a	8.35 ± 0.20^b	87.18
橡木制品法	17.85 ± 0.35^a	38.45 ± 0.43^b	26.83 ± 0.77^b	8.88 ± 0.33^a	92.01
超高压法	17.22 ± 0.41^a	35.85 ± 0.57^b	26.34 ± 0.60^b	8.52 ± 0.56^b	87.93

注:不同字母表示显著性差异。

因此,在这 3 种人工催陈方式中,采用橡木制品催陈法酿造的寒富苹果白兰地颜色鲜明,滋味纯正优雅,香气浓郁,风格独特,感官评分最高,评价最好。

第二章　寒富苹果脆片变温压差膨化干燥技术和真空冷冻干燥技术研究

第一节　概　　述

变温压差膨化干燥又称爆炸膨化干燥、气流膨化干燥（或微膨化干燥）等，属于一种新型、环保、节能的非油炸膨化干燥技术。生产出的产品具有绿色、天然、营养丰富、便于携带、保存期长等优点。由于其加工温度低、时间短，苹果中绝大部分营养成分得到保留。其特有的瞬间抽真空膨化过程，使苹果片内部产生了均匀的蜂窝状的质地结构，与普通热风干燥相比，产品口感更加酥脆。苹果脆片中含有大量的维生素和纤维素且不含脂肪，被认为是可以替代乳、糖、脂含量甚高的糖果、饼干的休闲食品，具有广阔的市场发展前景。

真空冷冻干燥（vacuum freeze drying），也称冷冻干燥（freeze drying），是将物料冻结到共晶点温度以下，在低压状态下通过升华而除去物料中水分的一种干燥方法。真空冷冻干燥结合了真空低压少氧和冷冻低温抗菌的优点，使产品内部组织结构受到的破坏比较小，可以很好地保留物料的营养成分，最大限度地保持原有颜色和风味物质。水分含量相同的物料，经真空冷冻干燥后，其孔隙较其他干燥方法均匀，毛细管的形状保持较好，因此具有更好的复水性。

第二节　变温压差膨化寒富苹果片的工艺研究

变温压差膨化干燥技术生产的苹果脆片，一方面避免了真空油炸果蔬脆片含油量高的问题；另一方面保留了原果蔬绝大部分风味、色泽和营养成分，而且生产出来的产品不含任何添加剂，是一种绿色天然的食品。随着工艺的不断更新，要求加工出的苹果脆片既要有良好的酥脆度，又能最大限度地保留苹果原有的色泽。本节将以膨化苹果脆片的硬度、脆度、色泽、含水率为试验因素，对变温压差膨化寒富苹果脆片的工艺进行了研究。

一、材料与条件

（一）材料、主要试剂

寒富苹果由沈阳农业大学园艺学院提供。

试剂：氯化锌（$ZnCl_2$）、抗坏血酸（L-ascorbic acid）、柠檬酸（citric acid）、氯化钠（NaCl）、亚硫酸氢钠（$NaHSO_3$）。

(二)主要仪器与设备

电热鼓风干燥箱:DHG-9123A,上海精密试验设备有限公司;果蔬变温压差膨化设备:PH600C,天津市勤德新材料科技有限公司;物性分析仪:CT310K,美国;色彩色差仪:CR-400型,美能达,日本。

二、试验方法

1. 含水率的测定方法

参照 GB 5009.3—2010,食品中水分的测定。

2. 硬度和脆度的测定方法

采用 CT310K 型物性分析仪测定,测定条件如下:使用 TA39 型探头;目标类型为距离,目标值 4 mm;测试类型为压缩;测试速度为 0.5 mm/s;循环次数 1 次。仪器自动测定力的变化,给出力随时间变化的曲线,探头压冲该样品形成的曲线中最大力的峰值即为硬度值,单位为"g",数值越大,产品越硬;用曲线的总峰数来表示脆度值,单位为"个"。峰数越多,产品酥脆度越好,反之,产品酥脆度越差。

3. 色泽测定方法

采用 CR-400 型色彩色差仪进行测定。色彩色差仪可以测量苹果片的明度指数 L^*、彩度指数 a^* 和 b^*。L^* 值能够反映苹果片白度和亮度的综合值,该值越大表明被测物越白亮。a^* 值和 b^* 值两者共同决定色调,当 a^* 值为"+"值时,表示颜色偏红,为"−"值时表示颜色偏绿,值越大偏向越严重;b^* 值为"+"值时,表示被测物偏黄,为"−"值时,表示被测物偏蓝。本试验以白板为标准,通过测量 a^* 值,表示苹果脆片的色泽,a^* 值越小,表示护色效果越好(毕金峰,2008)。

4. 数据分析方法

用 SPSS 软件对试验结果进行新复极差分析,在 0.05 水平下分析各因素不同水平之间的差异性。

5. 工艺流程

苹果→清洗→去皮(核)、切片→护色→预干燥→均湿→膨化干燥→抽湿→冷却→包装→成品。

6. 试验中的几个概念

膨化温度:指物料膨化时膨化罐内的温度,单位为"℃"。

停滞时间:指物料在膨化温度下被加热到抽真空开始前所经历的时间,单位常用"min"。

抽空温度:指抽真空以后,物料在真空状态下干燥时膨化罐内的温度,单位为"℃"。

抽空时间:指抽真空以后,物料在真空状态下继续干燥直至冷却开始前所需要的时间,单位常用"min"表示。

三、结果与分析

(一)膨化干燥苹果脆片预处理试验

1. 切片厚度对苹果片变温压差膨化干燥的影响

将苹果去皮、核,切成厚度不同的薄片,护色之后放入 80℃ 的烘箱中进行预干燥处理,直到苹果片的水分含量降到30%,均湿后再进行变温压差膨化干燥处理。干燥条件:膨化温度80℃,停滞时间30 min,抽空温度65℃,抽空时间90 min。对得到产品的各项指标进行测定,结果见表2-1。

表2-1　切片厚度对产品质量的影响

编号	切片厚度/mm	硬度/g	脆度	色泽a^*值	含水量/%
1	2	345[a]	2[a]	−3.27[a]	5.17[a]
2	3	552[b]	6.5[ab]	−3.37[a]	5.34[a]
3	4	788[c]	11[bc]	−3.12[a]	5.42[a]
4	5	879[c]	15[cd]	−2.98[a]	5.58[a]
5	6	1 037[d]	17.5[de]	−3.04[a]	6.61[b]

注:不同字母表示显著性差异。

随着切片厚度的增加,苹果片的硬度显著增加。当切片厚度小于4 mm时,苹果片的硬度过低,容易碎裂,不适合储存和运输。而当切片厚度增加到6 mm时,硬度又超过了1 000 g,与试验中其他厚度的苹果片相比明显偏硬,这可能是由于苹果片厚度大,中心温度上升缓慢,致使水分扩散速度慢,外表面容易形成硬壳(Lewicki et al.,2000)。苹果片的脆度也随着厚度的增加而增大,且相邻两组之间差异不显著。色泽a^*值随切片厚度的增加而缓慢增加,且不同厚度的切片a^*值变化不显著。含水量随切片厚度的增加而增加,且仅当切片厚度为6 mm时,含水量明显高于其他组,与其他组有显著差异。这是由于苹果片内部水分汽化量不足和表面形成的硬壳阻碍了水分的移除(Feng and Tang,2000)。综合考虑,苹果片厚度应保持在4～5 mm,此时硬度适中,脆度、色泽较好,含水量较低。

2. 不同护色液护色效果对比

苹果果实中富含单宁等物质,在加工过程中极易产生褐变现象。目前,对苹果片的护色措施大多是利用硫处理来抑制加工中褐变的发生,效果较好,程莉莉等(2011)通过试验发现采用膨化工艺能很好地减少硫的残留量。同时非硫护色技术也在不断地发展,以减少硫对人体和环境的危害。马立安等(2007)用0.40% $ZnCl_2$、0.05%抗坏血酸、0.20%柠檬酸、1.00%氯化钠的混合溶液对苹果片进行浸渍处理,采用低温真空干燥技术使终产品达到理想的护色效果。石启龙(2001)采用0.15% $ZnCl_2$,0.05%维生素C,0.15%柠檬酸,1.00%氯化钠混合液处理苹果片,之后进行预干燥及低温膨化处理,也取得了良好的护色效果。

本试验将苹果去皮、核,切成4～5 mm的薄片,放入相应的护色液中浸泡30 min。注意确保苹果片之间不粘连,能够充分接触护色液。然后将经过护色处理的苹果片放入80℃的烘箱中干燥2 h,再进行变温压差膨化干燥处理。干燥条件:膨化温度80℃,停滞时间30 min,抽空温度65℃,抽空时间90 min。测定产品的a^*值,分析不同浓度的$NaHSO_3$对护色效果的影响见表2-2。

表2-2　$NaHSO_3$溶液浓度对护色效果的影响

浓度/‰	0.1	0.2	0.3	0.4	0.5	0.6
a^*值	−0.04[a]	−2.21[b]	−3.02[bc]	−3.58[c]	−3.91[c]	−3.97[c]

注:不同字母表示显著性差异。

由表中数据可以看出,随着浓度的增大,a^* 值逐渐减小,护色效果越好。当 $NaHSO_3$ 浓度为 $0.1‰$ 时,a^* 值与其他各组数据存在显著性差异,明显小于其他各组数据,苹果脆片的颜色深,不明亮。$NaHSO_3$ 浓度分别为 $0.2‰$ 和 $0.3‰$ 时,两处理间的 a^* 值差异不显著;$NaHSO_3$ 浓度分别为 $0.3‰$ 和 $0.4‰$ 时,两处理间的 a^* 值差异不显著;但是 $NaHSO_3$ 浓度为 $0.2‰$ 和 $0.4‰$ 的两组间 a^* 值存在显著差异,浓度为 $0.2‰$ 处理组的苹果片颜色明显偏暗。$NaHSO_3$ 浓度分别为 $0.3‰$、$0.4‰$、$0.5‰$、$0.6‰$ 的各组 a^* 值差异不显著,但是随着浓度的增加可以看出苹果片的颜色变化由暗到亮。综合考虑,选择浓度为 $0.4‰$ 的 $NaHSO_3$ 作为护色液,此时苹果片的颜色较好。

用同样的方法来研究非硫护色液的护色效果,试验采用两种非硫护色液。非硫护色液 1 由 0.4% $ZnCl_2$、0.05% 抗坏血酸、0.15% 柠檬酸、0.5% $NaCl$ 的混合溶液组成;非硫护色液 2 由 0.5% 抗坏血酸溶液组成;以浓度为 $0.4‰$ $NaHSO_3$ 溶液作为比照组;以上各处理组中的溶液均用蒸馏水配制,故用蒸馏水在相同条件下浸泡切好的苹果片作为空白组。将得到的产品进行取样分析,测得的 a^* 值见表 2-3。

表 2-3　非硫护色液对护色效果的影响

组别	$NaHSO_3$ 溶液	非硫护色液 1	非硫护色液 2	蒸馏水	未处理
a^* 值	-3.51^a	-3.29^a	-0.22^b	1.13^b	0.24^b

注:不同字母表示显著性差异。

通过测定的结果可知,经 $0.4‰NaHSO_3$ 溶液与非硫护色液 1 处理的两组苹果片颜色鲜亮,明显好于其他组,且二者 a^* 值之间差异不显著,说明 $0.4\%ZnCl_2$、0.05% 抗坏血酸、0.15% 柠檬酸、0.5% $NaCl$ 的混合溶液的护色效果与用 $NaHSO_3$ 溶液护色的效果没有差异。用非硫护色液 2 处理的苹果片颜色较暗,且与经蒸馏水处理的苹果片相比 a^* 值差异不显著;而与经 $NaHSO_3$ 溶液与非硫护色液 1 处理的苹果片相比差异显著;得出 0.5% 抗坏血酸溶液的护色效果不显著,也说明单独使用抗坏血酸溶液作为护色剂的方法不如使用混合溶液的方法效果好。经蒸馏水处理的苹果片 a^* 值大于其他各处理组,也大于未经护色处理的苹果片 a^* 值,这可能是由于较高的水含量为苹果片的褐变反应提供了有效的媒介,使分子的运动更加剧烈,从而加速了化学反应的发生。

虽然非硫护色液 1 的护色效果较好,与 $0.4‰$ $NaHSO_3$ 溶液的护色效果没有差异,但是由于混合护色液中的化学物质都是盐类和酸类,经护色液浸泡后的苹果片口味偏咸,失去了苹果的风味。综合考虑苹果片的感官性质,本试验选用 $0.4‰$ $NaHSO_3$ 溶液作为护色液。

3. 不同干燥温度对苹果片干燥速率的影响

绘制干燥曲线有助于按目标水分控制干燥时间,使工艺得到更好的优化。本试验将切好的 4 mm 厚苹果片称重后分别放入温度为 $70℃$、$80℃$、$90℃$ 的恒温干燥箱中进行干燥。每隔 0.5 h 测定一次样品的重量,连续测定 5 h,然后将干燥箱的温度升高至 $105℃$,继续烘干苹果片直至恒重。以干燥时间为横坐标,产品水分含量为纵坐标,绘制干燥曲线并观察使水分含量在 30% 左右时的加热温度及时间。结果见图 2-1。

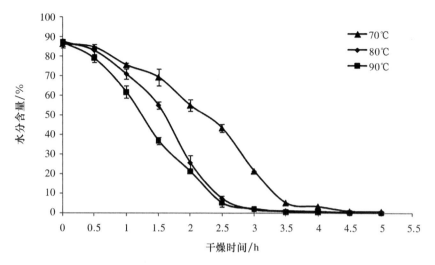

图 2-1　不同温度下苹果片的干燥曲线

在干燥温度为 90℃ 时,苹果片的水分含量降低最快,80℃ 次之,但是当干燥时间超过 2 h 后,两条曲线接近,2.5 h 后基本重合;干燥温度为 70℃ 时,水分散失的速度相对缓慢,4.5 h 之后才开始与另两条曲线重合。要使剩余水分含量为 30%,若干燥温度为 90℃,则需要 1.7 h;干燥温度为 80℃ 时,需要 1.9 h;干燥温度为 70℃ 时,所需时间最长,为 2.8 h。80℃ 与 90℃ 干燥温度下所需时间相差不多,考虑温度过高会使苹果片表面形成硬壳,影响内部水分的进一步散失,故选择 80℃ 作为干燥温度。

(二)膨化干燥苹果脆片单因素试验结果

将预干燥含水量、膨化温度、停滞时间、抽空温度、抽空时间作为单因子试验,考察它们对苹果片色泽、硬度、脆度、含水率的影响。各因素及水平设计见表 2-4。

表 2-4　单因素试验设计

因素	水平				
预干燥含水量/%	10	20	30	40	50
膨化温度/℃	60	70	80	90	100
停滞时间/min	10	20	30	40	50
抽空温度/℃	45	55	65	75	85
抽空时间/min	60	75	90	105	120

1. 预干燥后水分含量对膨化苹果片品质影响

苹果经去皮、切成厚度为 4 mm 的薄片,护色之后在同样的条件下进行预干燥处理,使预干燥后水分含量分别保持在 10%、20%、30%、40%、50% 再进行膨化干燥。干燥条件:膨化温度 80℃,停滞时间 30 min,抽空温度 65℃,抽空时间 90 min。对得到产品的各项指标进行测定,结果见表 2-5。

表 2-5　预干燥后水分含量对产品质量的影响

编号	预干燥含水量/%	硬度/g	脆度/个	色泽 a^*	含水量/%
1	10	1 081^a	6^a	2.98^c	5.17^a
2	20	920^b	11^{ab}	−1.95^b	5.53^b
3	30	865^{bc}	18^b	−3.32^a	5.46^{ab}
4	40	767^c	5^a	−3.27^a	6.62^c
5	50	538^d	4^a	−3.23^a	8.27^d

注:不同字母表示显著性差异。

随着预干燥含水量的减少,终产品的硬度增加,脆度先增加后减少,a^* 值先减少后显著增加,含水量显著降低。当预干燥含水量为 10% 时,苹果片硬度超过 1 000 g,口感干硬且颜色较深;50% 的含水量过高,硬度明显偏低,产品比较黏软,与其他 4 组有显著差异。这可能是由于预干燥后的苹果片水分含量过低时不足以产生膨化所需的蒸汽压,而过高又导致水分不能全部汽化,影响膨化干燥效果。处理 3 与处理 1、4、5 差异显著,与处理 2 差异不显著,但是脆度略高于处理 2。处理 2 与处理 3 相比 a^* 值有显著差异,苹果片颜色较暗。处理 4 与处理 3 相比含水量较高,有显著差异。综合考虑,确定预干燥后水分含量为 30% 最佳。

2. 膨化温度对膨化苹果片品质影响

苹果经去皮、切成厚度为 4 mm 的薄片。护色之后进行预干燥处理使水分含量保持在 30%,再进行膨化干燥。膨化温度分别为 60℃、70℃、80℃、90℃、100℃,停滞时间 30 min,抽空温度 65℃,抽空时间 90 min。对得到产品的各项指标进行测定,结果见表 2-6。

表 2-6　膨化温度对产品质量的影响

编号	膨化温度/℃	硬度/g	脆度/个	色泽 a^*	含水量%
1	60	728^a	5^a	−3.31^a	7.44^a
2	70	759^b	7^a	−3.34^a	6.83^a
3	80	873^c	15^b	−3.29^a	5.78^b
4	90	989^d	16^b	6.91^b	4.75^c
5	100	1 132^e	17^b	9.12^c	3.01^d

注:不同字母表示显著性差异。

随着膨化温度的增加,苹果片的硬度呈显著增加的趋势,当膨化温度在 90℃ 以上时,口感明显干硬且有焦煳现象。这是由于温度过高造成苹果片表面水汽扩散速度大于内部扩散速度,表面容易结壳。苹果片中的糖分和其他有机物质因高温分解或焦化,使产品的风味和外观受到影响。脆度、a^* 值随膨化温度的升高也相应增加,而含水量则随膨化温度的升高相应降低。处理 3、4、5 的脆度值差异不显著,但明显高于处理 1 和处理 2。处理 4 和处理 5 中的 a^* 值明显高于其他 3 组,而处理 1 和处理 2 中的含水量都超过了 6%。所以综合考虑,应选用处理 3,膨化温度为 80℃ 时,苹果片的硬度适中,脆度较好,色泽明亮,含水量较低。

3. 停滞时间对膨化苹果片品质影响

苹果经去皮、切成厚度为 4 mm 的薄片。护色之后进行预干燥处理使水分含量保持在 30%,再进行膨化干燥。膨化温度 80℃,停滞时间分别为 10 min、20 min、30 min、40 min、

50 min,抽空温度 65℃,抽空时间 90 min。对得到产品的各项指标进行测定,结果见表 2-7。

表 2-7　停滞时间对产品质量的影响

编号	停滞时间/min	硬度/g	脆度/个	色泽 a^*	含水量/%
1	10	783[a]	6[a]	−2.97[a]	6.30[a]
2	20	812[a]	7[a]	−3.29[a]	6.10[a]
3	30	820[a]	13[b]	−3.05[a]	5.57[b]
4	40	847[a]	15[bc]	−2.01[b]	5.50[b]
5	50	981[b]	18[c]	−1.34[c]	5.37[b]

注:不同字母表示显著性差异。

随着停滞时间的延长,苹果片的硬度缓慢上升,且都保持在 $700\sim1\,050$ g,只有停滞时间为 50 min 时与其他 3 组有显著差异。脆度随着停滞时间的延长而升高,处理 3 和处理 4 差异不显著,处理 4 和处理 5 差异不显著。a^* 值只有在处理 5 时大于 −2.00,其余处理下的苹果片色泽均较好。含水量则随着抽空时间的延长而下降。处理 1 和处理 2 中的含水量大于6%,处理 3、4、5 中的含水量均小于 6% 且差异不显著。综合考虑,处理 3 和处理 4 都比较好,但是考虑缩短生产时间可以节约能源,故处理 3 为最优方案。

4. 抽空温度对膨化苹果片品质影响

苹果经去皮、切成厚度为 4 mm 的薄片。护色之后进行预干燥处理使水分含量保持在30%,再进行膨化干燥。膨化温度 80℃,停滞时间 30 min,抽空温度分别为 45℃、55℃、65℃、75℃、85℃,抽空时间 90 min。对得到产品的各项指标进行测定,结果见表 2-8。

表 2-8　抽空温度对产品质量的影响

编号	抽空温度/℃	硬度/g	脆度/个	色泽 a^*	含水量%
1	45	614[a]	3[a]	−2.87[a]	6.74[a]
2	55	735[b]	9[ab]	−3.02[a]	5.80[b]
3	65	887[c]	18[c]	−2.76[a]	5.05[c]
4	75	1 018[d]	14[bc]	2.25[b]	3.87[d]
5	85	1 102[e]	12[bc]	5.48[c]	3.63[d]

注:不同字母表示显著性差异。

随着抽空温度的增加,苹果片的硬度呈上升趋势,而含水量则呈下降趋势,不同处理间存在显著差异。脆度先升高后降低,当抽空温度在 65℃ 时存在最大值。a^* 值先降低后升高,有最小值。当抽空温度在 75℃ 及以上时,苹果片的硬度和 a^* 值显著上升,这时苹果片外表焦煳,口感干硬。当抽空温度在 55℃ 左右时,苹果片的硬度适中,色泽较好,含水量较低,但是脆度较差,口感比较黏。温度进一步降低,各个指标都随之变差,所以综合考虑,抽空温度控制在 65℃ 左右比较好,这时苹果片的硬度、脆度适中,色泽较明亮,含水量较低。

5. 抽空时间对膨化苹果片品质影响

苹果经去皮、切成厚度为 4 mm 的薄片。护色之后进行预干燥处理使水分含量保持在30%,再进行膨化干燥。膨化温度 80℃,停滞时间 30 min,抽空温度 65℃,抽空时间分别为

60 min、75 min、90 min、105 min、120 min。测定得到产品的各项指标,结果见表 2-9。

表 2-9　抽空时间对产品质量的影响

编号	抽空时间/min	硬度/g	脆度/个	色泽 a^*	含水量/%
1	60	683[a]	3[a]	−2.91[a]	6.74[a]
2	75	810[b]	5[a]	−3.24[a]	5.80[b]
3	90	813[b]	17[b]	−3.00[a]	5.52[bc]
4	105	908[c]	14[b]	−1.36[b]	5.26[c]
5	120	1 035[d]	15[b]	−0.54[c]	4.64[d]

注:不同字母表示显著性差异。

由表中数据可以看出,苹果片的硬度随抽空时间的延长而显著增加,除了处理 1 之外都保持在 700～1 050 g。处理 1 和处理 2 的脆度值较低且与其他组有显著差异,处理 3、4、5 的脆度值较高。处理 4 和处理 5 中的 a^* 值与其他 3 组有显著性差异,苹果片颜色偏暗,由于抽空时间延长,苹果片易发生美拉德反应,使颜色加深。含水量则随着抽空时间的延长而下降。处理 1 中的含水量大于 6%,处理 2 和处理 3 差异不显著,处理 3 和处理 4 差异不显著。综合分析,处理 3 为最佳方案。

四、结论

通过对膨化干燥寒富苹果脆片的工艺研究得出以下结论。

(1)苹果脆片的硬度、脆度随着苹果片厚度的增加而增加,且不同处理间存在显著的差异性;而含水量与 a^* 值则变化较小。综合考虑确定苹果片厚度为 4～5 mm。

(2)随着预干燥后苹果片水分含量的增加,硬度、a^* 值呈下降趋势,而含水量呈上升趋势,脆度则先上升后下降。确定预干燥含水量为 30%。

(3)随着膨化温度的增加,苹果脆片的硬度、脆度、a^* 值呈增加的趋势,而含水量呈下降趋势。综合考虑,确定膨化温度为 80℃。

(4)苹果脆片的硬度、脆度、a^* 值随着停滞时间的延长而增加,含水量则随着停滞时间的延长而下降。确定停滞时间为 30 min。

(5)随着抽空温度的增加,苹果脆片的硬度、a^* 值呈增加的趋势,而含水量呈下降趋势,脆度先升高后降低,且变化显著。综合考虑,确定抽空温度为 65℃。

(6)随抽空时间的延长,苹果脆片的硬度、a^* 值呈显著上升趋势,而含水量则显著下降;脆度显著升高后略有降低。确定抽空时间为 90 min。

(7)通过研究不同温度下寒富苹果的干燥曲线,确定将 80℃ 作为预干燥过程的干燥温度。

(8)与其他浓度 $NaHSO_3$ 溶液相比,0.4‰ $NaHSO_3$ 溶液护色效果较好,且浓度较低。0.4‰ $ZnCl_2$、0.05% 抗坏血酸、0.15% 柠檬酸、0.5% NaCl 的混合溶液虽护色效果与 0.4‰ $NaHSO_3$ 溶液无差异,但对产品风味造成了不良影响。因而本试验最终选用 0.4‰ $NaHSO_3$ 溶液作为护色液。

第三节 变温压差膨化干燥苹果片理化性质及风味物质研究

一、材料与条件

1. 材料、主要试剂

寒富苹果由沈阳农业大学园艺学院提供。

经膨化干燥所得的寒富苹果脆片;工艺参数为:苹果片厚度 4 mm,预干燥含水量 28%,膨化温度 80℃,停滞时间 30 min,抽空温度 63℃,抽空时间 95 min。

试剂:草酸溶液、抗坏血酸标准溶液、二氯靛酚溶液、碘酸钾标准溶液、淀粉溶液、碘化钾溶液、NaOH 标准溶液、酚酞指示剂、费林试剂甲(硫酸铜)、费林试剂乙(氢氧化钠、酒石酸钾钠)、亚甲基蓝溶液、乙酸锌溶液、冰乙酸、亚铁氰化钾溶液、盐酸、葡萄糖标准液。

2. 主要仪器与设备

粉碎机:天津市泰斯特仪器有限公司;分析天平:北京赛多利斯天平有限公司;电热恒温鼓风箱:上海精密试验设备有限公司;变温压差果蔬膨化设备:PH600C 型,天津市勤德新材料科技有限公司;萃取头:75 μm CAR/PDMS,美国 Supelco 公司;气相色谱-质谱联用仪:Finnigan Trace MS,美国 Finnigan 公司。

二、试验方法与设计

(一)含水率的测定

采用 GB 5009.3—2010。

(二)总糖的测定

采用 GB/T 5009.7—2008。

(三)总酸的测定

采用 GB/T 12456—2008。

(四)维生素 C 的测定

采用 2,6-二氯靛酚滴定法。

(五)风味物质的测定

采用顶空-固相微萃取法(HS-SPME)来富集寒富苹果鲜样及脆片中的香气成分;气相色谱-质谱联用技术(GC-Ms)对香气成分进行分离、分析、定性、定量。

样品前处理:将鲜苹果和苹果脆片分别切成小块,各称量 8 g 样品放入 20 mL 的玻璃瓶中,用聚四氟乙烯硅橡胶垫封口。将 0.2 μL 的 75 μm CAR/PDMS 萃取头插入样品瓶中,推出纤维头,50℃条件下预热平衡 30 min(李大鹏,2007)。再将纤维头抽回,拔出萃取头。注意这一过程中确保萃取头不碰触样品。将拔出的萃取头迅速插入气相色谱仪的进样口,保持 2 min 的解析时间(王传增,2012)。之后再将萃取头拔出准备进行 GC-MS 分析。

色谱条件:选择毛细管柱 Rtx-1Ms(30 m×0.25 mm×0.25 mm)作为色谱柱对样品进行

分离(王超，2009)。进样口温度:250℃;柱温:起始温度为40℃,保持2 min,以7℃/min的速度升温,20 min后至180℃,保持5 min;再以10℃/min的速度升温,至250℃,保持2 min。

质谱条件:载气为He(99.999%),柱流量为1.0 mL/min,分流比100:1,电离方式EI,电子能量70 eV,接口温度180℃,离子源温度200℃,扫描质量范围29～600 amu。

三、结果与分析

(一)膨化前后理化性质对比

鲜果与苹果脆片的各项理化指标见表2-10,为便于分析,数据都按干基计算,即所得指标都除以干物质含量。

由表2-10中数据可以看出,经过膨化后的苹果脆片在各项指标上都有所下降。其中变化最显著的是含水量,降到5%以下,较低的含水率能够使食品利于储存和运输,并且能够赋予苹果脆片酥脆的口感。总糖的含量也有一定的减少,这可能与苹果片在加热时发生了美拉德反应有关。糖酸比的变化相对较小,这是总糖和总酸在苹果片膨化后都相应地减小的缘故,这与苹果脆片在味觉上酸甜程度与鲜苹果差异不大相吻合。维生素C的下降趋势也很明显,损失率达到了33%。

表2-10 膨化前后理化指标的变化

项目	总糖/%	总酸/%	糖酸比	维生素 C/(mg/100 g)	含水量/%
鲜苹果	13.34	0.57	23.4	5.8	85.16
脆片	6.53	0.34	19.21	3.9	4.87

(二)膨化前后香气成分对比

香气成分是衡量果品品质的重要指标,影响着果品鲜食品质和加工质量(王建华和王汉忠,1996)。利用顶空固相微萃取(HS-SPME)技术可以将样品中的香气成分有效富集。在萃取时仅利用吸附-解吸原理,风味物质不需要与溶剂接触,可以保持其化学成分和组织结构不受到破坏(周围,2006)。顶空固相微萃取技术克服了传统样品处理技术需样量大、耗时长、对人体造成潜在伤害等缺点,是一项简便、快速、并具较好重复性的萃取方法。试验用的Rtx-1Ms(30 m×0.25 mm×0.25 mm)型毛细管柱和程序升温方法,能够很好地将香气成分分离。得到的苹果鲜样和苹果脆片的风味物质及其相对含量结果见表2-11。

由表中看出,本试验共检测出香气成分75种,其中能够被计算机质谱库(NIST/WILEY)鉴定出来的香气成分有50种,未能辨明是何物质的挥发成分20种。

在寒富苹果的鲜样中检测出29种香气成分,分别是酯类、烷类、醛类、醇类、酮类、烯类和其他一些物质,其中酯类数量最高共有9种,与李慧峰(2011年)将寒富苹果香气归于"酯香型"相一致。9种酯类化合物分别是乙酸己酯、己酸己酯、丁酸己酯、2-甲基丁酸己酯、1,2-苯二甲酸-2-甲基丙基二酯、邻苯二甲酸二丁酯、环丁烷基羧酸己酯、2-甲基-2,2-二甲基-1-(2-羟基-1-甲基乙基)丙酸丙酯、2-甲基-3-羟基-2,4,4-三甲基丙酸戊酯。

表 2-11　鲜苹果和脆片的香气成分对比

编号	保留时间/min	化学名称	相对含量/%	
			鲜苹果	脆片
1	5.235	己醛	26.66	—
2	6.244	呋喃甲醛	—	6.44
3	6.76	(E)-2-己烯醛	11.11	—
4	7.37	1-己醇	27.31	—
5	10.342	5-甲基糠醛	—	0.23
6	11.89	乙酸己酯	9.31	—
7	12.334	香芹烯	0.35	—
8	13.181	1,4-二甲基哌嗪	—	0.36
9	13.308	(E)-2-辛烯醛	0.32	—
10	13.797	未知	—	0.28
11	13.805	1-辛醇	0.68	—
12	14.209	2-糠酸甲酯	—	0.32
13	14.58	正十一烷	—	0.25
14	14.74	壬醛	0.49	—
15	14.791	2-壬烯-1-醇	—	0.26
16	15.117	2-丁基-1-辛醇	—	0.26
17	16.29	未知	—	2.58
18	16.533	2-乙基己基硫酸三癸基酯	—	0.46
19	16.653	2,2,11,11-四甲基十二烷	—	4.39
20	16.784	未知	—	0.55
21	17.011	未知	—	0.32
22	17.16	3-乙基-4-甲基庚烷	—	0.23
23	17.272	未知	—	0.34
24	17.369	丁酸己酯	1.45	—
25	17.411	3-甲基十一烷	—	0.31
26	17.588	正十二烷	—	1.25
27	17.649	草蒿脑	0.49	—
28	17.788	癸醛	0.33	0.51
29	18.004	未知	—	0.52
30	18.098	未知	—	0.31
31	18.212	2,2,6-三甲基辛烷	—	0.41
32	18.312	3,8-二甲基癸烷	—	0.82
33	18.659	2-甲基丁酸己酯	6.62	—
34	18.864	未知	—	2.41
35	19.042	未知	—	0.41
36	19.219	未知	—	2.6
37	19.317	未知	—	0.52

编号	保留时间/min	化学名称	相对含量/% 鲜苹果	相对含量/% 脆片
38	19.655	1,3-辛二醇	0.78	4.88
39	19.969	正十七烷	—	1.51
40	20.04	2,5-二甲基十四烷	—	12.1
41	20.298	正十三烷	0.26	3.09
42	20.408	己十一烷硫酸酯	—	0.91
43	20.517	未知	—	1.63
44	20.64	5,5-二甲基十一烷	—	4.07
45	20.8	2,2,4,4,6,8,8-七甲基壬烷	—	7.55
46	20.989	环丁烷基羧酸己酯	0.26	—
47	21.121	5-甲基-5-丙基壬烷	—	3.24
48	21.235	5,6-二丙基癸烷	—	1.25
49	21.301	2,5-二甲基十二烷	—	10.64
50	21.482	2-甲基-2,2-二甲基-1-(2-羟基-1-甲基乙基)丙酸丙酯	0.27	—
51	21.523	未知	—	2.29
52	21.777	3,9-二甲基十一烷	—	3.36
53	21.907	2-甲基-3-羟基-2,4,4-三甲基丙酸戊酯	0.33	—
54	22.046	己酸己酯	1	—
55	22.258	正十四烷	0.23	1.81
56	22.589	正十五烷	—	2.18
57	22.667	丁十二烷硫酸酯	—	0.62
58	22.726	未知	—	1.3
59	22.856	未知	—	0.75
60	23.033	未知	—	0.68
61	23.129	癸基环戊烷	—	0.6
62	23.216	香叶基丙酮	0.27	
63	23.242	未知	—	0.64
64	23.61	未知	—	1.06
65	23.808	β-紫罗兰酮	0.43	—
66	23.865	十八烷	0.5	—
67	24.059	α-法尼烯	7.25	3.02
68	25.249	正十六烷	0.31	—
69	25.317	未知	—	0.55
70	25.861	2,6,10,14-四甲基十五烷	0.6	—
71	26.483	二十一烷	0.41	—

编号	保留时间/min	化学名称	相对含量/%	
			鲜苹果	脆片
72	27.723	2,6,10,14-四甲基十六烷	0.29	1.23
73	28.501	1,2-苯二甲酸-2-甲基丙基二酯	1.47	1.45
74	29.125	未知	—	0.25
75	29.47	邻苯二甲酸二丁酯	0.22	—
总计			100	100

注:"—"没检出或不存在。

其中乙酸己酯、2-甲基丁酸己酯的含量明显高于其他酯类香气成分,分别为 9.31%、6.22%,这与 Echeverría 等(2004)报道的红富士苹果特征香气是酯类,且主要有乙酸己酯等成分的结论相似。这可能是由于寒富苹果是以富士为父本杂交出来的品种,在香气成分上保留了一些富士苹果的特征。但是 2-甲基-2,2-二甲基-1-(2-羟基-1-甲基乙基)丙酸丙酯和 2-甲基-3-羟基-2,4,4-三甲基丙酸戊酯这 2 种酯类在富士苹果的香气分析中未见学者报道,是寒富苹果的独有香气。另外,检测出的 9 种酯类中 4 种酯带有甲基支链,如 2-甲基丁酸己酯,Rowan 等(1996)报道这种带有甲基支链的酯类具有典型的苹果香味,并且嗅感阈值极低。

数量仅次于酯类的是烷类化合物,共有 7 种,数量虽比较多,但每种烷类香气成分的相对含量却很少,不超过 0.6%。

醛类化合物的种类略少于烷类,为 5 种,有己醛、(E)-2-己烯醛、(E)-2-辛烯醛、壬醛、癸醛。其中己醛和(E)-2-己烯醛具有典型的青草样(grass like)和绿苹果(green apple)香气(Dixon 和 Hewett,2000),且二者阈值较低,被认为是某些种类苹果的特征香气(王海波等,2008)。本试验测得己醛和(E)-2-己烯醛这 2 种 C6 醛类含量非常高,分别达到 26.66% 和 11.11%,因此被认为是寒富苹果的特征香气。

醇类含有 3 种香气成分,分别为 1-己醇、1-辛醇和 1,3-辛二醇,其中 1-己醇的含量是鲜果中所有香气成分含量最多的,为 27.31%。Echeverría 等(2008)报道 1-己醇具有青草味,能够赋予苹果清新的香气,深受消费者欢迎。另外 2 种醇类化合物的含量比 1-己醇少得多,分别是 1-辛醇(0.68%)、1,3-辛二醇(0.78%)。

酮类和烯类化合物各 2 种,分别是香叶基丙酮、β-紫罗兰酮、α-法尼烯和香芹烯,其中 α-法尼烯的含量明显高于其他 3 种化合物,为 7.25%。

从经膨化干燥后得到的苹果脆片中检测出的香气成分多于鲜样,共 53 种,其中有 20 种未知。33 种已知成分中有 7 种香气成分与寒富苹果鲜样相同,它们分别是癸醛、1,3-辛二醇、正十三烷、正十四烷、α-法尼烯、2,6,10,14-四甲基十六烷、1,2-苯二甲酸-2-甲基丙基二酯。其中 1,3-辛二醇、正十三烷、正十四烷、2,6,10,14-四甲基十六烷含量明显增加,说明经过一系列加工过程,鲜果中有些其他成分转化为这些香气化合物。而 1,2-苯二甲酸-2-甲基丙基二酯、α-法尼烯却有所减少,说明这些物质在加工过程中有所损失。一些研究者认为,α-法尼烯是苹果发生病变的诱因,过高含量对苹果果实有害(Zhang 和 Shu,2003;Bradley 和 Suckling,1995),但是关于 α-法尼烯具体的嗅感阈值和嗅感描述还未见报道。

经过加工,一些挥发性香气物质完全消失,如在鲜果中含量较多的己醛、(E)-2-己烯醛、

1-己醇、乙酸己酯、己酸己酯、丁酸己酯、2-甲基丁酸己酯。2-甲基丁酸己酯具有肉质果香(fleshy-fruit)；己酸己酯和丁酸己酯具有苹果(apple)的香气(Echeverría等，2004)；(E)-2-己烯醛具有典型的绿苹果(green apple)香气；己醛和1-己醇具有青草样(grass like)香气(Echeverría等，2004)，乙酸己酯具有果实(fruity)香气(Mehinagic E等，2007)。这些香气成分的消失，使苹果脆片失去了一些鲜苹果的清新香气，试验结果说明在膨化干燥的一系列过程中，鲜苹果的香气成分确实有所损失，为在感观上苹果脆片的香气没有鲜苹果浓郁的现象提供了依据。

苹果脆片中检测出的新增加的酯类香气成分有 2-糠酸甲酯(0.32%)、2-乙基己基硫酸三癸基酯(0.46%)、己十一烷硫酸酯(0.91%)、丁十二烷硫酸酯(0.62%)。这几种香气成分的含量相对较少，且大部分酯类的化学式中都含有硫元素，这与护色时采用的含硫护色液有关，可能是由于苹果片在护色液中浸泡时，自身的一些成分与护色液发生了化学反应所致。

新增加的醇类有 2-壬烯-1-醇(0.26%)和 2-丁基-1-辛醇(0.26%)2 种，含量都比较低。新增加的醛类也有 2 种，分别为呋喃甲醛(6.44%)和 5-甲基糠醛(0.23%)，其中呋喃甲醛的含量很高，在苹果脆片的挥发性成分中仅次于 2,5-二甲基十二烷(10.64%)、2,5-二甲基十四烷(12.1%)这两种大分子烷类化合物。呋喃甲醛的分子量比较小，分子式中含碳数为 5，是较强的挥发性成分，但是未见有学者报道其被确定为苹果的香气成分，不能确定其嗅感描述及对苹果香气的贡献。

新增加的烷类共有 17 种，分别为癸基环戊烷、3-乙基-4 甲基庚烷、2,2,6-三甲基辛烷、2,2,4,4,6,8,8-七甲基壬烷、5-甲基-5 丙基壬烷、5,6-二丙基癸烷、3,8-二甲基癸烷、正十一烷、3-甲基十一烷、5,5-二甲基十一烷、3,9-二甲基十一烷、2,2,11,11-四甲基十二烷、正十二烷、2,5-二甲基十二烷、2,5-二甲基十四烷、正十五烷、十七烷。其中含量大于 1% 的有 11种。苹果脆片中烷类挥发成分含量占整个香气成分的 60.29%，可见由鲜果加工成脆片而消失的香气成分大都转化成了烷类化合物，但是这些烷类化合物对苹果脆片的香气贡献还未见报道。

四、结论

(1)膨化苹果脆片的含水量、糖酸比和总糖、总酸、维生素 C 含量，与苹果鲜样相比均呈下降趋势。其中含水量减少幅度最大；其次是总糖含量，减少较多；维生素 C 的下降趋势也很明显，达到了 33%。

(2)在寒富鲜果中，测得己醛、(E)-2-己烯醛、1-己醇、乙酸己酯、己酸己酯、丁酸己酯、2-甲基丁酸己酯等香气成分含量较多，被认为是寒富苹果的特征香气。其中己醛和1-己醇具有青草样香气；(E)-2-己烯醛具有典型的绿苹果香气；乙酸己酯具有果实香气；己酸己酯和丁酸己酯具有苹果香气；2-甲基丁酸己酯具有肉质果香香气。

(3)在寒富苹果的鲜样中检测出 29 种香气成分，其中酯类有 9 种，烷类有 7 种，醛类有 5种，醇类有 3 种，酮类和烯类各 2 种。

(4)在经膨化干燥得到的苹果脆片中检测出 53 种香气成分，其中未知成分有 20 种，烷类有 20 种，酯类有 5 种，醛类、醇类各有 3 种，烯类 1 种。

(5)苹果脆片与苹果鲜样相比有 7 种相同的香气成分，分别是癸醛、1,3-辛二醇、正十三烷、正十四烷、α-法尼烯、2,6,10,14-四甲基十六烷、1,2-苯二甲酸-2-甲基丙基二酯。

第四节　寒富苹果真空冷冻干燥工艺技术研究

一、材料与条件

1. 材料、主要试剂

寒富苹果由沈阳农业大学园艺学院提供。

分析纯试剂:抗坏血酸、柠檬酸、氯化钠、盐酸、硫酸铜、亚甲蓝指示剂、酒石酸钾钠、氢氧化钠、乙酸锌、冰乙酸、亚铁氰化钾、葡萄糖、草酸、偏磷酸、2,6-二氯靛酚、碳酸氢钠、考马斯亮蓝 G-250、酚酞。

2. 主要仪器与设备

CR-400 型色彩色差计:日本美能达公司;LG0.2 型真空冷冻干燥机:沈阳航天新阳冻干有限公司;Sartorius BSA224S 型万分之一天平:赛多利斯科学仪器(北京)有限公司;KEW 1051 型克列茨万能表:日本共立仪器电器株式会社;WSP-211 型数字温度计:广东红星仪器有限公司;Brookfield CT3 型质构仪:美国 Brookfield 制造公司;HH-4 型数显恒温水浴锅:常州国华电器有限公司;101-1A 型电热鼓风干燥箱:天津市泰斯特仪器有限公司;QUAN-TA 600 型扫描电子显微镜:美国 FEI 公司。

二、试验方法与设计

(一)寒富苹果真空冷冻干燥工艺流程

寒富苹果真空冷冻工艺主要包括前处理、预冻、干燥和包装四部分,选取新鲜、芯小、无虫害、无机械损伤和大小均匀的苹果,清洗干净后去皮去籽,切成一定厚度的苹果片,经过合适配比的护色液护色一定时间后,沥干铺盘送入速冻仓内迅速冷冻至共晶点以下并保持一段时间至苹果片完全冻结后,取出快速送进冻干仓内进行抽真空干燥,当产品水分含量低于5%时,冻干结束。取出装入阻隔性较好的铝箔袋中密封包装。

(二)寒富苹果的护色工艺研究

酶促褐变是影响苹果片变色的主要原因,主要是以多酚氧化酶(PPO)为主。一般控制酶促褐变的方法主要以抗氧化剂和酚酶抑制剂使用为主。二氧化硫及常用的亚硫酸盐如亚硫酸钠、亚硫酸氢钠、焦亚硫酸钠、连二亚硫酸钠等都是曾经广泛应用于食品工业中的酚酶抑制剂,具有使用方便、效力可靠、成本低等优点。但是随后研究人员发现亚硫酸盐属过敏原,美国食品与药物管理局(FDA)已明确禁止在苹果加工过程中使用此类化合物。目前主要以柠檬酸、苹果酸、抗坏血酸等酚酶抑制剂,以及食盐溶液、糖水等为主要护色液。

试验方法:将苹果清洗后,去皮去籽,切成厚度为 10 mm 的苹果片,浸没在不同配比的抗坏血酸、柠檬酸和食盐溶液中护色 0.5 h,沥干铺盘送入速冻仓内迅速冷冻至−35℃并保持 1 h 确保苹果片完全冻结后,取出快速送进冻干仓内,加热板起始温度为 80℃,绝对压力为 60 Pa 条件下进行干燥,干燥时间当产品水分含量低于5%时,冻干结束。

运用色彩色差计对苹果片干燥前与干燥后的色泽进行测定,获取所需色差值。用Minitab15 软件来判断因素对色差值的显著程度。

分别选取 3 种试剂的不同浓度来进行单因素试验,来分析不同浓度的氯化钠、抗坏血酸和柠檬酸对冻干苹果片色差的影响,从而确定正交试验设计中三者的取值范围。如表 2-12 所示。

表 2-12　单因素试验方案

护色剂	质量分数/%							
氯化钠	0.6	0.8	1.0	1.2	1.4	1.6	1.8	2.0
抗坏血酸	0.2	0.4	0.6	0.8	1.0	1.2	1.4	1.6
柠檬酸	0.2	0.4	0.6	0.8	1.0	1.2	1.4	1.6

根据单因素的最优水平,设计三因素三水平的正交试验,氯化钠的 3 个浓度分别是 1.4%、1.6% 和 1.8%;抗坏血酸溶液的浓度为 0.2%、0.4%、0.6%;柠檬酸的浓度为 0.8%,1.0%,1.2%。如表 2-13 所示。

表 2-13　正交试验方案

水平	因素		
	A 氯化钠/%	B 抗坏血酸/%	C 柠檬酸/%
1	1.4	0.2	0.8
2	1.6	0.4	1.0
3	1.8	0.6	1.2

(三)寒富苹果共晶点和共熔点的测定

真空冷冻干燥能够保持苹果鲜美的风味和优良的色泽、质地和外观,使其成为目前所有其他干燥方法所不能替代的方法。预冻时间的过长或过短会影响干燥时间、能耗和生产成本。经过前人的试验证实,预冻温度应低于苹果共晶点 5～10℃为宜。当苹果片中心温度达到此温度后,在此温度下继续保持 1～2 h 使得苹果片彻底冻透后进行升华干燥。共晶点是苹果片全部结晶时的温度点,而共熔点则是升温过程中开始熔化的温度点。目前共晶点和共熔点测定方法有电阻测定法、热差分析测定法、低温显微镜测试法和数学公式计算法(丁薇,2011)。本试验采用电阻法测定寒富苹果片共晶点和共熔点。

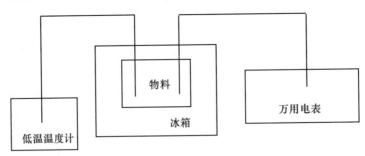

图 2-2　电阻法测定寒富苹果共晶点和共熔点装置示意图

按照如图 2-2 所示装置实验仪器来测定寒富苹果的共晶点和共熔点,使用万能表测量电阻计,数字温度计作测温元件,冻结在冻干机的速冻仓内完成。试验时平行将测温探头和电阻电极插入苹果的中心位置,并保持一定的间距,用导线引出冷冻设备后接入测试系统。在温度变化过程中,通过万用表和低温温度计同步读取苹果的电阻值和温度值(丁薇,2011)。

(四)加热板温度变化形式对冻干苹果片的影响

真空冷冻干燥过程中通过加热板温度提供热量来完成干燥部分。整个干燥过程分为升华干燥和解析干燥两部分。从图 2-3 中可以看出冻干过程加热板温度变化分为:a、b、c 三段分别代表加热三个典型阶段。a 段为加热板设定最高温度阶段,这段时间内食品温度从预冻温度迅速上升,当温度达到苹果耐受温度时终止;b 段为降温升华阶段,此阶段既要确保苹果片干燥完成部分温度始终在最高耐受温度之下,同时未干燥部分继续升温;c 段为解析干燥阶段。这时升华干燥结束,但苹果片内部仍有少量水分残留,需要继续干燥直至残留水分小于 5%;该阶段以食品内部最低温度达到设定值,加热功率降到 0 为终点,同时这也是整个冻干过程结束的标志(张颜民等,1999)。

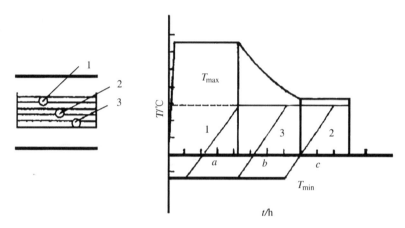

图 2-3 冻干过程中食品内部温度曲线图
(右图中 1、2、3 对应左图 1、2、3 点温度)

设定不同加热板温度变化模式对预冻后的苹果片进行干燥,并对干燥苹果片的冻干曲线、酥脆度、色差值和复水比进行比较,研究不同的加热板温度对于苹果片品质的影响。

具体加热板温度设置:①0～30 min 加热板温度从 0℃上升至 70℃,加热 240 min 后,经过 30 min 加热板温度从 70℃降至 40℃至冻干结束。②0～30 min 加热板温度从 0℃上升至 70℃加热 90 min 后,120～150 min 加热板温度降至 60℃后加热 120 min,270～300 min 温度降至 50℃后加热 180 min,480～510 min 加热板温度降至 40℃至冻干结束。③0～30 min 加热板温度从 0℃上升至 70℃加热 60 min 后,90～120 min 加热板温度降至 65℃后加热 60 min,180～210 min 温度降至 60℃后加热 60 min,270～300 min 加热板温度降至 55℃加热 60 min,360～390 min 降至 50℃持续 60 min,450～480 min 降至 45℃持续 60 min,540～570 min 降至 40℃至冻干结束。

(五)寒富苹果真空冷冻干燥工艺单因素试验

选取大小均匀、新鲜无损的苹果用水清洗干净后,人工用水果刀去皮去籽,分切成片,在1.4%氯化钠、0.6%抗坏血酸、0.8%柠檬酸的护色液中浸泡 0.5 h 后,取出快速沥干铺盘后送入速冻箱中急冻 1.5 h,预冻温度应比苹果共晶点低 5～10℃,即选取-35℃。

将预冻好的苹果片送进冻干室内,关紧舱门,打开真空阀抽真空,当室内绝对压力达到要求后启动设定好的加热曲线,加热板开始工作,待产品水分达到 5% 以下时干燥结束,停止采集曲线,关闭加热板工作,停止抽真空,当仓内绝对压力与室内大气压相同时,开启舱门取出苹果片。

对产品进行分选后装入铝制包装袋。

产品质量评价方法:评价指标包括产品的酥脆度、色泽和水分含量。产品酥脆度高,水分含量低,与鲜果的色差值越小越好。

试验选取苹果片厚度、加热板温度和绝对压力 3 个因素分别进行单因素试验,确定苹果片厚度 8 mm、加热板温度 70℃、绝对压力 60 Pa 中任意 2 因素,观察它们对于酥脆度、色差值和水分含量的影响。具体试验设计见表 2-14。

方差分析主要就是通过分析研究不同来源的变异对总变异的贡献大小,从而确定可控因素对研究结果的影响的大小。单因素试验的显著性检验采用 F 检验(张仲欣和杜双奎,2011)。采用 SPSS 21.0 进行 Duncan 法分析单因素试验的显著性。

表 2-14 单因素试验设计

因子	水平
苹果片厚度/mm	2、4、6、8、10、12、14、16
加热板温度/℃	60、70、80、90、100
绝对压力/Pa	20、40、60、80、100

(六) 寒富苹果真空冷冻干燥工艺优化

由单因素试验结论得出苹果片厚度 A、加热板温度 B、绝对压力 C 中较优三水平,做变化选取 $X_1=(A-8)/2, X_2=(B-70)/10, X_3=(C-60)/20$。以 X_1、X_2、X_3 为自变量,选取苹果片酥脆度为响应值(Y_1)、色差值为响应值(Y_2)和水分含量取率为响应值(Y_3),试验方案及结果见表 2-15。

表 2-15 响应面分析因素和水平

因素	水 平		
	-1	0	1
A 厚度/mm	6	8	10
B 加热板初始温度/℃	60	70	80
C 绝对压力/Pa	40	60	80

试验采用 Box-Behnken 试验设计,以影响产品质量的主要参数作为输入变量,以影响评估产品质量指标作为输出变量,通过统计分析得出真空冷冻干燥过程中工艺参数对产品质量的影响。实验中以苹果片厚度、加热板温度和绝对压力作为输入变量,将产品酥脆度、色差值和水分含量作为输出指标,试验设计及结果见表 2-16。

由于被评价对象冻干苹果片的结果是用苹果片加工后的酥脆度、色差和含水量 3 个指标加以描述和分析的,如何做出整体最优条件的评价判断,就是统计学要解决的问题。

如果单凭酥脆度、色差值和水分含量的其中一个试验指标评价一系列试验结果,往往具有片面性,不能全面地反映试验结果的整体情况即最佳工艺条件。片面性可能会导致大量损失试验结果所包含的信息。当用多个单项指标所构成的整体,可以克服一定程度的单项指标的局限性,提高评价的全面性和科学性。如何做出整体最优条件的评价判断,就是统计学中多指标综合评价要解决的问题,在本试验的多项指标综合问题表现为将多指标统计信息综合成一个综合指标(吴有炜,2002)。

表 2-16　试验设计

试验号	X_1	X_2	X_3	Y_1	Y_2	Y_3
1	−1	−1	0			
2	−1	1	0			
3	1	−1	0			
4	1	1	0			
5	0	−1	−1			
6	0	−1	1			
7	0	1	−1			
8	0	1	1			
9	−1	0	−1			
10	1	0	−1			
11	−1	0	1			
12	1	0	1			
13	0	0	0			
14	0	0	0			
15	0	0	0			

优化试验采用 SAS8.0 对实验数据进行处理。

(七)不同干燥方式对寒富苹果片品质影响的对比研究

"品质"就是指苹果片的优质程度,是苹果片的综合特征,直接决定着苹果片的可接受性。对于通过感官来测定的苹果品质主要分为 3 类,即表观、质地和风味。表观因素包括性状、受损程度和色泽等。质地因素为酥脆度和超微结构。风味因素包括用舌头可以感觉到的酸、咸、苦、辣、甜和鼻子嗅到的气味。

真空冷冻过程中将苹果切成厚度为 8 mm 的苹果片经护色,在−35℃条件下预冻 1.5 h后苹果片内部水分已经完全冻结,在冻干仓采取五阶段式降温,四阶段抽真空的方式进行干燥。干燥起始温度为 70℃,舱内初始真空度为 70 Pa,加热板每阶段变化温度为 10℃及真空度为 20 Pa,在此条件下加热 20 h。

热风干燥是在烘箱这个封闭的绝热环境中通过风扇来控制空气的流动,带走苹果片表面的水分。将苹果切成厚度为 8 mm 的苹果片进行护色处理后,沥干后放入托盘送进烘箱内,在 75℃条件下加热 18 h。

(八)不同干燥方式对寒富苹果片感观品质的对比试验

苹果片的感官指标主要从苹果片的颜色变化即色差、复水比和感官评价三方面来研究真空冷冻干燥对寒富苹果片品质的影响。

1. 色差值的测定

鲜果和真空冷冻干燥苹果片的颜色按照国际照明委员会 1976 年制定的 CIE $L^* a^* b^*$ 表色系统,应用色差计以仪器白板色泽为标准,测量其明度指数 L^*,色彩指数 a^* 和 b^*。色差 ΔE_{ab}^* 公式计算如下:

$$\Delta E_{ab}^* = [(\Delta L^*)^2 + (\Delta a^*)^2 + (\Delta b^*)^2]^{1/2}$$

式中,ΔL^*,Δa^* 和 Δb^* 分别表示两点间三坐标的差。ΔE_{ab}^* 为实际的色空间两点的距离,也称 NBS(National Bureau of Standards)单位。ΔE_{ab}^* 值越小,代表冻干苹果片与鲜果的色差越小(李里特,2001)。

2. 感官评价

选定苹果片的色泽、滋味与口感、形状 3 个指标作为评定指标。在产品品质特性中,色泽占 30 分,滋味和口感占 30 分和形态占 40 分,共计 100 分。通过构造四等级模糊子集把反映苹果片的模糊指标进行量化,然后利用模糊变换原理对指标综合进行评价,评价标准见表 2-17。由 10 名食品专业研究生人员组成感官评价小组,将样品用代号 1、2、3……标记样品,为了保证公平,每名专业人员都单独进行评分。同一批样品,对同一批样品按不同顺序在 3 个不同时间进行 3 次评分,结果取平均值。

表 2-17　苹果片感官质量评价标准

质量等级	感官指标及权重		
	色泽(U_1)	滋味与口感(U_2)	形态(U_3)
1(优)	具有与寒富苹果鲜果肉颜色相应色泽,淡黄色	具有浓郁的鲜果特有滋味和香气,口感酥脆,入口即化	形态完好,产品厚薄均匀,无塌陷
2(良)	呈淡黄色,局部略微有烧伤	具有较浓的苹果原料特有的滋味和香气,口感较酥脆	形态基本完好,产品厚薄基本均匀,局部略微塌陷
3(一般)	呈黄色,局部有烧伤	具有较淡的苹果原料特有的滋味和香气,口感柔软不脆	变形,产品厚薄不均匀,局部有塌陷
4(差)	黄色,局部有褐色或呈褐色斑点	不具有苹果原料滋味和香气	严重变形,产品薄厚不均,大面积塌陷

3. 复水比的测定

复水比为复水后沥干苹果片的质量与复水前苹果片的质量之比。

(九)不同干燥方式对寒富苹果片质构的影响

1. 酥脆度测定条件和方法

模式:TPA-二次循环,质构剖面分析(TPA)压缩测试;测试速度:0.5 mm/s;两次压缩循环中的压缩形变程度 40%;触发点:100 g;探头:2 mm 不锈钢圆柱形探头(TA39)。

将真空冷冻干燥后的苹果片放置于探头正下方,然后用低压夹子夹紧至仪器底座。然后探头深入样品至目标距离并通过程序包记载下特征剖面。根据材料(Brookfield Engineering Labs,2008),本实验酥脆度采用压缩过程中总力 VS 形变曲线,凸显为各种不同的波峰波谷,酥脆度脆性象征(松脆性成为硬度的一个函数)为初始硬度和得到的峰值平均值之比。实践研究显示,比值越高,则表示松脆性越强。

2．扫描电镜制片与观察

制片过程:样品→采样→戊二醛固定→CO_2 超临界固定→切片→喷金→电镜扫描→成像(方芳等,2010)。

观察:在扫面电子显微镜通过放大不同倍数来观察样片,获得理想图谱。

3．水分的测定

GB 5009.3—2010 食品中水分的测定　直接干燥法。

4．还原糖的测定

GB/T 5009.7—2008 食品中还原糖的测定。

5．可溶性总糖的测定

GB 6194—86 水果、蔬菜可溶性糖测定方法。

6．维生素 C 的测定

GB 6185—86 水果、蔬菜维生素 C 含量测定法(2,6-二氯靛酚滴定法)。

7．可滴定酸的测定

GB/T 12293—90 水果、蔬菜制品　可滴定酸度的测定。

8．糖酸比

可溶性糖与可滴定酸的比值。

9．可溶性蛋白质的测定

依据许淑芳等(2005)使用的考马斯亮蓝(Coomassie Brilliant Blue)法测定蛋白质浓度。

10．数据分析数据处理

采用 SPSS 12.0 进行 Duncan 法分析。

三、结果与分析

(一)寒富苹果护色液工艺结果分析

1.寒富苹果护色液工艺单因素结果分析

不同浓度护色液处理真空冷冻干燥苹果片的色差见图 2-4。

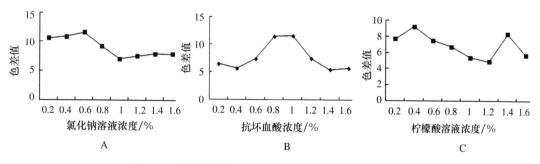

图 2-4　不同浓度护色液处理真空冷冻干燥苹果片的色差

不同浓度氯化钠在初始温度为 80℃和绝对压力为 80 Pa 的条件下放入冻干仓内干燥 20 h 后测定样品色差变化如图 2-4A 所示,可以看出当氯化钠浓度为 0.6%～0.8%时,色差较大,当浓度为 1.0%～1.4%时,色差变化随着氯化钠浓度的增加开始减小,后来逐渐趋于平缓。因此,选取氯化钠的 3 个水平分别为 1.4%、1.6%、1.8%。说明此时,氯化钠渗入组织内部,驱除氧气效果较好且较为稳定。

不同浓度的抗坏血酸护色苹果片的色差值变化曲线如图 2-4B 所示。可以看出当抗坏血酸浓度为 0.2%～0.6%时,色差变化较为平缓且色差较小,而当浓度为 0.6%～1.0%时,色差逐渐加大,之后又呈现下降趋势,但是,随着浓度的加大,干燥之后的样品四周呈现红色而中心则没有这种红色,当浓度大于 1.2%以后,虽然色差逐渐减小,但是不能选取这阶段的浓度为最优值。因而当抗坏血酸浓度过高时,样品表面会出现红色斑点,自身氧化褐变愈明显,影响品质,虽然苹果片表大部分测得色差小,但是却不宜采用。抗坏血酸自身会发生褐变的原因有两方面:一是因为抗坏血酸可以与抗坏血酸氧化酶发生氧化褐变反应;另一方面是抗坏血酸本身也会经常发生氧化褐变,就会影响产品的色泽。所以,会出现红色斑点现象。因此,选取的抗坏血酸的 3 个浓度水平分别为 0.2%、0.4%、0.6%。

取不同浓度的柠檬酸,在温度为 75℃,干燥时间 20 h 以后,进行色差测定,色差变化曲线如图 2-4C 所示。从这个图的走势可以看出,当柠檬酸浓度为 0.4%～1.2%时,色差呈现下降趋势,因此,选取柠檬酸的 3 个浓度水平分别为 0.8%、1.0%、1.2%。

2. 正交试验结果分析

正交试验结果见表 2-18 和表 2-19。

表 2-18　正交试验直观分析计算表

试验号	因素			ΔE
	氯化钠/%	抗坏血酸/%	柠檬酸/%	
1	1(1.4)	1(0.4)	1(0.8)	6.14
2	1	2(0.6)	2(1.0)	6.34
3	1	3(0.8)	3(1.2)	5.92
4	2(1.6)	1	2	4.21
5	2	2	3	4.70
6	2	3	1	4.45
7	3(1.8)	1	3	5.21
8	3	2	1	6.24
9	3	3	2	5.42
K_1	18.4	15.56	16.83	
K_2	13.36	17.30	15.97	
K_3	16.87	15.89	15.83	
k_1	6.13	5.18	5.61	
k_2	4.45	5.77	5.32	
k_3	5.62	5.30	5.27	
极差 R	1.68	0.59	0.34	
主次顺序		A＞B＞C		
最优组合		$A_1 B_2 C_1$		

表 2-19　方差分析表

来源	自由度	连续平方和	校正平方和	校正均方	F 比	显著性水平
NaCl	2	4.45140	4.45140	2.22570	184.96	0.005
维生素 C	2	0.58127	0.58127	0.29063	24.15	0.040
柠檬酸	2	0.19547	0.19547	0.09773	8.12	0.110
误差	2	0.02407	0.02407	0.01203		
合计	8	5.25220				

注：$F_{0.01}(2,2)=99.00$，$F_{0.05}(2,2)=19.00$，$F_{0.10}(2,2)=9.00$。

从正交试验结果可以看出氯化钠对护色效果（$R=1.68$）影响最大，抗坏血酸对护色效果（$R=0.59$）影响其次，柠檬酸对护色效果（$R=0.34$）影响最小。所以，本试验因素的"主→次"顺序为 ABC。即氯化钠＞抗坏血酸＞柠檬酸，本试验的指标是色差越小越好，所以最优组合为 $A_1B_2C_1$。

本试验结果表明，寒富苹果片在真空冷冻条件下利用 1.4% 氯化钠、0.6% 抗坏血酸、0.8% 的柠檬酸所配制的复合护色液护色 30 min 后，护色效果最佳。

（二）寒富苹果共晶点和共熔点的测试分析

测试寒富苹果共晶温度曲线见图 2-5。

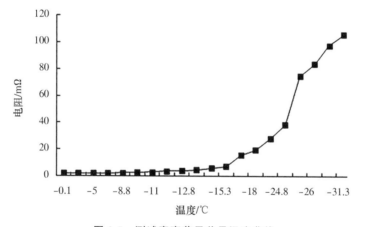

图 2-5　测试寒富苹果共晶温度曲线

测试寒富苹果共熔温度曲线见图 2-6。

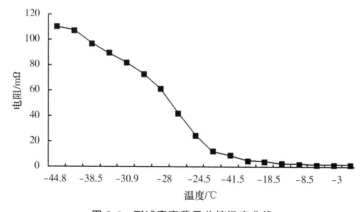

图 2-6　测试寒富苹果共熔温度曲线

由图 2-5 可知,在−1～−19℃苹果中的自由水开始冻结,随着温度快速降低,自由流动水和毛细管水不断冻结,可移动离子逐渐减少,为晶核形成阶段。−19～−24.8℃苹果内出现晶核和形成较大冰晶,为大冰晶成长阶段。当苹果温度下降至−24.8～−31.3℃区域内时,寒富苹果是处于共晶阶段。当温度低于−27℃时电阻急剧增大,苹果中的自由水和结合水全部冻结。因此,取−27℃作为共晶温度。为了确保苹果中的水分全部冻结,预冻温度取−35℃。

由图 2-6 可以看出,在初始升温阶段,苹果中冰晶的融化较快,可移动离子迅速增多。当温度在−22.5～−20℃时,电阻值降至 10 MΩ 左右。为了保证物料不融化,取共融温度为−23.5℃。

(三)加热板温度变化形式对冻干苹果片影响结果分析

1. 不同加热板温度变化对苹果片冻干曲线的影响

加热板温度如图 2-7(彩图 1)所示时,苹果片中心温度前期上升很快,而图 2-8(彩图 2)和图 2-9(彩图 3)中的苹果片温度上升比较缓慢。这是因为相较于后两个图,图 2-7 中加热板温度和苹果片存在较大温差,热量传入食品中较快。苹果片干燥过程中,表层到中心部位水分移出率并不总处于一个恒定值,随着干燥过程不断进行会逐渐下降,苹果片从表面向中心逐渐形成很厚的干燥层。受到这一干燥层的阻隔,苹果片中心保留水分,形成了从中心到表面的水分分布梯度。由于外层干燥层的绝缘作用,热量不能迅速传入苹果片的中心部位,特别是水分蒸发后留下了许多空穴强化了绝热作用。由于传热程度降低,水分驱动力下降,保留在中心部位的水分需要花费很长时间,经过更长的距离才能离开苹果片。

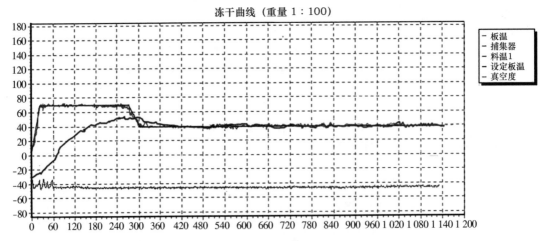

图 2-7　加热板分温度为二阶段变化时苹果片的冻干曲线

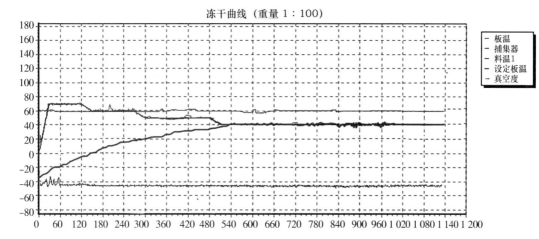

图 2-8　加热板分温度为四梯度时苹果片的冻干曲线

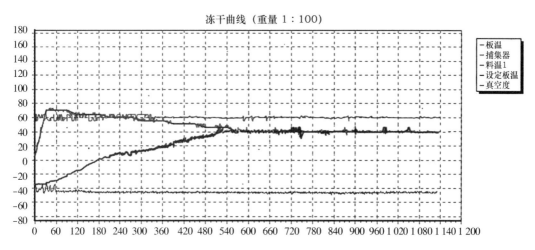

图 2-9　加热板分温度为六梯度升温时苹果片的冻干曲线

2．不同加热板温度变化对苹果片酥脆度、色差值和复水比的影响

3 种加热工艺对苹果片酥脆度、色差值和复水比的影响见表 2-20。

表 2-20　3 种加热工艺对苹果片酥脆度、色差值和复水比的影响

加热板温度设定方案	色差	酥脆度	复水比
2 个梯度	7.98 ± 0.05^{Aa}	1.62 ± 0.02^{Bb}	5.79 ± 0.05^{Bb}
4 个梯度	4.19 ± 0.1^{Bb}	1.76 ± 0.01^{Aa}	6.12 ± 0.05^{Aa}
6 个梯度	3.98 ± 0.06^{Bc}	1.77 ± 0.01^{Aa}	6.01 ± 0.05^{Aa}

注:表中用小写字母表示显著水平 $\alpha=0.05$,用大写字母表示显著水平 $\alpha=0.01$。

由表 2-20 中可知,加热板温度一次设定 2 个梯度与 4 个梯度和 6 个梯度相比色差差距较大,酥脆度变化相对较小。一次性设定两梯度的苹果片表面局部略有坍陷和色差,而 4 个梯度和 6 个梯度基本表观基本无差异。

在 3 种不同热加工工艺上,2 个梯度加热工艺的前期复水速度明显低于 4 个和 6 个梯度,4 个梯度和 6 个梯度不明显。四梯度和六梯度加热工艺,由于温度下降缓慢,能够更好地保护苹果片内部结构,不会因为温差的巨大变化,影响食品内在品质,形成更加均匀的蜂窝结构。相较于第一种加热工艺来讲,加热板设定 4 个梯度和 6 个梯度工艺更好且差异不大。综上所述,加热板温度设定为 4 梯度变化即可。

(四) 寒富苹果真空冷冻干燥工艺单因素试验结果分析

1. 苹果片不同厚度对产品质量的影响

从表 2-21 中可以看出,方差分析得出随着苹果片厚度的增加,冻干苹果片的酥脆度呈现先上升后下降的趋势,在 8 mm 处酥脆度达到最大且与其他处理间差异较大,6 mm、10 mm 和 12 mm 处理彼此间差异不显著,2 mm 和 4 mm 处理口感较差,几乎没有酥脆度;冻干苹果片与鲜果的色差值呈现先下降后上升趋势,2 mm、4 mm、6 mm、8 mm、10 mm 处理间差异不显著,但与 12 mm、14 mm、16 mm 差异显著;水分含量随厚度增加呈现逐渐上升趋势,但均低于 5%,说明苹果片越薄,苹果片中水分从未干燥层迁移到表面时的路程越短,干燥速率越快,相同时间内,水分含量越低,2~8 mm 时水分差异不大。从冻干总时间和能耗角度考虑,冻干物料厚度以不超过 10 mm 为宜。综合分析,寒富苹果片厚度为 6 mm、8 mm、10 mm 时,酥脆度较大且色差值较小,水分含量较低。

表 2-21　不同厚度对冻干苹果片的影响

不同厚度/mm	酥脆度	色差值	水分含量/%
2	1.052 ± 0.05^{Dd}	5.34 ± 0.62^{BCcd}	3.31 ± 0.12^{Ee}
4	1.141 ± 0.08^{Dd}	5.22 ± 0.75^{BCcd}	3.31 ± 0.09^{Ee}
6	1.536 ± 0.1^{Bb}	4.18 ± 0.76^{BCde}	3.33 ± 0.1^{Ee}
8	1.731 ± 0.05^{Aa}	3.81 ± 0.23^{Ce}	3.33 ± 0.07^{Ee}
10	1.54 ± 0.1^{Bb}	5.70 ± 0.76^{Bc}	3.84 ± 0.08^{Dd}
12	1.43 ± 0.07^{BCbc}	7.98 ± 0.67^{Ab}	4.2 ± 0.1^{Cc}
14	1.36 ± 0.07^{Cc}	8.8 ± 0.55^{Aab}	4.76 ± 0.09^{Bb}
16	1.35 ± 0.06^{Cc}	9.55 ± 1.1^{Aa}	4.96 ± 0.11^{Aa}

注:表中用小写字母表示显著水平 $\alpha=0.05$,用大写字母表示显著水平 $\alpha=0.01$。

2. 不同加热温度对产品质量的影响

不同温度对冻干苹果片的影响见表 2-22。

表 2-22　不同温度对冻干苹果片的影响

不同温度/℃	酥脆度	色差值	水分含量/%
100	1.385 ± 0.04^{Bb}	10.39 ± 0.41^{Aa}	3.22 ± 0.09^{Bb}
90	1.398 ± 0.04^{Bb}	8.72 ± 1.04^{Bb}	3.29 ± 0.06^{Bb}
80	1.676 ± 0.04^{Aa}	5.98 ± 0.53^{Cc}	3.33 ± 0.07^{Bb}
70	1.731 ± 0.05^{Aa}	3.82 ± 0.23^{Dd}	3.39 ± 0.08^{Bb}
60	1.368 ± 0.06^{Bb}	4.08 ± 0.38^{Dd}	4.22 ± 0.24^{Aa}

注:表中用小写字母表示显著水平 $\alpha=0.05$,用大写字母表示显著水平 $\alpha=0.01$。

从表 2-22 中可知,随着苹果加热板温度的增加,冻干苹果的酥脆度呈先上升再下降的趋势,在 70℃、80℃时,酥脆度达到最大,且两者间差异不显著,而与其他处理差异显著;冻干苹果片色差值成逐渐上升趋势,60℃,70℃时处理间差异不显著,色差值明显小于与其他差异较显著;冻干苹果片的水分含量随着温度的升高呈逐渐下降趋势,只有 60℃处理与其他处理间差异较为显著,各处理间均低于 5%。加热板温度为 90℃和 100℃时的冻干苹果片表面出现不同程度的塌陷现象和变色现象。这是因为在升华过程中,寒富苹果冻结部分的温度不能超过寒富苹果的共晶点温度,苹果中已干燥层的温度不能超过其的崩解温度 55℃(白杰等,2005),否则表面会出现硬化的"结壳现象",阻止升华过程继续进行,同时伴有褐变反应发生。结壳现象产生的原因就是由于表面温度过高,干燥不平衡、物料内部的大部分水分还没机会,移动到表皮时,物料就形成一层干皮。这种不通透的表皮会把许多水分截留在食品微粒内,这就大大降低了干燥率。与此同时,高温也使得苹果中的酶类物质发生褐变,形成深色物质,造成苹果片颜色变化。综合分析,加热板温度为 60℃、70℃、80℃时口感酥脆、与鲜果颜色差异小,水分含量较低。

3. 不同绝对压力对产品质量的影响

不同绝对压力对冻干苹果片的影响见表 2-23。

表 2-23　不同绝对压力对冻干苹果片的影响

不同绝对压力/Pa	酥脆度	色差值	水分含量/%
100	1.29±0.07[BCc]	9.31±1.49[Aa]	4.08±0.03[Aa]
80	1.415±0.06[Bb]	6.29±0.22[Bb]	3.34±0.11[BCc]
60	1.731±0.05[Aa]	3.82±0.23[Cc]	3.33±0.08[BCc]
40	1.293±0.06[BCc]	3.6±0.5[Cc]	3.48±0.05[Bb]
20	1.183±0.05[Cd]	3.73±0.22[Cc]	3.2±0.08[Cc]

注:表中用小写字母表示显著水平 $\alpha = 0.05$,用大写字母表示显著水平 $\alpha = 0.01$。

从表 2-23 中可以看出,随着冻干室绝对压力的增加,冻干苹果酥脆度呈现先上升后下降的趋势,60 Pa 处理时酥脆度较大,和其他处理间差异显著,随着绝对压力减小,冰晶升华温度有所下降,能够在较低温度下挥发。但如果绝对压力过低,冻干仓温度降低,易造成苹果中水分不是以升华方式散逸,而是先融化成水后再以水蒸气蒸发出去,造成苹果片表面坍陷,影响酥脆度值;冻干苹果片色差值逐渐变大;水分呈逐渐减小的趋势。冻干室的绝对压力对整个干燥过程传热和传质过程影响显著,有效导热系数与有效传质系数成反比。当绝对压力较高时,干燥层中有效传质系数较大,有利于传质;反之,绝对压力较低时,物料干燥层的有效导热系数较大,有利于传热(白杰等,2005)。所以在干燥过程中,绝对压力过高或过低都不适合整个工艺优化。综上分析,绝对压力选取 40 Pa、60 Pa、80 Pa 时酥脆度较大且色差值较小,水分含量较低。

(五)寒富苹果真空冷冻干燥工艺优化结果分析

试验采用 Box-Behnken 实验设计,以影响产品质量的主要参数作为输入变量,以影响评估产品质量指标作为输出变量,通过统计分析得出真空冷冻干燥过程中工艺参数对产品质量的影响。实验中以苹果片厚度、加热板温度和绝对压力作为输入变量,将产品酥脆度、色差值和水分含量作为输出指标,试验设计及结果见表 2-24。

表 2-24　试验设计和试验结果

试验号	X_1	X_2	X_3	Y_1	Y_2	Y_3
1	−1	−1	0	1.508	5.25	4.44
2	−1	1	0	1.604	6.87	4.02
3	1	−1	0	1.573	5.92	4.67
4	1	1	0	1.699	7.34	4.05
5	0	−1	−1	1.342	5.32	4.88
6	0	−1	1	1.608	6.38	4.51
7	0	1	−1	1.525	6.92	4.32
8	0	1	1	1.684	8.76	4.01
9	−1	0	−1	1.419	5.56	4.09
10	1	0	−1	1.49	6.32	4.42
11	−1	0	1	1.608	6.69	4.12
12	1	0	1	1.697	6.88	4.58
13	0	0	0	1.674	3.87	3.4
14	0	0	0	1.769	4.02	3.25
15	0	0	0	1.751	3.56	3.35

1. 回归模型分析

运用 SAS8.0 软件 REREG 程序,得到回归拟合方程(1)~(3)。

$$Y_1 = 1.731333 + 0.04X_1 + 0.060125X_2 + 0.102625X_3 - 0.060792X_1^2 \\ + 0.0075X_1X_2 + 0.0045X_1X_3 - 0.074542X_2^2 - 0.02675X_2X_3 \\ - 0.117042X_3^2 \tag{1}$$

$$Y_2 = 0.069184 - 0.002363X_1 - 0.006381X_2 - 0.004066X_3 - 0.020642X_1^2 \\ + 0.00128X_1X_2 + 0.001524X_1X_3 - 0.022402X_2^2 + 0.000728X_2X_3 \\ - 0.023329X_3^2 \tag{2}$$

$$Y_3 = 3.333333 + 0.13125X_1 - 0.2625X_2 - 0.06125X_3 + 0.417083X_1^2 \\ - 0.05X_1X_2 + 0.0325X_1X_3 + 0.544583X_2^2 + 0.015X_2X_3 + 0.552083X_3^2 \tag{3}$$

表 2-25 为回归方程(1)~(3)中各项系数。表中 3 个方程模型系数均小于 0.05,说明冻干苹果片的酥脆度、色差值及水分含与苹果片厚度、加热板温度和绝对压力三因素的二次回归方程均显著。

从方程(1)可以看出的回归系数可知,苹果片厚度(X_1)、加热板温度(X_2)、绝对压力(X_3)的系数均小于 0.05,即说明三因素都对酥脆度(Y_1)的线性效应影响显著;X_1^2、X_2^2、X_3^2 的系数同样均小于 0.05,其意义代表三因素对酥脆度的响应曲面效应显著;X_1X_2、X_1X_3、X_2X_3 系数均大于 0.05,表示三因素对酥脆度的交互影响不显著,影响酥脆度的显著因素为依次为 X_3、X_2、X_1。说明三因素对于相应值 Y_1 都有影响,且影响显著,只是三因素彼此之间影响并不显著。

由方程(2)的回归系数可知,加热板温度(X_2)对方程(2)的线性效应影响显著,苹果片厚度(X_1)、绝对压力(X_3)对方程(2)的线性影响不显著;因素 $X_1{}^2$、$X_2{}^2$、$X_3{}^2$ 对色差值的曲面效应影响显著;X_1X_2、X_1X_3、X_2X_3 对色差值的交互影响不显著,影响色差值和水分含量变化的主次因素均为 X_2、X_3、X_1,其中加热板温度对于方程(2)影响极显著。

由方程(3)的回归系数可知,加热板温度(X_2)对方程(3)的线性效应影响显著,苹果片厚度(X_1)、绝对压力(X_3)对方程(3)的线性影响不显著;因素 $X_1{}^2$、$X_2{}^2$、$X_3{}^2$ 对色差值的曲面效应影响显著;X_1X_2、X_1X_3、X_2X_3 对色差值的交互影响不显著,影响色差值和水分含量变化的主次因素均为 X_2、X_3、X_1,其中加热板温度对于方程(3)影响极显著。

表2-25　回归系数和变量分析

$$Y = b_0 + b_1 X_1 + b_2 X_2 + b_3 X_3 + b_{11} X_1{}^2 + b_{22} X_2{}^2 + b_{33} X_3{}^3 + b_{12} X_1 X_2 + b_{13} X_1 X_3 + b_{23} X_2 X_3$$

方差来源	$Pr > F$		
	Y_1 酥脆度	Y_2 色差值	Y_3 水分含量/%
X_1	0.018187	0.286444	0.078381
X_2	0.003497	0.023427	0.006928
X_3	0.000305	0.095302	0.350223
$X_1 X_1$	0.016132	0.00087	0.005037
$X_1 X_2$	0.666333	0.666839	0.578018
$X_1 X_3$	0.79457	0.609856	0.715052
$X_2 X_2$	0.007215	0.000596	0.001568
$X_2 X_3$	0.163469	0.805198	0.865436
$X_3 X_3$	0.001004	0.000493	0.001475
模型	0.001839	0.002503	0.006062
相关系数	97.44%	97.09%	95.80%
校正决定系数	92.82%	91.85%	88.23%

这说明苹果片真空冷冻干燥过程是一个传热控制过程,加热板温度对苹果品质影响较大。苹果片中的水分通过热量传递带动内部传质,几何中心部位的冰晶经过传递到达苹果片表面。加热板提供的能量满足升华界面的水蒸气升华所需的潜热,苹果片表面的温度和压力达到平衡,保证升华正常进行,冻干仓内冷凝器捕集水蒸气,因此适宜的绝对压力和温度可以使苹果片获得理想酥脆度、色差值和水分含量。

校正决定系数和相关系数能够解释回归方程与实测值的拟合度情况。方程(1)的校正决定系数为92.82%,表明有约有93%的酥脆度值变化由所选取的因素决定,其整体变化程度仅有约7%不能由此回归方程来解释;相关系数为97.44%,说明酥脆度的实测值和预测值间有很好的拟合度。同理,色差值(Y_2)和水分含量(Y_3)的实测值和预测值间有很好的拟合度。

方程(1)~(3)的各项系数真实地反应三因素与3个响应值之间的联系,对实际情况较为符合。因此,可以在上述的回归方程基础上进一步去研究寒富苹果最佳干燥工艺条件。

2.真空冷冻苹果片酥脆度的响应面图和等高线图分析与优化

从图2-10可以看出,苹果片厚度和加热板温度的交互作用不显著,因为等高线的形状反映交互效应的大小,椭圆表示两因素交互作用显著(李斌等,2010),而图中等高线呈圆形。

当苹果片厚度不变时,随着加热板温度的上升,酥脆度先递增后递减,当处理苹果片厚度在中间偏右水平条件下,酥脆度变化较大,并且在加热板温度为中间偏上水平时,酥脆度相对较大。在加热板不变时,苹果片厚度同样有上述规律。从响应面图可以看出,当苹果片厚度处于中间偏右水平,处理加热板温度于中间偏左水平,可以获得较高的酥脆度。

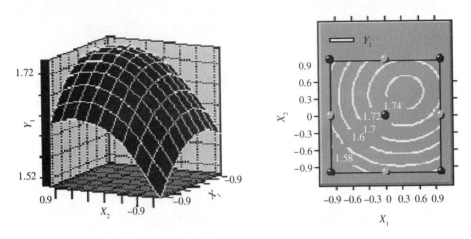

图 2-10 苹果片厚度和加热板温度交互影响苹果片酥脆度的响应面图和等高线图

从图 2-11 可以看出,当苹果片厚度不变时,随着绝对压力的上升,酥脆度先递增后递减,当处理苹果片厚度在中间偏右水平条件下,酥脆度变化较大,并且在绝对压力为中间偏上水平时,酥脆度相对较大。在绝对压力不变时,苹果片厚度同样有上述规律。从响应面图可以看出,当苹果片厚度处于中间偏右水平,处理绝对压力于中间偏左水平,可以获得较高的酥脆度。

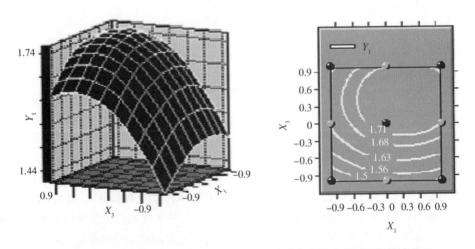

图 2-11 苹果片厚度和绝对压力交互影响苹果片酥脆度的响应面图和等高线图

从图 2-12 可以看出,当加热板温度不变时,随着绝对压力的上升,酥脆度先递增后递减,当处加热板温度在中间偏右水平条件下,酥脆度变化较大,并且在绝对压力为中间偏上水平时,酥脆度相对较大。在绝对压力不变时,同样有上述规律。从响应面图可以看出,当加热板温度处于中间偏右水平,处理绝对压力于中间偏左水平,可以获得较高的酥脆度。

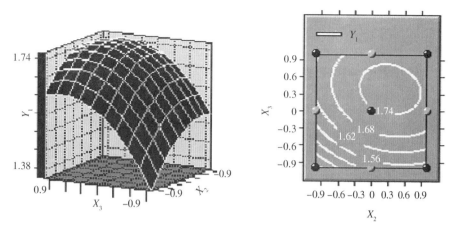

图 2-12　加热板温度和绝对压力交互影响苹果片酥脆度的响应面图和等高线图

对前面所获得的第一个模型方程系数进行显著性检验,舍去不显著项 X_1X_2、X_1X_3、X_2X_3,得到优化后的回归方程如下。

$$Y_1 = 1.731333 + 0.04X_1 + 0.060125X_2 + 0.102625X_3 - 0.060792X_1^2 \\ - 0.074542X_2^2 - 0.117042X_3^2$$

去掉 X_1X_2、X_1X_3、X_2X_3 项后方程中 Adj. R^2 =95.92%,表明调整后的模型比调整前的模型对色差值变异的描述准确程度略有下降;而 R^2 =92.86%,表明调整后的模型和调整前的模型在实测值和预测值拟合度几乎一致。利用优化后的模型,通过 SAS 编程求解,解得 X_1=0.365526,X_2=0.348916,X_3=0.405567,代入公式变换得出酥脆度最优的工艺条件:苹果片厚度 8.73 mm,加热板温度 73.49℃,绝对压力 68.11 Pa,预测苹果片酥脆度为 1.77。

3. 真空冷冻苹果片色差值的响应面图和等高线图分析与优化

从图 2-13 可以看出,等高线呈圆形说明苹果片厚度和加热板温度的交互作用不显著。当苹果片厚度不变时,随着加热板温度的上升,色差值呈现先递减后递增,当处理苹果片厚度在中间偏左水平条件下,色差值变化较大,并且在加热板温度为中间偏下水平时,色差值相对较小。在加热板温度不变时,色差值同样有上述规律。从响应面图可以看出,当苹果片厚度处于中间偏右水平,处理加热板温度于中间偏左水平,可以获得较小的色差值。

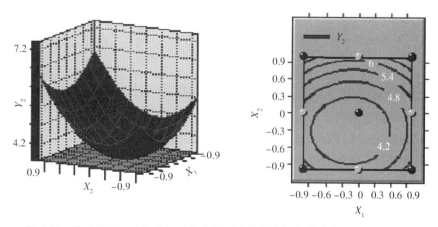

图 2-13　苹果片厚度和加热板温度交互影响苹果片颜色的响应面图和等高线图

从图 2-14 可以看出,苹果片厚度和绝对压力的交互作用也不显著。当苹果片厚度不变时,随着绝对压力的上升,色差值先递减后递增,当处理苹果片厚度在中间偏左水平条件下,色差值变化较大,并且在绝对压力为中间偏下水平时,色差值相对较小。在绝对压力不变时,苹果片厚度同样有上述规律。从响应面图可以看出,当苹果片厚度处于中间偏左水平,处理绝对压力于中间偏右水平,可以获得较小的色差值。

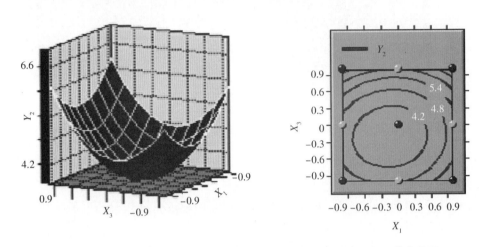

图 2-14 苹果片厚度和绝对压力交互影响苹果片颜色的响应面图和等高线图

从图 2-15 可以看出,图中等高线呈圆形说明加热板温度和绝对压力的交互作用同样也不显著。当加热板温度不变时,随着绝对压力的上升,色差值先递减后递增,当处加热板温度在中间偏右水平条件下,色差值变化较大,并且在绝对压力为中间偏下水平时,色差值相对较小。在绝对压力不变时,加热板温度同样有上述规律。从响应面图可以看出,当加热板温度处于中间偏左水平,处理绝对压力于中间偏右水平,可以获得较小的色差值。

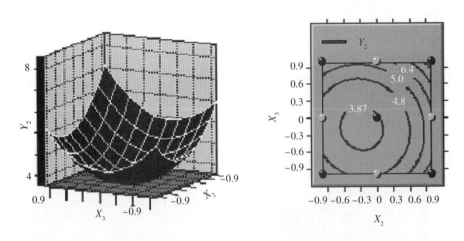

图 2-15 加热板温度和绝对压力交互影响苹果片颜色的响应面图和等高线图

对前面所获得的第二个模型方程系数进行显著性检验,舍去不显著项 X_1X_3、X_1X_2、X_1X_3、X_2X_3,优化后得到的回归方程为:

$$Y_2 = 0.069184 - 0.006381X_2 - 0.020642X_1^2 - 0.022402X_2^2 - 0.023329X_3^2$$

同理,利用优化后的模型,通过 SAS 编程求解,解得 $X_1 = -0.146941$, $X_2 = -0.282413$, $X_3 = -0.177166$,代入公式变换得出色差值最优的工艺条件:苹果片厚度 7.71 mm,加热板温度 67.18℃,绝对压力 56.46 Pa,预测苹果片色差值为 3.62。

4. 真空冷冻苹果片水分含量的响应面图和等高线图分析与优化

从图 2-16 可以看出,苹果片厚度和加热板温度的交互作用不显著,因为等高线的形状反映交互效应的大小,椭圆表示两因素交互作用显著,而图中等高线呈圆形。当苹果片厚度不变时,随着加热板温度的上升,水分含量呈现先递减后递增,当处理苹果片厚度在中间偏左水平条件下,水分含量变化较大,并且在加热板温度为中间偏上水平时,水分含量相对较小。在加热板不变时,色差值同样有上述规律。从响应面图可以看出,当苹果片厚度处于中间偏左水平,处理加热板温度于中间偏左水平,可以获得较小的水分含量。

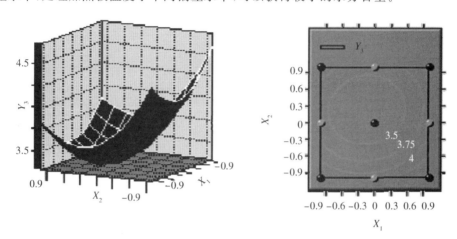

图 2-16　苹果片厚度和加热板温度交互影响苹果片颜色的响应面图和等高线图

从图 2-17 可以看出,当苹果片厚度不变时,随着绝对压力的上升,水分含量先递减后递增,当处理苹果片厚度在中间偏左水平条件下,水分含量变化较大,并且在绝对压力为中间偏上水平时,色差值相对较小。在绝对压力不变时,苹果片厚度同样有上述规律。从响应面图可以看出,当苹果片厚度处于中间偏左水平,处理绝对压力于中间偏左水平,可以获得较小的水分含量。

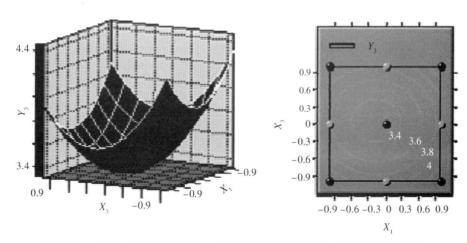

图 2-17　苹果片厚度和绝对压力交互影响苹果片颜色的响应面图和等高线图

从图 2-18 可以看出,当加热板温度不变时,随着绝对压力的上升,水分含量先递减后递增,当处加热板温度在中间偏右水平条件下,水分含量变化较大,并且在绝对压力为中间偏下水平时,水分含量相对较小。在绝对压力不变时,加热板温度同样有上述规律。从响应面图可以看出,当加热板温度处于中间偏左水平,处理绝对压力于中间偏右水平,可以获得较小的水分。

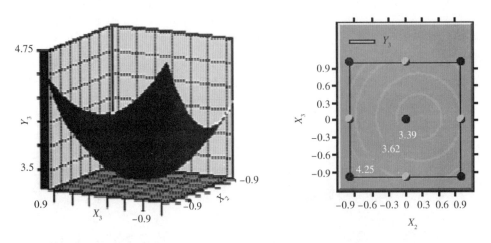

图 2-18 加热板温度和绝对压力交互影响苹果片颜色的响应面图和等高线图

对前面所获得的第二个模型方程系数进行显著性检验,X_1、X_3、X_1X_2、X_1X_3、X_2X_3 项不显著,舍去该项优化模型,可以得到优化后的回归方程如下。

$$Y_3 = 3.333333 - 0.2625X_2 + 0.417083X_1^2 + 0.544583X_2^2 + 0.552083X_3^2$$

利用优化后的模型,通过 SAS 编程求解,解得 $X_1 = -0.145548$,$X_2 = 0.233549$,$X_3 = 63.1316$ 代入公式变换得出水分含量最优的工艺条件:苹果片厚度 7.71 mm,加热板温度 72.34℃,绝对压力 60.13 Pa,预测苹果片水分含量为 3.29%。

5. 寒富苹果真空冷冻干燥工艺参数最优组合设计

由于被评价对象冻干苹果片的结果是用苹果片加工后的酥脆度、色差和含水量 3 个指标加以描述和分析的,如何做出整体最优条件的评价判断,就是统计学要解决的问题。

如果单凭酥脆度,色差值和水分含量的其中一个试验指标评价一系列试验结果,往往具有片面性,不能全面地反映试验结果的整体情况即最佳工艺条件。片面性可能会导致大量损失试验结果所包含的信息。当用多个单项指标所构成的整体,可以克服一定程度的单项指标的局限性,提高评价的全面性和科学性。如何做出整体最优条件的评价判断,就是统计学中多指标综合评价要解决的问题,在本实验的多项指标综合问题表现为将多指标统计信息综合成一个综合指标(吴有炜,2002)。利用 SAS8.0 中的因子分析处理此问题。

根据表 2-26 可以看出前两个因子解释了总信息的 85.7%,这就代表苹果片酥脆度、色差值和水分含量三者的累计贡献率依次为 0.591 8、0.857 0 和 1.000 0,三者的权重依次为 0.59、0.27 和 0.14。

表 2-26　因子分析结果

项目	特征值	差异	比例值	累计值
1	1.77541056	0.97992450	0.5918	0.5918
2	0.79548606	0.36638268	0.2652	0.8570
3	0.42910338		0.1430	1.0000

利用综合评分法确定寒富苹果真空冷冻最优工艺条件时,选取酥脆度(59.18分)、色差值(26.52分)、水分含量(14.3分)作为评定指标。

在之前的分析中得出,当以酥脆度为响应值确定最优工艺条件时得出:苹果片厚度8.73 mm,加热板温度73.49℃,绝对压力68.11 Pa,预测苹果片酥脆度为1.77;当选用色差值作为响应值时得到的最优工艺条件为:苹果片厚度7.71 mm,加热板温度67.18℃,绝对压力56.46 Pa,预测苹果片色差值为3.62;以水分含量为最优的工艺条件:苹果片厚度7.71 mm,加热板温度72.34℃,绝对压力60.13 Pa,预测苹果片水分含量为3.29%,根据加权评分法得出寒富苹果片最优工艺条件厚度为8.31 mm,加热板温度为71.62℃和绝对压力为62.76 Pa。考虑到实际操作情况,寒富苹果真空冷冻干燥工艺的最优条件选取苹果片厚度为8.5 mm,加热板温度为70℃,绝对压力为60 Pa。

为了验证理论求得的最优条件和实际操作的可行性是否一致,进行验证实验。在苹果片厚度为8.5 mm,加热板温度为70℃、绝对压力为60 Pa的条件下进行3组实验。证明了测量值与预测值之间具有较好的拟合度,表明方程是对实际生产提供理论依据(表2-27)。

表 2-27　实验结果验证

实验号	酥脆度	色差值	水分含量/%
1	1.755	3.29	3.35
2	1.739	3.45	3.43
3	1.781	3.41	3.31

(六)不同干燥方式对寒富苹果片品质影响的对比研究结果分析

1.色泽的变化

CIE LAB 系统以色彩学为基础建立吸收了孟赛尔颜色系统表示方法的直接优点(表2-28)。在 CIE $L^*a^*b^*$ 表色系统中,L^* 代表明度,表中显示冻干苹果片,热风苹果片与鲜样的 L^* 值有一定差距,明度越大说明苹果片亮度越高,冻干苹果片的 L^* 值比鲜样大,实际冻干苹果片比鲜艳略微发白一些,而热风烘干苹果的颜色则较鲜样发暗一些;a^* 越大,说明颜色越靠近红色,反之说明接近绿色,冻干苹果片与鲜苹果片相差不大,热风干燥苹果片 a^* 则已经从负值变为正值,说明其已出现轻微褐变,苹果中的原花色素在加热条件下转变为其他花青素和其他多酚,进而转变成红褐色产物,造成苹果片褐变;b^* 越大代表越接近黄色,反之接近蓝色,冻干苹果片黄色稍变淡,热风则烘干说明黄色加深。冻干苹果片与鲜样的色差值 ΔE_{ab}^* 明显小于热风干燥苹果片 ΔE_{ab}^* 的色差值。综上所述,冻干苹果片的颜色变化不大,能够较好的保持鲜果的色泽;而热风烘干的苹果片随着反应温度的升高伴随着美拉德和酶促反应的进行,其颜色则相比于鲜果颜色变化较大,色差较大。冻干苹果片组织是多孔海绵状,空隙的存在使其看起来颜色变浅(潘清芳和周国燕,2011)。而热风干燥的苹果片颜色加深,主要是由于水分去除,呈色物质集中,颜色不均一,局部变深所致。如图 2-19(彩图 4)和图 2-20(彩图 5)所示。

表 2-28　不同干燥方式苹果片色差值的变化

项目	鲜样	冻干苹果片	热风干燥苹果片
L^*	76.33 ± 0.12^{Aa}	79.51 ± 0.51^{Bb}	70.19 ± 1.31^{Cc}
a^*	-1.50 ± 0.03^{Bb}	-1.40 ± 0.12^{Bb}	4.46 ± 0.58^{Aa}
b^*	22.97 ± 0.16^{Bb}	21.47 ± 1.62^{ABb}	25.28 ± 0.71^{Aa}
ΔE_{ab}^*	—	3.51 ± 0.43^{Bb}	8.39 ± 0.58^{Aa}

注:表中用小写字母表示显著水平 $\alpha=0.05$,用大写字母表示显著水平 $\alpha=0.01$。

图 2-19　热风干燥苹果片　　　　　　　　图 2-20　真空冷冻干燥苹果片

2. 感官评价结果分析

依据胡璇和夏延斌(2011)分析方法,确定权重向量 $A=\{0.3,0.3,0.4\}$,进行指标评价,建立模糊关矩阵 R。评定人员对 2 种不同处理苹果片的评定结果如表 2-29 和表 2-30 所示。

表 2-29　真空冷冻干燥苹果片的感观评价结果

指标	优	良	一般	差
色泽	4	5	1	0
滋味与口感	5	4	1	0
形态	4	4	2	0

表 2-30　热风干燥苹果片的感官评价结果

指标	优	良	一般	差
色泽	1	3	2	4
滋味与口感	0	4	4	2
形态	0	4	2	4

由表 2-27 和表 2-28 的数据得到 2 个模糊评判矩阵,

$$R_1=(r_{ij})_{3\times4}=\begin{pmatrix}0.4 & 0.5 & 0.1 & 0\\0.5 & 0.4 & 0.1 & 0\\0.4 & 0.4 & 0.2 & 0\end{pmatrix}$$

$$R_2 = (r_{ij})_{3 \times 4} = \begin{pmatrix} 0.1 & 0.3 & 0.2 & 0.4 \\ 0 & 0.4 & 0.4 & 0.2 \\ 0 & 0.4 & 0.2 & 0.4 \end{pmatrix}$$

r_{ij}表示某个特定条件下的苹果片在指标U_i评价过程中,属于v_i等级模糊子集的比例。

用矩阵乘法计算苹果片对不同指标的综合隶属度,可得苹果片的感官质量综合评判的结果向量如下,

$$Y_1 = A \times R_1 = (0.3, 0.3, 0.4) \begin{pmatrix} 0.4 & 0.5 & 0.1 & 0 \\ 0.5 & 0.4 & 0.1 & 0 \\ 0.4 & 0.4 & 0.2 & 0 \end{pmatrix}$$

即,$Y_1 = (0.43, 0.43, 0.14, 0)$

$$Y_2 = A \times R_2 = (0.3, 0.3, 0.4) \begin{pmatrix} 0.1 & 0.3 & 0.2 & 0.4 \\ 0 & 0.4 & 0.4 & 0.2 \\ 0 & 0.4 & 0.2 & 0.4 \end{pmatrix}$$

$$Y_2 = (0.03, 0.37, 0.26, 0.34)$$

根据综合评分公式$H = \sum_{j=1}^{n} jb_j$计算每个样品的综合评分:$H_1 = 1.71, H_2 = 2.91$冻干苹果片的综合评分在1和2之间接近于2,说明冻干苹果片品质在优和良好之间偏向于良好;热风干燥的样品的综合评分在2和3之间接近于3,说明热风干燥的苹果片品质在良好和一般之间接近于一般,这与实际销售情况一致。

由图2-19和图2-20可知,冻干后的苹果片形态外观不干裂收缩,表面平整,颜色均一,颜色略比鲜果明度高,外形基本与鲜切苹果片无异,组织呈多孔海绵状,口感酥脆;而热风干燥的苹果片细胞脱水严重,出现像无细胞结构那样收缩,出现所谓的"结壳现象"。这主要是因为在对苹果片进行热风干燥过程中,其表面会变得又干又硬,而且中心远还没有达到干燥所致使苹果片表面坚硬而内部质地变软。冻干过程中由于温度较低,氧气稀薄大大降低了苹果片被氧化的可能性和褐变程度,原有呈色物质比较易于保持。冻干后的苹果片香味基本不变。在冻干过程中,苹果片的风味成分主要与非结晶浓缩部分结合在一起并未随水分升华散逸,香味变化不大。随着水分蒸发逸出热风干燥苹果片风味变淡。

3. 复水比结果分析

如果向干燥苹果片中添加水时会出现滞后现象,复水性是指食品重新吸收水分的能力。由图2-21可以看出,热风干燥的复水比为4.473,速度慢、时间长和复水效果较差。产生这种现象的主要原因为苹果片表面受热较高,表面水分蒸发速度水较内部快,因而干燥后表面结壳现象严重,内部组织结构粘连,对水分通过造成阻碍的死端孔隙较多,阻碍了复水进行(周国燕等,2011)。

真空冷冻干燥苹果片复水比为6.155,复水时间较短、效果好。干制苹果片与水接触时,在毛细管的作用下水快速进入苹果片中(李云飞,2009),苹果片中的冰晶在原位置升华后形成的孔隙,会作为后续水蒸气升华的通道,且由于主要传质过程是由冰在较低温度和压

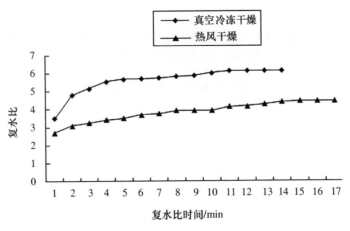

图2-21　不同干燥方式对寒富苹果复水比的影响

力下,直接升华为气态并在压差作用下经扩散作用由孔隙排出(周国燕等,2011),故可以保持新鲜苹果的物质形态分布状况,减少因水分扩散带来的物质迁移,对苹果内部成分和结构破坏较小,同时由于水分能提高极性挥发物的扩散速度和遇到结合部位的机会,不管是真空冷冻干燥还是热风干燥脱水处理通常也使最初被蛋白质结合的挥发物质降低50%以上(林捷等,2007),因此真空冷冻干燥的苹果片香味不够浓郁,而复水后则可恢复大部分香味,而且真空冷冻干燥是低温干燥,极性挥发物大部分可以保留在样品内部,所以香味基本得以保持,复水品质也较好。

4. 质构分析

从图2-22和图2-23中可以看出,经过真空冷冻干燥和热风干燥后,真空冷冻干燥苹果片的硬度为7.2 N,冻干苹果片在应力上升阶段过程中,有许多毛刺状峰,说明苹果片内部质地较为均匀,并且在应力达到最高峰时,随着时间迁移马上变回为零,都说明苹果片具有较好的酥脆性。这主要是因为当探头穿过苹果片运行时,将记载下苹果片表面的一个初始碎裂,图2-22中第一个峰表示碎裂点,最高峰值代表硬度,冻干苹果片内部均一的多孔、疏松状结构,组织致密,孔隙率分布均匀,所以接着当探头深入压缩形变程度40%的目标形变量过程中,将记载下一系列的内部碎裂。苹果片得到的峰值平均值与初始硬度有关,比值越高,则表示松脆性越强。探头刺入苹果片的通气结构时,应力形变曲线凸显为各种不同的波峰波谷。波峰可能是刺穿淀粉粒时或者是探头在细胞内结构与细胞间接触时而产生的。

图2-23表明热风干燥苹果片硬度较大,可达到25 N,表面没有毛刺状峰,应力上升为最大值时,只有一个明显小峰,代表脆度,但酥脆性不理想。热风干燥苹果片由于苹果片表面温度过高,干燥不平衡、物质内部的大部分水分还没机会移动到表皮时,苹果片干就已经形成了一个干层。这种热处理过程中,由于表面结壳,故苹果片表面硬度较大,但由于内部许多水分被截留在苹果片内部,干燥效率大大降低,而高温又使苹果片质构遭到破坏,半透膜破坏和细胞间的结构遭到破坏导致细胞压力和细胞间黏结作用丧失,从而苹果片内部脆度丧失和黏结变软。另外,果胶的水解、淀粉的糊化、半纤维素的部分溶解也是引起热风苹果片内部变软的原因。

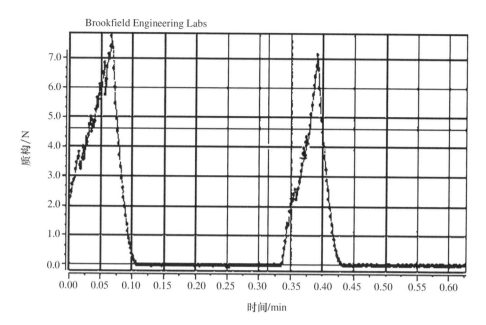

图 2-22　真空冷冻干燥苹果片的质构特性图图

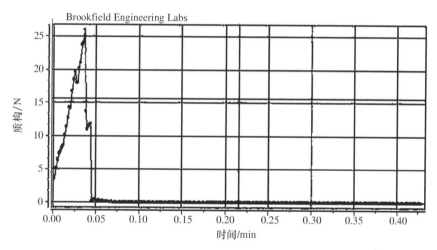

图 2-23　热风干燥苹果片的质构特性图

5．微观结构分析

　　苹果的水分存在于细胞间和细胞内，当细胞处于活的状态下时，细胞壁和细胞膜控制水分，使其留在细胞内。当对苹果进行干燥时，苹果细胞死亡，其细胞对水分的透过性增强，而当组织被高温加热时，细胞对水分的透过性更强。即使是死细胞也可以为之弹性，而且在压力下可以伸长和收缩。如果压力太大，超过它们的弹性限度，将不能恢复到加压前的状态，在细胞脱水时，最明显的变化就是出现像无细胞结构物料那样的收缩。热风苹果片过程中，其表面快速干燥，变得又硬又干，而且其中心远没有达到干燥。当中心变干缩时，僵硬的表皮对中心的拉力会使其内部裂开，产生空穴及有蜂窝状结构出现，造成苹果片表面内凹较严重但密度大，细胞破坏较为严重且干燥时间长。冻干苹果片中的水分以冰晶升华形式散逸出去,能够较好地保持细胞结构,气体升华过程中也会促使组织形成多孔穴结构,造就了苹果片较好的酥脆度(图 2-24)。

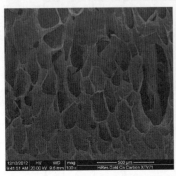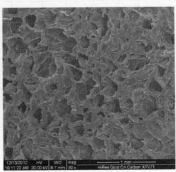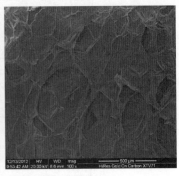

图 2-24 从左到右依次为鲜苹果、冻干苹果片和热风干燥苹果片微观结构

6. 不同干燥方式对寒富苹果片理化指标的影响结果分析

由表 2-31 中可知,经过真空冷冻干燥加工后苹果水分保持在 5% 以下,热风干燥水分为 17.3% 左右,冻干苹果片中水分活度远低于热风干燥苹果片,能够抑制微生物活动,有利于保持苹果片稳定性和延长苹果片货架期。

表 2-31 理化指标

成分	鲜样	冻干	热风干燥
水分/%	84.59±0.01^{Aa}	3.43±0.01^{Cc}	17.3±0.03^{Bb}
抗坏血酸/(mg/100 g)	7.02±0.13^{Aa}	6.85±0.05^{Ab}	4.42±0.04^{Bc}
还原糖/%	8.32±0.02^{Aa}	8.03±0.05^{Bb}	2.57±0.05^{Cc}
可溶性总糖/%	12.01±0.03^{Aa}	11.89±0.06^{Ba}	3.84±0.04^{Cb}
可滴定酸/%	0.34±0.01^{Aa}	0.33±0.00^{Aa}	0.25±0.01^{Bb}
糖酸比	35.32±0.01^{Aa}	36.03±0.05^{Bb}	15.38±0.04^{Cc}
可溶性蛋白/mg	1.05±0.00^{Aa}	1.03±0.00^{Ab}	0.65±0.01^{Bc}

注:不同字母代表显著性差异。

热风干燥相对于真空冷冻干燥而言,抗坏血酸损失较大,这极可能是因为在热风干燥过程中苹果片由于表面温度过高而形成的表面结壳,其对苹果片内部会产生一定的拉力致使其内部出现裂缝,导致苹果片的内部进入更多氧气从而使抗坏血酸因为氧化而遭到破坏。同时热风干燥中的鼓风处理一方面虽然加快了表面水分迁移,也加大了氧气的浓度,在有氧的条件下,抗坏血酸更容易被破坏,而水分流失过程中,苹果酸随着水分的蒸发,也逐渐减小,因而热风干燥苹果片中损失较大。在真空冷冻干燥过程中,预冻处理对减少抗坏血酸的损失起很大作用,一方面,苹果片内部水分迅速被冻结细小的冰晶,有利于保护细胞的活性及成分,因而快速降温过程后得到物料的抗坏血酸保存情况要优于慢速降温过程。另一方面,干燥温度呈梯度下降始终保持苹果片最高温度不超过苹果片最高耐受温度,故对抗坏血酸损失率的影响很小。

苹果片风味主要取决于糖酸比,酸度含量过高,则口感过酸,反之,口感淡薄(李宝江等,1994;于年文等,2010)。随着反应进行,苹果片中的还原糖、还原性总糖和可溶性蛋白质变化较为显著,冻干苹果片的三者成分损失相对较低,大部分可溶性物质就地析出,极少量还原糖、可溶性总糖和可溶性蛋白质会随冰晶迁移而损耗。热风干燥过程除部分可溶性蛋白质随水分升华向表面迁移而损失掉,还有很大一部分原因是因为加热过程中温度较高,苹果片中的还原糖和蛋白质易发生美拉德反应,生成褐色物质和焦糖香气,造成苹果片颜色较深,同时赋予苹果片另一种香气,因而热风干燥可溶性蛋白质损失较大。寒富苹果鲜果糖酸比中等偏低,甜酸适宜,风味浓郁,冻干苹果片的糖酸比与鲜果较为接近,说明其口味与鲜果相似,而热风干燥糖酸比较低口感相较于冻干较差。

四、结论

(1)选取抗坏血酸、柠檬酸和氯化钠为护色剂,通过正交组合设计得到最佳护色液配比为:1.4%氯化钠、0.6%抗坏血酸、0.8%柠檬酸。

(2)运用电阻法测得寒富苹果片共晶点为−27℃、共熔点为−23.5℃。

(3)通过试验证明,真空冷冻干燥过程中加热板温度设定的不同模式会直接影响到真空冷冻干燥苹果片的酥脆度、色差值和复水比,且加热板温度设定为四梯度变化时,能够更好地保护产品品质。

(4)通过单因素试验确定了苹果片厚度、加热板温度和绝对压力三因素的取值范围,进而利用 Box-Behnken 试验设计和响应面法进行分析得到三因素对寒富苹果片的酥脆度、色差值和水分含量影响显著,获得回归方程如下。

$$Y_1 = 1.731333 + 0.04X_1 + 0.060125X_2 + 0.102625X_3 - 0.060792X_1^2 \\ + 0.0075X_1X_2 + 0.0045X_1X_3 - 0.074542X_2^2 - 0.02675X_2X_3 \\ - 0.117042X_3^2 \tag{1}$$

$$Y_2 = 0.069184 - 0.002363X_1 - 0.006381X_2 - 0.004066X_3 - 0.020642X_1^2 \\ + 0.00128X_1X_2 + 0.001524X_1X_3 - 0.022402X_2^2 + 0.000728X_2X_3 \\ - 0.023329X_3^2 \tag{2}$$

$$Y_3 = 3.333333 + 0.13125X_1 - 0.2625X_2 - 0.06125X_3 + 0.417083X_1^2 \\ - 0.05X_1X_2 + 0.0325X_1X_3 + 0.544583X_2^2 + 0.015X_2X_3 \\ + 0.552083X_3^2 \tag{3}$$

通过因子分析确定最佳工艺条件为苹果片厚度为 8.31 mm,加热板温度为 71.62℃ 和绝对压力为 62.76 Pa。考虑到实际操作条件限制,最后确立最佳工艺条件是苹果片厚度为 8.5 mm,加热板温度为 70℃ 和绝对压力为 60 Pa。

(5)通过对真空冷冻干燥苹果片与热风干燥苹果片两者的对比,从不同角度证明真空冷冻干燥苹果片无论在表观、质构及营养方面均优于热风干燥苹果片。

(6)真空冷冻脱水干燥方式中产品品质最佳的干燥方法。但设备昂贵、耗电量大,因此生产成本较大。目前更多应用于比较娇贵的食品原料或者生产具有特殊功能的功能食品,对于如何降低食品生产成本,是否可以通过与其他方式进行联合干燥来降低生产成本需要进一步研究。

第三章 压差闪蒸干燥苹果脆片褐变机理研究

第一节 概　述

　　联合干燥是依据待加工原料的特性,将多种干燥方式进行优势互补,分阶段进行的一种复合干燥(张慜等,2003;李辉等,2011)。由于果蔬原料自身特性不同,果蔬原料中自由水、不易流动水和结合水3种状态按照不同比例存在。联合干燥可以针对果蔬原料特点,结合不同干燥方式自身特点,在不同脱水阶段以不同干燥方式除去大部分的自由水和不易流动水,达到缩短干燥时间、节能提质和绿色高效的目的。联合干燥可以弱化单一干燥的果蔬脆片感官品质差等问题,如热风干燥易造成果蔬脆片表观皱缩,结壳现象明显,口感偏硬,复水能力弱等问题。

　　压差闪蒸干燥(英文名称 instant controlled pressure drop,法文名称 détente instan-tannée contrôlée,简称 D. I. C.)。压差闪蒸干燥基于变温压差膨化干燥(explosion puffing drying)基础上,利用蒸汽加热和真空装置促使果蔬原料内部水蒸气多次发生热压效应和瞬间相变,使果蔬组织内部瞬间抽为真空状态,引起内部水分迅速升温气化、组织细胞减压膨胀,从而达到维持果蔬物料原有结构,减小产品体积皱缩的目的,同时可以提升脆片产品酥脆的口感、减少干制品的营养品质损失及缩短干燥时间等(毕金峰和魏益民,2008;何新益等,2012;Alonzo-Macías et al.,2014;王雪媛等,2015a)。压差闪蒸干燥前,果蔬原料通过预干燥(热风、冻干、红外、热泵和微波等干燥方式)处理脱水至最佳水分转化点处(含水率一般为15%~35%),然后将预干燥后产品置于闪蒸罐内,利用热蒸汽快速加热(70~120℃)及多次闪蒸促使果蔬组织内部的水分不断汽化蒸发,闪蒸罐内1 s内降压至真空状态,使果蔬组织内部的水分极短时间内蒸发,进而诱导果蔬组织迅速膨胀,形成大小均一的蜂窝状结构。在较低温度下真空干燥至产品达到所需的安全含水率(5%以下),即得到压差闪蒸干燥果蔬产品。压差闪蒸干燥是一种新型绿色的果蔬干燥技术,闪蒸干燥产品不但具有良好的口感,而且营养品质高,但是容易导致果蔬脆片发生褐变,果蔬脆片褐变现象严重是困扰企业生产的一个主要问题(暴悦梅和胡彬,2016)。

第二节　基于计算机图像处理对压差闪蒸苹果脆片色泽的识别的研究

　　伴随着人们生活水平的提高,消费者已经不再满足于饱腹感追求,感官品质佳、营养品质高的产品越来越受到消费者的青睐。产品表观色泽往往是影响消费者购买力最直观的影响因素(Fernandez et al.,2005)。苹果干制过程中会发生褐变现象,不仅影响苹果脆片感官品质,也会致使苹果中营养组分发生氧化反应,造成产品营养品质下降(Chon g et al.,2014)。压差闪蒸干燥苹果脆片具有绿色无添加、酥脆度佳等优点,但其褐变现象一直制约产业发展。计算机图像处理技术是指在标准光源下采集标准图像,利用计算机图像分析软件进行图像提取和图像分割处理评价干燥过程中苹果色泽变化,避免主观、环境等干扰因素对评价带来的影响,可客观、快速、高效、精准去评价苹果脆片变化。

一、材料和条件

(一)试验材料

本研究中表 3-1 中苹果(除富士外)均采自国家苹果种质资源圃中(辽宁省兴城市),所有苹果均存于 4℃的冷库中备用。

表 3-1   31 种苹果品种名称

编号	品种名称	编号	品种名称
1	青龙	17	华红
2	玉霰	18	寒富
3	斯塔克矮金冠	19	昌红
4	克洛登	20	皮诺瓦
5	卡蒂纳	21	新红星
6	红卡维	22	黄元帅
7	乔纳金	23	秋锦
8	哈地勃来特	24	鸡冠
9	克拉普	25	垂直国光
10	新红玉	26	国光
11	短枝陆奥	27	工藤
12	哈红	28	七户一号
13	文红	29	华富
14	红乔玉	30	长富二号
15	宁冠	31	富士
16	瑞林		

(二)主要仪器与设备

切片机:DL50,法国 Robot-Coupe 有限公司;电热鼓风干燥箱:DHG-9123A,上海精宏设备有限公司;果蔬压差闪蒸干燥机:QDPH1021,天津市勤德新材料科技公司;电子眼:Digieye 2.7,美国 Hunterlab 公司。

二、试验方法与设计

(一)试验方法

不同热风干燥温度对苹果脆片褐变程度的影响:选富士苹果经过清洗、去皮和去核后,切成厚度为 5 mm，直径为 15 mm 的圆柱形苹果片，热风干燥温度选取 50℃、70℃和 90℃，加热至苹果内部含水率降至 30％左右，进行压差闪蒸干燥，其闪蒸工艺参考王雪媛等（2015b）方法。

不同品种对苹果脆片褐变比的影响：选取 30 个品种苹果经过清洗、去皮和去核后，切成厚度为 5 mm，直径为 15 mm 的圆柱形苹果片，热风干燥温度选取 70℃，加热至苹果内部含水率降至 30％左右，进行压差闪蒸干燥，其闪蒸干燥工艺同上。

热烫处理对苹果脆片褐变比的影响：选富士苹果经过清洗、去皮和去核后，切成厚度为 5 mm，直径为 15 mm 的圆柱形苹果片。在前期预实验基础上，在沸水温度为 100℃和处理时间为 15 s 条件对苹果片进行热烫处理，达到抑制 PPO 活性的目的，随后将苹果片进行闪蒸干燥，具体干燥工艺同上。

1. 苹果脆片表观色泽指数测定

运用分光测色计测定苹果脆片表观色泽指数 L^*、a^*、b^*。其中 L^* 称为明度指数，a^* 表示红绿值，b^* 表示黄蓝值。

$$\Delta E = \sqrt{(L_t^* - L_0^*)^2 + (a^* - a_0^*)^2 + (b_1^* - b_0^*)^2}$$

$$C^* = \sqrt{a^{*2} + b^{*2}}$$

$$h = \tan^{-1}\left(\frac{b^*}{a^*}\right)$$

式中，ΔE 为色差值；C^* 表示颜色的饱和度；h 为色度角。L_t^* 代表 t 时刻苹果片的明度指数值，L_0^* 代表新鲜苹果片的明度指数值；a_t^* 代表 t 时刻苹果片的红绿值，a_0^* 代表新鲜苹果片的红绿值；b_t^* 代表 t 时刻苹果片的黄绿值，b_0^* 代表新鲜苹果片的黄绿值。

2. 计算机图像处理技术

本实验计算机图像处理分析主要由电子眼完成，电子眼的组成包括数码相机（Nikon D7000）、样品室（样品台、光源和反光镜）和电脑（图 3-1）。

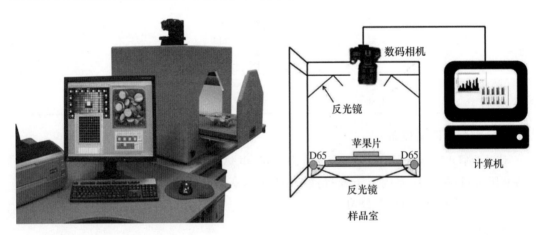

图 3-1　电子眼组成

计算机图像处理技术实现苹果脆片褐变评价分级可以分为 4 个阶段：图像采集、图像提取、图像分割、数据处理，如图 3-2（彩图 6）所示。

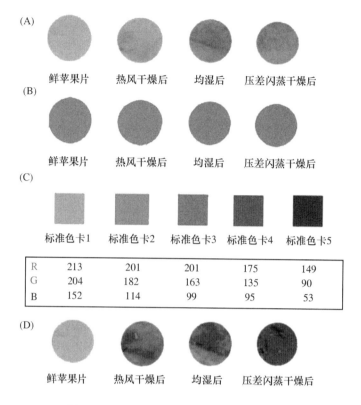

图 3-2   压差闪蒸苹果脆片图像分割技术步骤

（A）原始图像；（B）背景移除；（C）确立参考色；（D）图像分割

具体操作如下。

（1）图像采集：打开电子眼和 D65 光源，用标准白板和标准彩板对相机进行彩色校准。在标准人工日光下，采用数码单反相机（Nikon D7000）拍摄苹果片的图像。数码相机 Nikon D7000 的主要参数如表 3-2 所示。采集到的图像（表 3-3）存储在记忆卡中，使用并行接口与计算机连接，将相片导入到计算机的硬盘中。

表 3-2   Nikon D7000 主要参数

基本性能		镜头特点	
机身类型	单反数码相机	等效于 35 mm 焦距	27～450 mm
感光元件	CMOS 图像感应器	镜头说明/结构	AF-S DX NIKKOR 18～300 mm f/3.5-5.6G ED VR
传感器尺寸	23.6 mm×15.6 mm	最大光圈	F3.5-F5.6
总像素数	1 620 万	感光度	ISO 100-6400,可扩展至 Hi2(相当于 ISO 25600);具备自动 ISO 感光度控制
最高分辨率	4 928×3 264	对焦方式	手动对焦
特色功能	单反		

表 3-3　图像主要参数

属性		属性	
文件类型	TIF 格式	水平分辨率	96 dpi
分辨率	4 928×3 264	垂直分辨率	96 dpi
位深度	24		

（2）图像提取：采用电子眼中 Digieye 图像处理软件的滤镜功能，将 RGB 彩色图像转换为 L^*、a^*、b^* 彩色空间，依据全部样品的 L^* 值变化，完成图像中苹果片与背景的分离，实现从图像中提取出苹果片。

（3）图像分割：运用电子眼中 Digieye 图像处理软件 Colour Sorting 功能，依据所有样本的 L^*，筛选出最大值和最小值，根据训练样本苹果脆片的最大亮度值和最小亮度值，组成一亮度范围，将亮度范围均分为 5 个区域，在每个区域中，根据该区域中红绿值的范围，将该区域均分成 5 个色素块，根据每个色素块中的黄蓝值的范围，将该色素块均分成 5 个子色素块，建立苹果脆片训练样本库如图 3-3 所示。筛选出累计贡献率≥85% 的子色素块，组成标准色卡，标准色卡 1 的 RGB 值（213,204,152），标准色卡 2 的 RGB 值（201,182,114），标准色卡 3 的 RGB 值（201,163,99），标准色卡 4 的 RGB 值（173,135,95）和标准色卡 5 的 RGB 值（149,90,53），如图 3-2 所示。运用主成分分析和聚类分析法，筛选出标准色卡 5 作为基准色卡，定义与基准色卡的 RGB 值之间的误差≤±20% 的颜色区间为深度褐色区间。

（4）数据处理：采集待测苹果脆片表面的 RGB 值，得到多个待测 RGB 值，将待测 RGB 值与深度褐色区间的 RGB 值进行识别比对。运用图像分割技术，对实际测得色块与样本训练标准色卡进行比较（容差±20），计算苹果脆片图像中与标准色卡 5 相一致的色块占苹果脆片整体图像比例定义为褐变比（BR）。

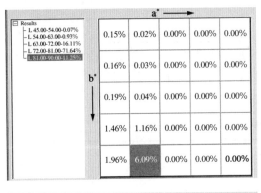

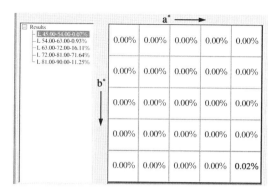

图 3-3　苹果脆片训练样本库建立

3. 5-羟甲基糠醛(5-HMF)含量测定

样品预处理:称取苹果试样 10 g(精确至 0.01 g),置于 50 mL 离心管中,加入 30 mL 10％甲醇,用玻璃棒轻轻搅拌至待测试样溶解,避光超声提取 15 min,以 10 000 r/min 转速在 4℃条件下离心 10 min,将上清液转移至 100 mL 棕色容量瓶中,重复提取 1 次,用 10％甲醇溶液稀释至刻度线,充分混匀。用 0.45 μm 的滤膜过滤,待测。

标准曲线:分别吸取适量的 0.2 mg/mL 5-HMF 标准储备溶液至 100 mL 容量瓶中,用 10％甲醇溶液稀释至刻度,配成 0.10 μg/mL、0.20 μg/mL、1.0 μg/mL、2.0 μg/mL、4.0 μg/mL、10.0 μg/mL 和 20.0 μg/mL 标准工作溶液,当天新鲜配制。

5-HMF

保留时间:7.26 min

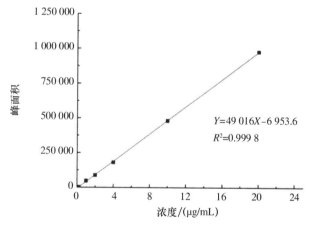

图 3-4　5-HMF 标准曲线

测定:5-HMF 测定方法参考 Santini 等(2014)中高效液相色谱法－紫外检测法测定。高效液相色谱检测条件:色谱柱为 C18 柱(250 mm×4.6 mm,5 μm),流动相为甲醇:水(体积比 1:9);流速为 1.0 mL/min,柱温为 30℃,检测波长为 285 nm 和进样量为 10 μL。

4. 荧光化合物(FIC)含量测定

FIC 含量测定方法参照 Michalska 等(2016)的荧光分光光度计法测定。称取 250 mg 的样品,加入 10 mL 的 0.1 mol/L 的硼酸盐缓冲剂(pH＝8.3)快速搅拌均匀,置于荧光分光光度计中进行检测。检测条件为 λ_{ex}＝402 nm 和 λ_{ex}＝473 nm。

5．数据统计分析

采用 SPSS21.0 和 Excel2010 进行数据处理和分析。

三、结果与分析

(一)预干燥温度对不同苹果片色泽指数的影响

苹果脆片干燥后形成的颜色不仅影响消费者对产品品质的直观判断,而且赋予人们对苹果脆片口感和风味好坏的联想。本实验苹果脆片表面色泽指数通过 $L^*a^*b^*$ 来评价苹果脆片表观色泽变化。从表 3-4 中可以看出,新鲜苹果片的 L^* 为 78.72,经过 50℃、70℃ 和 90℃ 热风预干燥和均湿后,L^* 分别减少至 71.11、65.54 和 70.86,造成这种原因的可能是由于热风干燥过程中酶促褐变反应发生所引起的(Nadian et al.,2015)。随后,不同预干燥温度下(50℃、70℃ 和 90℃)的压差闪蒸干燥后苹果脆片变化分别至 61.59、67.52 和 68.51。压差闪蒸干燥过程中苹果脆片 L^* 值下降主要是由于伴随着水分含量降低苹果片的内部组分相互反应,诱导美拉德反应造成的(Baini & Langrish,2009)。

表 3-4　不同热风干燥温度对压差闪蒸干燥苹果脆片表观色泽指数的影响

取样点	预干燥温度/℃	L^*	a^*	b^*	ΔE	C^*	h (°)
鲜样		78.72±0.65[e]	2.08±0.25[a]	25.22±0.13[a]	—	25.31±0.28[a]	85.29±4.25[b]
热风干燥	50	71.45±5.34[cd]	8.21±0.96[bc]	35.24±3.21[b]	13.99±1.65[b]	36.18±3.35[b]	76.89±5.01[ab]
均湿		71.11±1.62[d]	10.49±0.89[cd]	39.2±0.77[bc]	17.86±0.22[cd]	40.58±1.18[bc]	75.02±4.32[ab]
压差闪蒸干燥		61.59±0.31[b]	13.00±0.3[e]	39.35±0.43[bc]	24.75±0.45[g]	41.44±0.52[bc]	71.72±2.01[a]
热风干燥	70	65.6±6.23[abc]	11.93±0.06[de]	36.03±3.97[b]	19.65±0.18[de]	37.95±3.97[b]	71.67±2.15[a]
均湿		64.54±4.6[ab]	12.86±3.1[e]	37.47±3[b]	21.62±0.69[ef]	39.61±4.31[bc]	71.06±4.15[a]
压差闪蒸干燥		67.52±1.4[bcd]	12.74±1.54[e]	42.41±1.33[c]	23.12±0.88[fg]	44.28±2.03[c]	73.28±3.35[a]
热风干燥	90	72.51±0.14[d]	7.96±0.75[b]	39.49±1.84[bc]	16.64±0.2[bc]	40.28±1.98[bc]	78.6±3.15[ab]
均湿		70.86±0.18[cd]	8.35±0.88[bc]	35.11±3.7[b]	14.10±0.15[b]	36.09±3.8[b]	76.62±5.15[ab]
压差闪蒸干燥		68.51±0.3[bcd]	8.29±0.46[bc]	37.87±3.36[bc]	17.40±0.3[cd]	38.76±3.39[b]	77.65±4.35[ab]

注:重复次数 $n=3$;不同字母表示同一列有显著性差异。

苹果脆片在整个压差闪蒸干燥过程中表面的 a^*,b^*,ΔE 和 C^* 变化趋势相同。与鲜切未褐变苹果果肉相比,压差闪蒸结束后苹果片表面 a^*,b^*,ΔE 和 C^* 数值均呈上升趋势。以 a^* 为例,整个联合干燥过程中 a^* 变化始终呈现一个上升趋势,主要原因可能是伴随着苹果片的内部温度不断上升,美拉德反应、抗坏血酸氧化降解和多酚非酶氧化聚合反应程度逐渐加强(Bharate 与 Bharate,2014)。苹果片 C^* 在脱水过程中随着温度升高而逐渐增大,这意味着苹果脆片表面饱和度越大。在 CIE LAB 表色立体图中,在色圆上坐标轴 0° 表示红色,90° 表示黄色,因而与鲜苹果片(85.29)相比,预干燥温度 50℃、70℃ 和 90℃ 条件下的压差闪蒸干燥苹果脆片的 h 值分别为 71.72、73.28 和 77.65,这说明苹果片表面颜色逐渐从黄色向红色转变。表 3-4 结果表明,预干燥温度对苹果脆片表面 a^* 和 ΔE 影响差异显著,对 L^*、b^*、C^* 和 h 影响不显著。此研究结果同巨浩羽等(2013)等研究结果相类似,原因可能在于热风干燥温度(50℃)较低时,含水率较高,鲜果中含水率85%～88%的苹果组织中蒸汽缓慢膨胀使得细胞壁破裂、内容物流失,苹果内 PPO 活性被激发,与苹果多酚类化合物接触,发生酶促褐变反应。干燥温度越高,苹果脆片的干燥速率越大,苹果片的内部温度逐渐升高,苹果片的内部 PPO 活性在高温条件下被抑制,因而推测酶促褐变反应程度小于非酶褐变反应。如图 3-5(彩图 7)所示,可以看出不同预干燥温度条件下,压差闪蒸苹果脆片表面局部均会出现深褐色色素形成,预干燥温度越高,苹果脆片表面形成的深褐色色素面积越大。然而,L^*、a^*、b^* 是对苹果脆片表面全部颜色的平均值,因此可以看出 L^*、a^*、b^* 虽然可以大致描述苹果脆片表观变化,但是不能准确客观描述苹果片表面褐变程度。

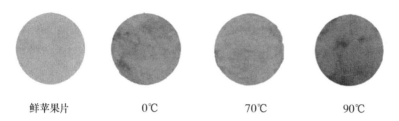

| 鲜苹果片 | 0℃ | 70℃ | 90℃ |

图 3-5　不同预干燥温度压差闪蒸苹果脆片图像

(二)不同预干燥温度对苹果片褐变比形成的影响

由于压差闪蒸干燥苹果脆片色泽变化形成纹理不一,因而通过普通的分光光度计不能准确地反映苹果脆片色泽变化。本实验采用计算机视觉分析图像分割技术评价不同预干燥温度对压差闪蒸干燥苹果脆片 BR 变化的影响。从图 3-6 中可以看出,预干燥结束后,不同温度处理后的苹果脆片都会出现轻微的深度褐变。与鲜果相比,苹果片热风干燥(50℃)结束后的中度褐变比例增长至 8.36%,BR 升至 0.8%,然而压差闪蒸干燥结束后,苹果脆片中度褐变比例和 BR 分别上升至 68.9% 和 4.8%。由此表明,随着干燥反应进行,压差闪蒸苹果脆片表观褐变程度逐渐加深。热风温度为 70℃ 和 90℃ 条件的热风压差闪蒸苹果脆片表

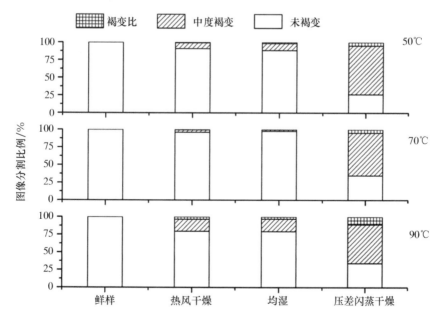

图 3-6　不同预干燥温度对苹果脆片 BR 的影响

观褐变程度变化趋势与热风温度为50℃苹果脆片褐变程度相类似。预干燥结束后,热风加热温度为70℃和90℃苹果脆片表观中度褐变比例分别为3.39%和16.97%,BR分别为0.56%和3.32%,而压差闪蒸干燥结束后苹果脆片BR分别是4.73%和10.95%。由此可以得出结论,苹果片BR在压差闪蒸干燥阶段呈现显著增长趋势,预干燥温度为90℃的压差闪蒸干燥苹果脆片BR分别是热风干燥温度50℃和70℃的2.28倍和2.32倍,产生这种现象原因为主要是由于干燥过程中苹果内源组分发生非酶褐变反应造成的。

(三)不同品种对苹果脆片褐变比形成的影响

苹果中主要含有糖类、蛋白类、氨基酸、多酚类化合物和抗坏血酸等化学组分,但是不同种类间组分含量存在显著差异(刘玉莲,2013)。30个品种苹果鲜果肉如图3-7(彩图8)所示,色泽指数 L^*、a^*、b^* 如表3-5所示。

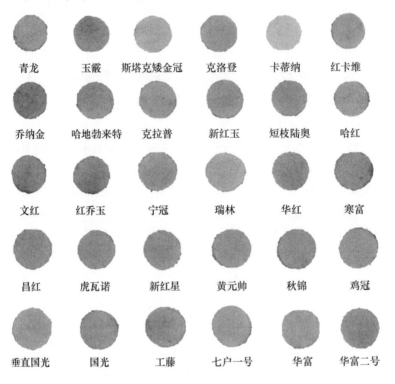

青龙　玉馥　斯塔克矮金冠　克洛登　卡蒂纳　红卡维

乔纳金　哈地勃来特　克拉普　新红玉　短枝陆奥　哈红

文红　红乔玉　宁冠　瑞林　华红　寒富

昌红　虎瓦诺　新红星　黄元帅　秋锦　鸡冠

垂直国光　国光　工藤　七户一号　华富　华富二号

图 3-7　30 个品种鲜苹果果肉图片

表 3-5　30 个品种鲜苹果果肉色泽指数

编号	L^*	a^*	b^*	编号	L^*	a^*	b^*
1	83.21±2.11[bcdef]	4.58±0.23[cdef g]	21.61±2.35[b]	16	87.08±3.01[ef g]	0.77±0.08[b]	27.93±3.12[bc]
2	80.8±2.01[bcdef]	4.47±0.33[cd]	33.5±3.15[bcd]	17	85.18±3.23[cdefg]	4.71±0.15[cdefg]	32.82±3.48[bcd]
3	82.95±1.98[bcdef]	5.48±0.56[fgh]	35.27±3.33[cd]	18	81.26±2.09[abcde]	6.34±0.52[hi]	29.94±2.75[bc]
4	81.39±1.78[bcde]	5.53±0.45[fgh]	28.86±2.12[bcd]	19	78.68±1.89[abc]	7.35±0.36[ij]	28.15±1.85[bcd]
5	91.53±2.35[g]	−1.99±0.12[a]	13.11±1.21[a]	20	80.89±1.33[abcde]	8.07±0.78[jk]	32.84±1.23[bcd]
6	78.22±1.56[abc]	7.86±0.63[jk]	32.42±1.85[bcd]	21	80.42±1.85[abcde]	7.51±0.36[ij]	37.09±3.22[d]

编号	L^*	a^*	b^*	编号	L^*	a^*	b^*
7	$80.67\pm2.31a^{bcde}$	5.27 ± 0.53^{dfgh}	33.4 ± 2.32^{cd}	22	81.72 ± 1.99^{bcdef}	1.23 ± 0.11^{b}	28.2 ± 1.52^{bc}
8	80.64 ± 2.22^{abcde}	4.09 ± 0.52^{cde}	33.58 ± 3.02^{cd}	23	79.76 ± 2.35^{abcde}	6.01 ± 0.38^{gh}	35.01 ± 3.33^{cd}
9	84.53 ± 1.98^{bcdefg}	1.88 ± 0.32^{b}	28.66 ± 2.75^{bcd}	24	78.97 ± 2.75^{abcd}	8.63 ± 0.12^{ik}	30.35 ± 2.98^{bcd}
10	80.13 ± 1.85^{abcde}	5.8 ± 0.45^{gh}	34.48 ± 3.32^{cd}	25	86.48 ± 2.99^{defg}	-1.1 ± 0.08^{a}	27.95 ± 2.65^{bc}
11	79.16 ± 3.52^{abcd}	4.27 ± 0.33^{cdef}	33.06 ± 2.98^{bcd}	26	81.6 ± 2.35^{bcdef}	5.01 ± 0.32^{defg}	27.36 ± 2.45^{bc}
12	82.7 ± 4.65^{bcdef}	3.55 ± 0.18^{c}	30.27 ± 2.53^{bcd}	27	80.01 ± 2.01^{abcde}	5.75 ± 0.18^{gh}	30.95 ± 1.65^{bcd}
13	73.6 ± 2.65^{a}	7.97 ± 0.23^{ik}	33.52 ± 3.75^{cd}	28	82.75 ± 1.22^{bcdef}	4.29 ± 0.29^{cdef}	30.78 ± 2.65^{bcd}
14	80.34 ± 3.15^{abcde}	5.73 ± 0.45^{gh}	33.32 ± 2.89^{cd}	29	79.74 ± 1.55^{abcde}	7.63 ± 0.55^{ij}	33.24 ± 3.44^{cd}
15	89.16 ± 2.65^{fg}	-1.81 ± 0.38^{a}	29.94 ± 2.45^{bcd}	30	77.31 ± 1.98^{ab}	9.07 ± 0.78^{k}	35.94 ± 2.69^{cd}

注：重复次数：$n=3$；不同字母表示同一列有显著性差异。

不同品种苹果果肉颜色明显不相同，绝大部分苹果果肉均以黄色果肉为主，但也有少数果肉略微偏白，例如卡蒂纳（5 号）果肉偏白，其中 a^* 和 b^* 值分别为 -1.99 和 13.11，均低于其他 29 个品种。从整体来看，30 个品种果肉色差值可以看出，品种间的果肉 L^* 差异显著，大致分成四大类，其中，文红（13 号）的 L^* 值最低，长富二号（30 号）、红卡维（6 号）、寒富（18 号）、短枝陆奥（11 号）、华富（29 号）、秋瑾（23 号）、新红玉（10 号）、红乔玉（14 号）、新红星（21 号）、哈地勃来特（8 号）、皮瓦诺（20 号）和昌红（19 号）L^* 值次之，克洛登（4 号）、乔纳金（7 号）、玉霞（2 号）、国光（26 号）、黄元帅（22 号）、玉龙（1 号）、哈红（2 号）、七户一号（28 号）、斯塔克矮金冠（3 号）、克拉普（9 号）、华红（17 号）、垂直国光（25 号）、瑞林（16 号）和宁冠（15 号）之间的 L^* 值差异不大，卡蒂娜（5 号）的 L^* 值最高。30 个品种苹果果肉的 a^* 值差异显著，卡蒂娜、宁冠和垂直国光的 a^* 值分别为 -1.99、-1.81 和 -1.1，均小于 0，说明这 3 种苹果果肉颜色在红绿坐标轴上向绿色方向偏移，其他 27 种苹果片的 a^* 值变化从 0.77（瑞林）到 9.07（长富二号），品种间差异较为显著。此外，30 个品种苹果果肉 b^* 间的差异性显著，卡蒂娜的 b^* 最低，通过计算机图像处理分析可以得到鲜切苹果果肉 BR 均为 0，说明新鲜苹果果肉均无红褐色色素形成。

30 个品种苹果进行压差闪蒸干燥处理，预干燥结束、均湿和压差闪蒸干燥后苹果脆片的 BR 如图 3-8 所示。

实验结果表明不同品种苹果片在相同干燥条件下，BR 显著不同。30 个不同品种苹果片经过热风干燥后，哈地勃来特、文红、黄元帅、新红星和寒富的 BR 相对较高，依次由高到低为 18.15%、11.11%、5.97%、5.86% 和 5.73%。这可能是由于这几种苹果中的 PPO 在加热过程中引发较强烈的酶促褐变反应造成的。苹果片均湿后 BR 按降序排名前 5 的依次为哈地勃来特、秋锦、黄元帅、文红和新红星，分别是 26.06%、12.58%、12.01%、11.58% 和 11.37%。均湿后，哈地勃来特、秋锦、黄元帅、文红和新红星与预干燥前相比上升至 1.43 倍、2.29 倍、2 倍、1.05 倍和 1.93 倍。秋瑾、黄元帅、新红星和哈地勃来特等上升幅度较大，这可能是因为这几个品种 PPO 热稳定性较好，热风干燥结束后残余 PPO 活性相对较高。因而，均湿中进一步发生酶促褐变反应造成苹果片表面 BR 增大。压差闪蒸干燥结束后，苹果脆片的 BR 按照降序排名前 5 的依次为文红、哈地勃来特、短枝陆奥、黄元帅和国光，分别为 71.11%、67.08%、57.88%、54.17% 和 53.45%，与均湿后 BR 相比分别上升了 6.14 倍、

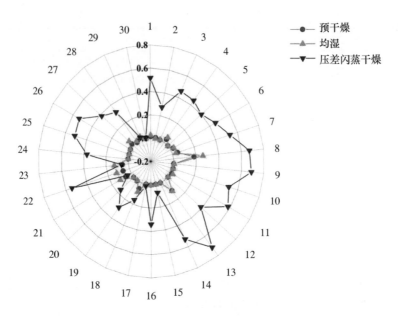

1.青龙,2.玉霰,3.斯塔克矮金冠,4.克洛登,5.卡蒂纳,6.红卡维,7.乔纳金,8.哈地勃来特,9.克拉普,10.新红玉,11.短枝陆奥,12.哈红,13.文红,14.红乔玉,15.宁冠,16.瑞林,17.华红,18.寒富,19.昌红,20.皮诺瓦,21.新红星,22.黄元帅,23.秋锦,24.鸡冠,25.垂直国光,26.国光,27.工藤,28.七户一号,29.华富,30.华富二号

图3-8 30个品种压差闪蒸过程中苹果片BR变化

2.57倍、27.98倍、4.51倍和60.73倍。实验结果表明,经过压差闪蒸干燥处理后,不同品种苹果脆片BR均显著高于均湿处理后苹果片BR,这很可能是由于压差闪蒸干燥过程中苹果片非酶褐变反应造成的。

(四)热烫对苹果脆片褐变比形成的影响

热烫处理作为一种钝化酶活性和抑制微生物的有效手段,被广泛应用于食品加工中,可以有效控制果蔬加工过程中的酶促褐变反应(Nurhuda et al.,2013)。在热风干燥阶段前,对苹果片进行热烫处理,钝化苹果中PPO活性,探讨压差闪蒸干燥过程中酶促褐变对苹果脆片BR形成的影响。对未热烫处理和热烫处理后的压差闪蒸苹果脆片均进行图片采集,利用计算机图像处理技术对采集图片进行图像分割处理,如图3-9所示。从图3-9中可以看出,新鲜苹果片经热烫15 s处理后,苹果片表面无BR形成,预试验结果表明该处理条件下苹果中PPO完全钝化,且营养物质流失较少。从表3-6中可以看出,未热烫处理时不同温度(50℃、70℃和90℃)热风干燥处理的压差闪蒸苹果脆片褐变程度如图3-9A所示,BR依次为4.8%、4.73%和10.96%。热烫处理后,不同温度(50℃、70℃和90℃)热风干燥处理的压差闪蒸苹果脆片表面褐变程度如图3-9B所示,BR依次为3.74%、3.97%和7.72%。实验结果表明,热烫处理对苹果脆片压差闪蒸干燥苹果脆片BR形成具有一定抑制作用。相同处理条件下热风温度为90℃时,苹果脆片BR显著高于热风温度为50℃和70℃。热风温度为50℃和70℃时,热烫处理和非热烫处理对苹果脆片BR形成影响不显著($P>0.05$)。当热风温度为90℃时,热烫处理和非热烫处理对苹果脆片BR形成影响显著($P<0.05$)。从图3-9(彩图9)和表3-6中可以看出,与新鲜未褐变的苹果果肉图片相比较,PPO钝化处理后

获得的压差闪蒸苹果脆片表面仍然发生大面积褐变反应。因而,推断酶促褐变并不是苹果脆片表面 BR 形成的主要因素。

图 3-9　非热烫处理(A)与热烫处理(B)压差闪蒸苹果脆片图像分割处理图片对比

表 3-6　热烫对压差闪蒸苹果脆片褐变比的影响

项目	预干燥温度/℃		
	50	70	90
非热烫处理	4.80 ± 0.45^a	4.73 ± 0.47^a	10.96 ± 0.8^c
热烫处理	3.74 ± 0.35^a	3.97 ± 0.4^a	7.72 ± 0.6^b

注:重复次数:$n=3$;不同字母表示同一列有显著性差异。

(五)压差闪蒸干燥苹果脆片中 5-羟甲基糠醛(5-HMF)与褐变比的关系

5-HMF 是美拉德反应的重要中间产物,也是食品热处理的主要监测指标之一(Santini et al.,2014)。它主要是通过美拉德中 1,2-烯醇化作用得到的阿姆德瑞(Amadori)分子重排产物。本文以富士苹果脆片为例,分析了富士苹果压差闪蒸干燥过程中 5-HMF 含量与 BR 的关系,如图 3-10 和图 3-11 所示。新鲜苹果果肉中 5-HMF 含量为 0 g/kg,热风干燥结束后,预干燥温度为 50℃、70℃和 90℃的苹果片中 5-HMF 含量分别为 5.1×10^{-4} g/kg,5.11×10^{-3} g/kg 和 6.37×10^{-3} g/kg。均湿后,不同预处理温度的苹果脆片中 5-HMF 含量均没有显著增加。压差闪蒸干燥结束后,不同预处理温度的苹果片中 5-HMF 含量显著增加至 0.15 g/kg(50℃)、0.22 g/kg(70℃)和 1.35 g/kg(90℃)。这可能是因为预干燥和均湿中苹果片中主要形成 5-HMF 的前体物质 3-脱氧奥苏糖,而在压差闪蒸干燥阶段 3-脱氧奥苏糖大量转化为 5-HMF,致使 5-HMF 含量在压差闪蒸干燥阶段显著增加,此结果与桃泥热加工过程中 5-HMF 含量变化相似(Garza et al.,1999)。此外,Zhang 等(2016)认为多酚类化合物也有助于 3-脱氧奥苏糖向 5-HMF 转变。压差闪蒸苹果脆片 BR 与 5-HMF 含量变化相关性如图 3-11 所示。压差闪蒸干燥过程中 5-HMF 含量变化与 BR 变化呈显著正相关,这可能是因为 5-HMF 是棕褐色色素形成主要的前体物质(Pathare et al.,2013)。

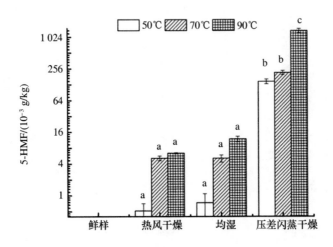

图 3-10　压差闪蒸干燥过程中 5-HMF 含量变化

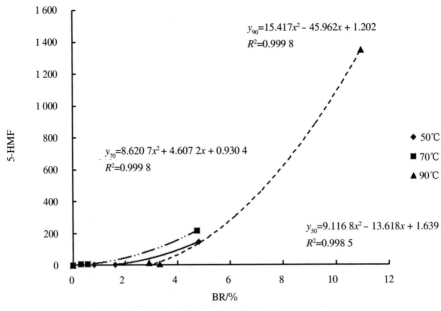

$$y_{90}=15.417x^2-45.962x+1.202$$
$$R^2=0.999\,8$$

$$y_{70}=8.620\,7x^2+4.607\,2x+0.930\,4$$
$$R^2=0.999\,8$$

$$y_{50}=9.116\,8x^2-13.618x+1.639$$
$$R^2=0.998\,5$$

图 3-11　压差闪蒸干燥过程中 5-HMF 含量变化与褐变比的关系

(六)压差闪蒸干燥苹果脆片中荧光化合物(FIC)与褐变比的关系

荧光化合物(FIC)是棕褐色色素形成的主要前体物质之一,也是干燥食品常见的监测指标(Matiacevich & Buera,2006)。压差闪蒸干燥富士苹果片中 FIC 含量变化如图 3-12 所示,鲜果中可以检测出一定量的天然荧光化合物,与鲜果相比,预干燥和均湿处理后苹果片中 FIC 含量变化不显著。然而,压差闪蒸干燥阶段苹果片中 FIC 含量显著增加,预干燥温度越高,苹果中 FIC 含量越高。与鲜果相比,预干燥温度为 50℃、70℃和 90℃的压差闪蒸苹果脆片中 FIC 含量分别增加 3.94,4.62 和 6.23 倍,结果表明预处理温度可以加速苹果脆片内部美拉德反应程度,预处理温度越高苹果脆片中 FIC 含量越高。压差闪蒸干燥苹果脆片中 FIC 含量与 BR 关系,如图 3-13 所示。干燥过程中 FIC 含量变化趋势与 5-HMF 含量变化相似,与 BR 呈显著正相关,结果表明 FIC 是苹果脆片非酶褐变形成主要因素,且 FIC 和 5-HMF 一样,均是美拉德反应重要中早期产物。综上所述,美拉德反应是苹果脆片非酶褐变主要原因之一。

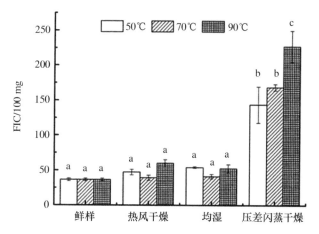

图 3-12　压差闪蒸干燥过程中 FIC 含量变化

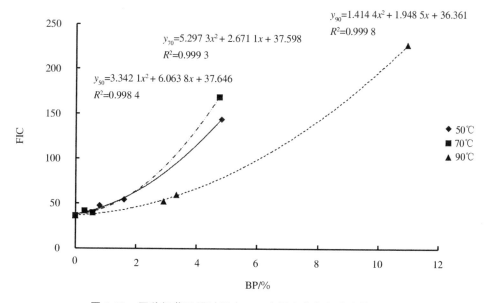

图 3-13　压差闪蒸干燥过程中 FIC 含量变化与褐变比的关系

四、结论

与传统色泽测定方法相比,运用计算机视觉系统图像处理技术可以实现快速精准测量压差闪蒸苹果脆片表观褐变程度和品质评价。实验结果表明如下。

(1)压差闪蒸干燥过程中苹果脆片 L^* 和 h 呈显著下降趋势,$a^*,b^*,\Delta E,C^*$ 和 BR 均呈显著提高。预干燥和均湿阶段苹果脆片表观颜色发生变化,但是红褐色色素形成较少。压差闪蒸干燥阶段苹果脆片褐变程度最大,苹果脆片表观颜色向黄橙色转变,且局部区域出现红褐色。

(2)不同预处理温度对压差闪蒸苹果脆片褐变程度影响显著,预干燥温度越高,压差闪蒸苹果脆片褐变程度越高,BR 越大。结果表明,预干燥温度越高越有利于苹果片棕褐色色素的前体物质形成,进而引起了压差闪蒸干燥阶段苹果脆片棕褐色色素形成聚集,加剧苹果脆片褐变程度的发生。

(3)相同处理条件下,不同品种苹果脆片的 BR 均不同,其中 BR 按降序排列前 5 的品种依次为文红、哈вей勃来特、短枝陆奥、黄元帅和国光,长富二号 BR 最小,结果表明苹果中褐变因子组成和比例均会显著影响苹果脆片褐变程度。

(4)热烫处理后压差闪蒸苹果脆片表面仍然有大面积褐变反应发生,预干燥温度越高,BR 越大。结果表明酶促褐变并不是压差闪蒸干燥苹果脆片褐变比形成最主要的因素。

(5)与鲜样相比,苹果脆片中的 5-HMF 和 FIC 含量变化不显著。然而压差闪蒸干燥阶段,苹果脆片中 5-HMF 和 FIC 含量均显著升高,且预处理温度越高,最终苹果脆片中 5-HMF 和 FIC 含量越高。整个干燥过程中,5-HMF 和 FIC 含量均与苹果脆片 BR 显著相关。因此结果表明,5-HMF 和 FIC 含量增加可以提高苹果脆片 BR,说明美拉德反应可能是苹果脆片非酶褐变主要要原因。此外,通过计算机快速检测获得的 BR 可以视为苹果脆片生产过程品质控制监测指标。

第三节　苹果脆片压差闪蒸干燥过程中褐变组分变化规律的研究

苹果栽培历史悠久,分布范围广,产量居我国水果产量之首。富士苹果是我国主栽品种之一,其果肉颜色为淡黄色,细脆汁多,风味浓甜或略带酸味,具有芳香,品质极佳(冯娟等,2013)。苹果含有大量的水分、还原糖、微量的蛋白质、氨基酸、抗坏血酸和多酚类化合物等多种营养组分。压差闪蒸干燥借助相变和气体的热压效应原理,使苹果组织中水分迅速升华、瞬间减压膨胀,并通过气体的膨胀力,促使苹果组织中的大分子物质发生变化,形成具有蜂窝状组织的苹果脆片(毕金峰和魏益民,2008),赋予苹果脆片良好的口感和酥脆性。但是第二章研究发现,压差闪蒸干燥过程会导致苹果脆片褐变现象严重,降低了苹果脆片的感官品质。因此,本章研究压差闪蒸干燥过程中富士苹果内源褐变因子的变化规律,初步探讨富士苹果中何种化学组分易引发压差闪蒸干燥过程褐变反应发生。

一、材料与条件

(一)材料、主要试剂

苹果(富士,产自山东栖霞)购买于北京新发地批发市场,存于 4℃ 的冷库中备用。

果糖、葡萄糖、蔗糖、*L*-抗坏血酸、绿原酸、原花青素 B_1、原花青素 B_2、儿茶素、表儿茶素、根皮苷、甲酸、乙腈等色谱级试剂和交联聚乙烯吡咯烷酮(PVPP)均购于 Sigma-Aldrich 公司;聚乙二醇辛基苯基醚(Triton X-100)、邻苯二酚、冰乙酸、乙酸锌、柠檬酸钠、氯化钠、乙酸锂、茚三酮、亚铁氰化钾、6 mol/L 盐酸、乙醇、三氯乙酸(TCA)、磷酸、红菲咯啉(BP)、三氯化铁、乙酸钠等分析级试剂均购于北京依诺凯试剂公司。

(二)主要仪器与设备

切片机:DL50,法国 Robot-Coupe 有限公司;电热鼓风干燥箱:DHG-9123A,上海精宏设备有限公司;果蔬压差闪蒸干燥机:QDPH1021,天津市勤德新材料科技公司;冰箱:BCD-252KSF,青岛海尔股份有限公司;水分活度仪(水活度仪):Aqualab Series 4TE,美国 Decagon Aqualab 公司;低场核磁共振仪:MesoMR,上海纽迈电子科技有限公司;高效液相色谱仪:Waters 2695 色谱泵,Waters 2414 示差检测器,美国沃特世有限公司;氨基酸分析仪:L8900,日本日立高新技术公司;紫外分光光度计:UV-1800,日本岛津公司;高速冷冻离心机:3K15,德国 Sigma 公司;万分之一电子天平:CPA-1245,德国 Sartorius 公司;旋转蒸发仪:RV 10 digital V,德国 IKA 公司;磁力搅拌器:RH-digital,德国 IKA 公司;超声波反应器:DT400,北京弘祥隆生物技术股份有限公司;加热板:C-Mag Hp4,德国 IKA 公司;粉碎机:JYL,九阳股份有限公司;移液器:5 mL、1 mL、200 μL 和 100 μL,大龙兴创实验仪器(北京)有限公司;反相萃取小柱:CNWBOND HC-C18(500 mg,6 mL),上海安谱实验科技股份有限公司;固相萃取仪:SBAB-57044,美国 SUPELCO 公司;液氮罐:YDS-15,乐山市东亚机电工贸有限公司。

二、试验方法与设计

苹果片预处理方式及干燥方式同第二节介绍。

(一)含水率的测定

苹果片干燥过程中含水率测定参考 GB 5009.2—2010 中的直接干燥法。

(二)水分活度(a_w)的测定

用水分活度仪进行测定压差闪蒸干燥过程中不同阶段苹果脆片 a_w 变化。将苹果片切成 2 mm×2 mm×2 mm 的立方体,待测苹果样品铺满样品杯底部,将样品杯置于水分活度仪的样品室。采用镜面冷凝露点法,通过样品室里一面小型镜子上的细小水珠来测量蒸汽压,大约 5 min 后让苹果片与样品室内蒸汽压达到平衡,得到待测样品 a_w。

(三)水分状态的测定

运用低场核磁共振仪对压差闪蒸干燥过程苹果片内中水分状态变化进行测定,通过横向弛豫时间 T_2 表示水分状态(王雪媛等,2015b)。

(四)PPO 活性的测定

PPO 提取:称取新鲜未褐变的苹果果肉 5 g 于研钵中,迅速倒入液氮中速冻后进行研磨,待组织充分破碎后,加入 0.1 g PVPP,0.01 g Triton X-100 和 8 mL 0.2 mol/L pH 7.0 磷酸缓冲液,磨成匀浆,放入冰水浴中保存,4℃条件下 10 000 r/min 离心 30 min,取上清液,经四层纱布过滤,量取上清液体积,即为粗制酶液,倒入冰浴中的 10 mL 刻度试管中,定容到 10 mL,置于冰浴中保存。

PPO 活性测定:取一只比色杯,加入将 2.9 mL 的 50 mmol/L 邻苯二酚溶液,最后加入

0.1 mL 的酶液，迅速摇匀，置于紫外分光光度计样品室中。以 50 mmol/L 邻苯二酚（0.2 mol/L pH 7.0 磷酸缓冲液配置）为参比，于 420 nm 波长处以时间扫描方式，在 0～1 min 内测定吸光度变化（A）值。

PPO 活性计算：60 s 是待测液 A_{420} 值变化 0.001 为 1 个酶活力单位，按下式计算 PPO 活力和比活性。

$$\text{酶活力}(0.001A/\text{min}) = \frac{A}{0.001 \times \text{反应时间}} \times \frac{\text{酶提取液总量}(\text{mL})}{\text{测定时酶用量}(\text{mL})}$$

$$\text{酶的比活性}(0.001A/(\text{g Fw} \cdot \text{min})) = \frac{A}{0.001 \times w \times \text{反应时间}} \times \frac{\text{酶提取液总量}(\text{mL})}{\text{测定时酶液用量}(\text{mL})}$$

公式中，A 为反应时间内吸光度的变化值；w 为苹果重量，g。

（五）多酚类化合物含量的测定

参考 NY/T 2795—2015 苹果中主要酚类物质的测定——高效液相色谱法，方法略有改动。标准曲线如图 3-14 至图 3-19 所示。

绿原酸
保留时间：11.9 min

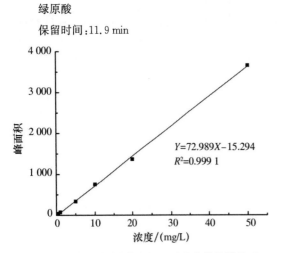

$Y=72.989X-15.294$
$R^2=0.999\ 1$

图 3-14　绿原酸浓度与 HPLC 响应值的线性关系

原花青素 B_1
保留时间：9.0 min

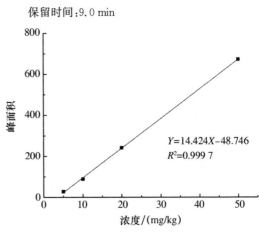

$Y=14.424X-48.746$
$R^2=0.999\ 7$

图 3-15　原花青素 B_1 浓度与 HPLC 响应值的线性关系

儿茶素
保留时间：11.2 min

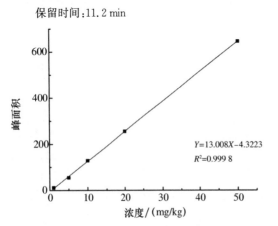

$Y=13.008X-4.3223$
$R^2=0.999\ 8$

图 3-16　儿茶素浓度与 HPLC 响应值的线性关系

原花青素 B_2
保留时间：13.0 min

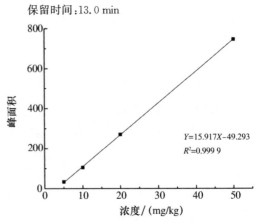

$Y=15.917X-49.293$
$R^2=0.999\ 9$

图 3-17　原花青素 B_2 浓度与 HPLC 响应值的线性关系

表儿茶素

保留时间:15.3 min

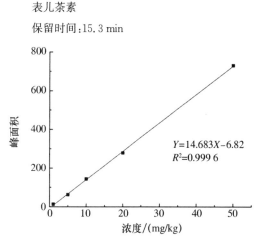

$Y=14.683X-6.82$
$R^2=0.999\,6$

图 3-18　表儿茶素浓度与 HPLC 响应值的线性关系

根皮苷

保留时间:30.1 min

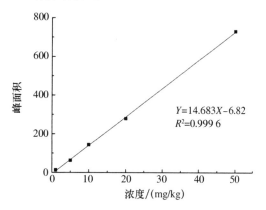

$Y=14.683X-6.82$
$R^2=0.999\,6$

图 3-19　根皮苷浓度与 HPLC 响应值的线性关系

(六)果糖、葡萄糖和蔗糖含量的测定

样品预处理:称取苹果鲜样 2 g 或干燥过程中样品 0.5 g,置于 150 mL 带有磁力搅拌子的烧杯中,加超纯水约 50 g 溶解,缓慢加入 5 mL 乙酸锌溶液和 5 mL 亚铁氰化钾溶液,再加水至溶液总质量为 100 g,磁力搅拌 30 min,过滤,收集滤液,取 1.5 mL 滤液用 0.45 μm 微孔滤膜至样品瓶,待高效液相色谱仪测定(图 3-20 至图 3-22)。

测定:参照 GB 22221—2008 食品中果糖葡萄糖蔗糖的测定方法。

果糖

保留时间:5.96 min

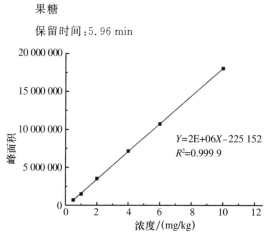

$Y=2E+06X-225\,152$
$R^2=0.999\,9$

图 3-20　果糖浓度与 HPLC 响应值的线性关系

葡萄糖

保留时间:7.07 min

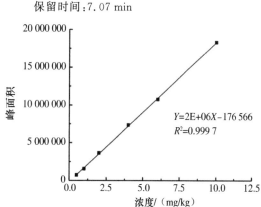

$Y=2E+06X-176\,566$
$R^2=0.999\,7$

图 3-21　葡萄糖浓度与 HPLC 响应值的线性关系

蔗糖

保留时间:12.52 min

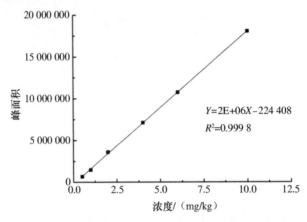

$Y=2E+06X-224\,408$

$R^2=0.999\,8$

图 3-22　蔗糖浓度与 HPLC 响应值的线性关系

(七)水解型氨基酸含量的测定

样品预处理:称取苹果试样 1 g(精确至 0.1 mg),放入消化管中,加入 10 mL 6 mol/L 盐酸,氮吹 1 min,恒温 110℃密闭水解 24 h。

取出消化后的样品,振荡后过滤,用娃哈哈纯净水定容至 50 mL,取 1 mL 样液置于顶空进样瓶中,利用氮气吹干,用 1 mL 0.02 mol/L 的盐酸复溶,随后用 1 mL 的注射器将复溶后液体全部吸出,并过 0.2 μm 的滤膜储存于样品瓶中,至于 L-8900 全自动氨基酸分析仪测定 17 种氨基酸。

氨基酸测定参照 GB 5009.124—2003 食品中氨基酸的测定。

(八)游离氨基酸总量的测定

样品预处理:称取 1.0 g 苹果果肉样品,置于研钵中,加入 5.0 mL 10%乙酸溶液,研磨匀浆后,转移到 100 mL 容量瓶中,用娃哈哈纯净水稀释、定容至刻度,混匀,过滤到三角瓶中备用。

测定方法:参照曹健康等(2013)茚三酮显色法测定果蔬组织中游离氨基酸总量测定。标准曲线见图 3-23。

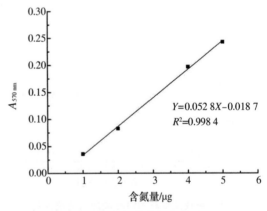

$Y=0.052\,8X-0.018\,7$

$R^2=0.998\,4$

图 3-23　游离氨基酸标准曲线

(九)抗坏血酸含量的测定

还原型抗坏血酸和脱氢型抗坏血酸参照 Gómez 等(2016)中抗坏血酸分光光度计法。

抗坏血酸标准曲线见图 3-24。

(十)实验数据处理

所有试验都重复 3 次操作,数据采用 SPSS 21.0 软件中方差分析(ANOVA)处理,采用

Origin 9.0进行统计并绘图。

三、结果与分析

(一)苹果脆片干燥过程中水分状态、水分活度和玻璃态转变温度变化

干燥过程中食品内部水分子扩散基质（液体扩散、蒸汽扩散、毛细管流动、压力流动和热力流动）、食品物性结构和干燥工艺条件会影响产品品质（Ramírez et al.，2011）。苹果组织中水分分布于细胞空隔、细胞壁、细胞质和液泡等不同区域，其存在形式包括自由水、不易流动水和结合水。本

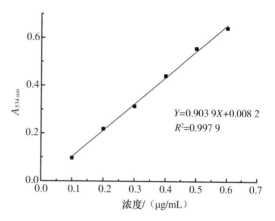

图 3-24　抗坏血酸标准曲线

实验采用低场核磁共振技术（NMR）检测压差闪蒸干燥苹果片中的水分状态，运用横向弛豫时间（T_2）测定压差闪蒸苹果片中水分状态的变化，如图 3-25 所示。质子弛豫行为与苹果片细胞中的水分状态、含水率、大分子物质及溶质间与水分间相互作用关系均有关（王雪媛等，2015a）。T_2长短取决于水分流动性大小，T_2越短，表明苹果片中水分子的流动性越小，通常指存在于细胞质中的结合水，它们与细胞骨架、酶或高浓度细胞质结合；T_2越长，意味着苹果片中水分子的流动性越强，通常指存在于液泡中自由水。这部分水质子的化学交换作用介于水和小分子化合物（诸如糖类等低分子质量）构成的稀溶液中（Ying et al.，2013）。

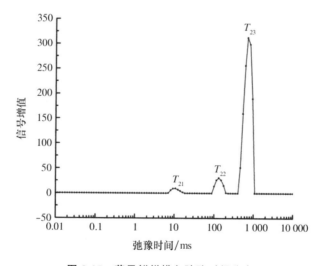

图 3-25　苹果鲜样横向弛豫时间分布

苹果片不同干燥阶段水分状态变化如表 3-7 所示。新鲜苹果含水率为 85.69％，预干燥结束后苹果片含水率为 30％左右，在此阶段样品中 80％的自由水伴随预干燥过程散逸出去，此实验结果与热风干燥胡萝卜水分状态变化结果相似（Xu et al.，2014）。干燥初期，苹果片内自由水含量较高，具有较好的流动性，因而受热易挥发，前期干燥速率较快。这主要是因为苹果片中的水分子中氢质子与大分子间的相互作用较小，不受大分子的束缚。因而，预干燥过程中苹果片中维管束组织发生收缩、质壁分离和液泡等发生皱缩而引发自由水分

蒸发(Xu & Li,2015)。均湿阶段,苹果片中自由水含量显著降低,不易流动水比例显著增高,说明苹果中水分的自由度显著降低。压差闪蒸干燥过程中苹果片中水分状态以结合水为主,结合水与苹果中的蛋白质、淀粉、果胶等物质的羧基、羰基、氨基、亚氨基、羟基、巯基等亲水性基团或水中的无机离子键合或偶极作用产生。结合水的蒸汽压低于同温度下纯水的饱和蒸汽压,导致压差闪蒸干燥过程中的苹果片传质动力显著下降,造成压差闪蒸干燥过程中水分扩散速率较慢。压差闪蒸干燥的高温和反复快速抽真空及卸压过程削弱了细胞质、细胞间与蛋白结合的水分子间的氢键,导致不易流动水向自由水转化,进而伴随着传质过程蒸发散逸(Xu & Li,2015;王雪媛等,2015b)。此外,整个压差闪蒸干燥过程中苹果片含水率和水分活度变化与色泽指数显著相关($P<0.05$)。

表 3-7　不同预干燥温度对不同压差闪蒸阶段苹果片水分含量和水分状态的影响

预干燥温度/℃	预干燥时间/min	取样点	含水率(w.b.)/(g/kg)	自由水/%	结合水/%	不易流动水/%
		鲜样	856.9±2.6[h]	88.85±0.41[f]	2.94±0.31[a]	7.93±0.47[b]
		热风干燥	321.5±0.5[e]	19.74±0.86[d]	23.76±0.58[c]	56.5±0.29[f]
50	330	均湿	319.4±2.8[e]	ND[a]	26.35±0.79[e]	73.65±0.78[h]
		压差闪蒸干燥	38.0±0.7[b]	ND[a]	100.00±0.00[h]	ND[a]
		热风干燥	338.1±0.3[g]	35.73±0.05[e]	20.01±0.4[b]	43.97±0.07[e]
70	180	均湿	329.3±7.3[f]	5.00±0.02[b]	25.33±0.52[d]	69.67±0.48[g]
		压差闪蒸干燥	21.1±0.1[a]	ND[a]	100.00±0.00[h]	ND[a]
		热风干燥	273.8±2.6[d]	12.08±0.21[c]	54.26±0.25[f]	33.68±0.31[c]
90	120	均湿	271.2±2.4[d]	ND[a]	73.7±0.44[g]	39.44±0.54[d]
		压差闪蒸干燥	43.3±1.2[c]	ND[a]	100.00±0.00[h]	ND[a]

注:重复次数 $n=3$;不同字母表示同一列中有显著性差异;ND代表未检测到。

水分活度(a_w)和玻璃化转变温度(T_g)是精量化水分迁移模式中两个相互补充的重要方法(王雪媛等,2015b)。T_g是食品体系中最大冻结浓缩液发生时的温度,含水率越低,T_g越大。由于苹果片鲜样中含水率较低,冻结速率较慢,很难达到准确的最大冻结浓缩状态,因此鲜样中 T_g 无法检测到,闪蒸干燥过程中 T_g 如表 3-8 所示。以预干燥50℃为例,T_g 随 a_w 的降低由-38.19℃升至40.32℃,这主要是因为水分子是有效的增塑剂,能够增强聚合物的弹性和流动性,导致 T_g 下降,随着干燥进行含水率降低,因而 T_g 逐渐变大。结果表明,压差闪蒸苹果片表观色泽变化与苹果中水分子的动力学特性和玻璃化转变温度密切相关。

表 3-8　不同预干燥温度对不同压差闪蒸阶段苹果片水分活度和玻璃化转变温度的影响

预干燥温度/℃	预干燥时间/min	取样点	水分活度/a_w	玻璃态转化温度 T_g/℃
		鲜样	0.992±0.000[h]	—
50	330	热风干燥	0.692±0.004[g]	$-22.93±0.05$[c]
		均湿	0.682±0.003[g]	$-20.37±0.11$[d]
		压差闪蒸干燥	0.107±0.003[s]	40.32±0.56[g]

预干燥温度/℃	预干燥时间/min	取样点	水分活度/a_w	玻璃态转化温度 T_g/℃
70	180	热风干燥	0.513 ± 0.001^d	-28.88 ± 0.34^a
		均湿	0.493 ± 0.001^c	-25.19 ± 0.19^b
		压差闪蒸干燥	0.128 ± 0.001^b	35.81 ± 0.43^f
90	120	热风干燥	0.551 ± 0.017^f	-28.42 ± 0.34^a
		均湿	0.537 ± 0.013^e	-25.19 ± 0.19^b
		压差闪蒸干燥	0.106 ± 0.000^a	34.19 ± 0.68^e

注:重复次数:$n=3$;不同字母表示同一列中有显著性差异。

(二)苹果脆片干燥过程中酶促褐变反应变化

1. 苹果脆片干燥过程中 PPO 的活性变化

现在研究普遍认为贮藏、加工过程中苹果组织褐变是酚类物质与 PPO 发生酶促氧化的结果(Liu et al.,2015)。富士苹果 PPO 活力最适温度为 30℃,结果表明,处理温度对于 PPO 活性影响较大,随着处理温度升高,PPO 活性被抑制越明显(宋莲军等,2009;田兰兰等,2011)。鲜果中 PPO 比活性是 2 379.98 U/g,压差闪蒸干燥过程中苹果片 PPO 活性如图3-26 所示。随着干燥进行,苹果片中 PPO 比活性显著减少。50℃、70℃和 90℃预干燥结束后,残余的 PPO 比活性分别为 29.12%,19.45% 和 18.22%。这可能是由于预干燥过程中苹果片与周围环境介质中热量和质相交换,环境介质中热量逐渐向苹果片几何中心处迁移,苹果片的内部温度逐渐达到预设温度。当苹果内部温度高于 PPO 最适温度后,类囊体上 PPO 活性则被抑制。均湿阶段,苹果中 PPO 比活性依次减少了为 9.75%,5.95% 和 10.5%,这可能是均湿阶段中苹果片内生成部分美拉德反应产物能够抑制 PPO。Lee 和 Park(2005)研究发现随着果糖-甘氨酸反应体系生成美拉德产物抑制可以抑制马铃薯中 PPO 活性,抑制程度为 20.6%~100%。压差闪蒸干燥过程中,闪蒸温度(95℃)远高于富士苹果 PPO 活性,因而苹果片内残余少量 PPO 完全被抑制,这主要是压差闪蒸过程高温和低

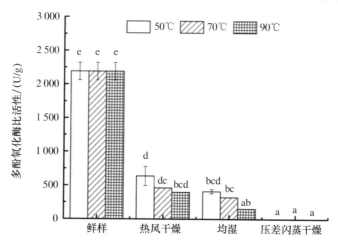

图 3-26 压差闪蒸干燥过程对苹果片内 PPO 比活性的影响

注:重复次数 $n=3$;不同字母表示同一标注中有显著性差异($P<0.05$)。

含水率诱导 PPO 结构发生变化,加速 PPO 失活。结合图 3-6 和图 3-9 可以看出,苹果脆片 BR 形成主要发生在压差闪蒸阶段,然而 BR 形成趋势与 PPO 酶活性变化趋势相反,且热烫钝化酶处理后,苹果片表面 BR 形成并未明显受到抑制,因而进一步验证酶促褐变不是形成 BR 的主要因素。

2. 苹果脆片干燥过程中多酚类化合物变化

果蔬加工过程中多酚类化合物极易氧化导致颜色降解褐变(Mcsweeney & Seetharman,2015)。酶促褐变和非酶褐变是酚类化合物降解的两个主要途径。压差闪蒸干燥过程中 5 种多酚类化合物浓度变化如表 3-9 所示。压差闪蒸干燥中绿原酸浓度、原花青素 B_1 浓度、儿茶素浓度、表儿茶素和根皮苷浓度显著降低。热风干燥结束后,绿原酸浓度、原花青素 B_1 浓度、儿茶素、表儿茶素和根皮苷含量显著降低,主要是由于热风干燥过程苹果片内组织细胞区室化破坏,引发酶促褐变反应发生,酚类化合物与 PPO 形成醌类化合物造成的。原花青素 B_2 在热风干燥结束后显著增加,绿原酸和儿茶素含量在均湿阶段中会略微增加,这可能是因为此阶段原本与其他物质结合多酚在此阶段释放出来,转变为游离态(Henríquez et al.,2014)。压差闪蒸干燥结束后,苹果脆片多酚类化合物(儿茶素除外)含量进一步显著降低,这可能是由于高温作用下酚类化合物进一步生成多酚类化合物聚合物。不同预干燥温度对苹果脆片中儿茶素含量变化无显著影响,然而预干燥温度 90℃ 条件下苹果脆片中绿原酸、原花青素 B_1、原花青素 B_2、表儿茶素和根皮苷含量显著低于其他两个预干燥温度条件这 5 种多酚化合物含量。从整个干燥过程变化而言,苹果片中多酚类化合物浓度在压差闪蒸干燥结束后均显著降低,这主要是由于多酚化合物非酶聚合反应(Henríquez et al.,2014)。这可能是一方面因为形成的酚类聚合物会进一步形成类黑色素,进而影响苹果脆片表观色泽变化;另一方面是因为主要酚类化合物中不饱和双键和助色团间的关系(Damodaran et al.,2013)。

表 3-9   压差闪蒸干燥过程苹果片中主要多酚类化合物含量变化

热风干燥温度/℃	取样点	绿原酸/(mg/kg)	原花青素 B_1/(mg/kg)	原花青素 B_2/(mg/kg)	儿茶素/(mg/kg)	表儿茶素/(mg/kg)	根皮苷/(mg/kg)
	鲜样	315.59±15.68[d]	277.83±1.31[f]	62.66±2.16[b]	68.58±0.66[c]	155.82±7.49[g]	67.89±0.81[f]
	热风干燥	273.06±8.19[c]	87.87±4.42[d]	178.16±2.6[de]	35.44±1.11[ab]	95.12±7.12[f]	32.57±3.68[e]
50	均湿	288.55±22.38[cd]	77.12±12.22[c]	133.76±2.94[cd]	37.84±3.01[ab]	66.69±5.21[e]	32.04±1.81[d]
	压差闪蒸干燥	172.59±2.22[b]	ND[a]	12.38±1.77[a]	42.05±3.07[b]	13.3±0.6[b]	19.17±0.18[b]
	热风干燥	289.96±1.57[cd]	98.63±7.13[e]	184.87±9.95[e]	40.39±2.74[b]	104.02±0.95[f]	29.33±1.47[cd]
70	均湿	291.97±22.01[d]	88.15±0.78[d]	193.12±3.63[e]	37.21±4.88[ab]	99.39±8.75[f]	32.69±4.94[e]
	压差闪蒸干燥	175.92±6.27[b]	74.24±6.54[c]	57.69±2.28[b]	38.34±6.25[ab]	39.9±1.2[c]	19.56±0.88[b]
	热风干燥	265.69±8.04[c]	70.11±5.05[bc]	100.94±0.88[bc]	31.99±1.11[ab]	73.33±1.92[e]	25.85±1.38[c]
90	均湿	183.4±28.72[b]	61.53±4.2[b]	64.87±2.57[b]	24.04±1.55[a]	49.09±8.47[d]	18.76±1.55[b]
	压差闪蒸干燥	103.41±8.91[a]	ND[a]	8.75±1.74[a]	34.91±1.05[ab]	ND[a]	8.23±0.29[a]

注:重复次数 $n = 3$;不同字母表示同一列中有显著性差异;ND 代表未检测到。

(三)苹果脆片干燥过程中非酶促褐变反应变化

1. 苹果脆片干燥过程中果糖、葡萄糖和蔗糖含量变化

苹果中含有大量碳水化合物,其中以还原糖、蔗糖和果胶等为主。苹果中主要还原糖主要以果糖和葡萄糖为主。蔗糖容易分解为葡萄糖和果糖,尤其在加热条件下,因此蔗糖很容易参与非酶褐变(Zhang et al.,2016)。压差闪蒸干燥苹果片中果糖、葡萄糖和蔗糖如图3-27、图3-28和图3-29所示。与鲜样相比,压差闪蒸干燥后苹果脆片中果糖和葡萄糖含量显著降低($P<0.05$)。预干燥温度70℃条件下,果糖和葡萄糖保留率分别是77.56%和70.77%,明显高于预干燥温度50℃和90℃处理条件下苹果脆片中果糖和葡萄糖含量,与鲜样相比,蔗糖含量在热风和均湿过程中会显著上升。这可能是由于热风温度为70℃的预干燥处理过程中,苹果内淀粉等在酸性转化酶、蔗糖磷酸合成酶和蔗糖合成酶作用下转化成蔗糖(魏建梅等,2009)。

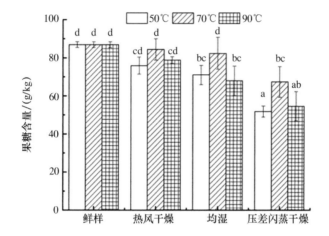

图3-27 压差闪蒸干燥过程中苹果片内果糖含量变化

注:重复次数 $n=3$;不同字母表示同一标注中有显著性差异($P<0.05$)。

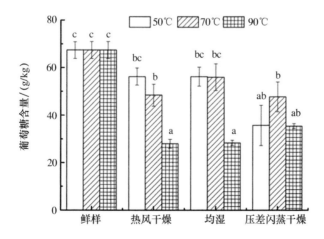

图3-28 压差闪蒸干燥过程对苹果片内葡萄糖含量变化

注:重复次数 $n=3$;不同字母表示同一标注中有显著性差异($P<0.05$)。

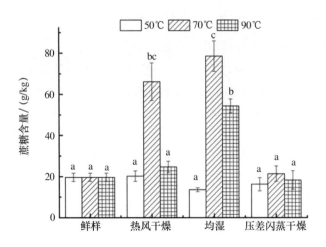

图 3-29　压差闪蒸干燥过程对苹果片内蔗糖含量变化

注：重复次数 $n=3$；不同字母表示同一标注中有显著性差异（$P<0.05$）。

因而，如图 3-27 所示，压差闪蒸过程中果糖含量减少程度显著高于葡萄糖，这可能是因为苹果中果糖比葡萄糖更易参加美拉德反应。与果糖相比，均湿或压差闪蒸过程中葡萄糖会有轻微显著上升，这可能是因为随着预干燥温度升高，促使苹果中蔗糖水解产生葡萄糖所致，这可能是苹果片中葡萄糖含量增加的主要原因（Zhang et al.，2016）。实验结果表明，苹果加热干燥过程中果糖和葡萄糖直接同游离氨基酸或者蛋白质链上氨基酸残基的游离氨基发生羰氨缩合反应（俗称美拉德反应）生成类黑色素，致使苹果脆片 BR 形成。

2. 苹果脆片干燥过程中水解氨基酸和游离氨基酸总量变化

美拉德反应通常是果蔬加工过程非酶褐变色素形成主要原因之一（Pathareet al.，2013）。前人研究表明氨基酸对非酶褐变反应影响显著（Bharate & Bharate，2014）。从表 3-10 和表 3-11 中可以看出，苹果中可以检测出门冬氨酸（L-aspartic acid，简称 Asp）、谷氨酸（L-glutamic acid，简称 Glu）、赖氨酸（L-lysine，简称 Lys）、组氨酸（L-histidine，简称 His）、精氨酸（L-arginine，简称 Arg）、苏氨酸（L-threonine，简称 Thr）、丝氨酸（L-serine，简称 Ser）、甘氨酸（L-glycine，简称 Gly）、丙氨酸（L-alanine，简称 Ala）、胱氨酸（L-cystine，简称 Cys）、缬氨酸（L-valine，简称 Val）、蛋氨酸（简称 L-methionine，简称 Met）、异亮氨酸（L-isoleucine，简称 Ile）、亮氨酸（L-leucine，简称 Leu）、酪氨酸（L-tyrosine，简称 Tyr）、苯丙氨酸（L-phenylananine，简称 Phe）和脯氨酸（L-proline，简称 Pro）17 种水解氨基酸，其中门冬氨酸和谷氨酸是苹果鲜果中含量最高的 2 类氨基酸，然而干燥前后门冬氨酸和谷氨酸含量变化并不显著。

与鲜果相比，整个压差闪蒸干燥过程中苹果片内绝大部分氨基酸均呈现先上升后下降趋势。与均湿阶段结束苹果中 17 种氨基酸含量变化相比较，在压差闪蒸阶段苹果片中 17 种氨基酸含量均呈现大幅度下降。从表 3-10 中可以看出，预干燥温度为 50℃时，鲜苹果中天门氨酸含量和谷氨酸分别是 6.11 g/kg 和 1.05 g/kg，经过热风干燥和均湿阶段后，这两种氨基酸含量均呈现显著上升至 14.23 g/kg 和 1.95 g/kg。推测造成此种现象的原因是由于初期干燥结束后水分蒸发阶段，部分氨基酸水解出来导致氨基酸含量显著增加。压差闪蒸干燥结束后天门氨酸和谷氨酸含量显著下降低至 6.05 g/kg 和 1.19 g/kg,这主要因为大量氨基酸与果糖或葡萄糖发生羰氨缩合发生美拉德反应。与均湿阶段相比,压差闪蒸干燥结束后苹果中赖氨酸(65.27%)、组氨酸(43.75%)、精氨酸(38.09%)、丝氨酸(38.1%)、甘氨酸(29.83%)、丙氨酸(34.28%)、胱氨酸(33.33%)、缬氨酸(27.59%)、异亮氨酸(38.18%)、亮氨酸(28.2%)、酪氨酸(61.9%)、苯丙氨酸(26%)和脯氨酸(31.91%)这 13 种氨基酸含量均有显著下降。赖氨酸、组氨酸和精氨酸是苹果中主要的碱性氨基酸,因而相较于其他氨基酸而言,干燥加热过程中这 3 种氨基酸更易于与碳水化合物发生美拉德反应。预干燥温度为 70℃和 90℃时,苹果中水解氨基酸变化趋势与预干燥温度为 50℃时大致相同,压差闪蒸阶段苹果片氨基酸含量下降幅度略有不同。不同预处理条件下,17 种氨基酸中赖氨酸、组氨酸、精氨酸、天门氨酸、谷氨酸和酪氨酸含量降低较多,此研究结果与冻干、冻干微波联合干燥双胞菇中氨基酸变化结果一致(Pei et al.,2014)。

从图 3-30 中可以看出,不同预干燥温度对压差闪蒸干燥苹果片中游离氨基酸总量变化影响显著。热风干燥温度为 50℃条件下,游离氨基酸总量呈现先上升后下降的趋势,这主要是由于预干燥阶段脱水过程破坏了细胞原有结构,在酶的作用下,一些原来处于结合态的氨基酸发生转变,形成游离态氨基酸。另一方面,该温度条件下,非酶褐变反应发生并不剧烈,直到均湿结束苹果片中游离氨基酸总量呈现上升趋势。此外,压差闪蒸阶段,由于干燥温度较高,因而氨基酸与还原糖和抗坏血酸化合物均发生非酶褐变反应。此外,热风干燥温度 70℃和 90℃条件下的游离氨基酸总量变化趋势同热风干燥温度 50℃条件下游离氨基酸总量变化趋势相同,只是没有热风干燥 50℃变化趋势明显。苹果片中游离氨基酸总量在压差闪蒸干燥阶段均会下降,热风干燥温度为 50℃条件下,游离氨基酸总量下降最显著,主要是由于此阶段过程中苹果片中所含有游离氨基酸总量诱导美拉德反应发生。

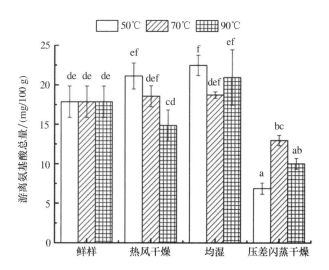

图 3-30　压差闪蒸干燥过程中苹果片内游离氨基酸总量变化

注:重复次数 $n=3$;不同字母表示同一标注中有显著性差异($P<0.05$)

表 3-10 压差闪蒸干燥过程对苹果片水解氨基酸天门氨酸、谷氨酸、赖氨酸、组氨酸、精氨酸、苏氨酸、丝氨酸、甘氨酸和丙氨酸含量的影响　g/kg

预干燥温度/℃	取样点	天门氨酸	谷氨酸	赖氨酸	组氨酸	精氨酸	苏氨酸	丝氨酸	甘氨酸	丙氨酸
	鲜样	6.11±0.01^{ab}	1.05±0.00^b	0.46±0.00^b	0.17±0.00^{bc}	0.27±0.00^{bc}	0.31±0.00^{ab}	0.42±0.00^b	0.35±0.00^b	0.46±0.02^b
50	预干燥	12.34±1.07^e	1.61±0.02^{cd}	0.81±0.01^d	0.26±0.01^d	0.39±0.00^{de}	ND	0.68±0.01^d	0.49±0.01^d	0.62±0.03^{cd}
	均湿	14.23±0.2^f	1.95±0.23^e	0.92±0.02^d	0.32±0.02^f	0.42±0.01^{ef}	ND	0.79±0.02^e	0.57±0.02^e	0.7±0.05^e
	压差闪蒸干燥	6.05±0.31^{ab}	1.19±0.01^{abc}	0.32±0.07^a	0.18±0.01^d	0.26±0.05^b	ND	0.42±0.07^{bc}	0.40±0.01^{bc}	0.46±0.01^b
70	预干燥	11.71±0.22^a	1.49±0.12^{bcd}	0.84±0.08^{cd}	0.25±0.02^d	0.46±0.01^f	ND	0.63±0.08^{cd}	0.49±0.02^{de}	0.64±0.03^{de}
	均湿	10.27±1.22^d	1.45±0.12^{bcd}	0.76±0.07^c	0.25±0.05^d	0.39±0.02^{de}	ND	0.59±0.07^{cd}	0.45±0.05^{cd}	0.57±0.01^{cd}
	压差闪蒸干燥	4.81±0.86^a	0.82±0.89^a	0.31±0.03^a	0.12±0.01^b	0.18±0.02^a	0.27±0.04^a	0.32±0.03^a	0.26±0.01^a	0.35±0.02^a
90	预干燥	8.7±1.13^c	1.4±0.71^{bcd}	0.75±0.16^c	0.24±0.07^d	0.36±0.02^d	ND	0.42±0.16^{cd}	0.46±0.07^{de}	0.59±0.03^{cd}
	均湿	11.34±1.02^{de}	1.3±0.09^{bc}	0.73±0.08^c	0.27±0.02^{de}	0.37±.004^d	ND	0.6±0.08^{cd}	0.45±0.02^{cd}	0.59±0.02^{cd}
	压差闪蒸干燥	6.85±0.25^b	1.8±0.02^{de}	0.38±0.05^{ab}	0.20±0.01^a	0.31±0.01^c	ND	0.48±0.05^b	0.44±0.01^{cd}	0.55±0.01^c

注：重复次数 $n = 3$；不同字母表示同一列中有显著性差异；ND 代表未检测到。

表3-11 压差闪蒸干燥过程对苹果果片内水解胱氨酸、缬氨酸、蛋氨酸、异亮氨酸、亮氨酸、酪氨酸、苯丙氨酸和脯氨酸含量的影响　g/kg

预干燥温度/℃	取样点	胱氨酸	缬氨酸	蛋氨酸	异亮氨酸	亮氨酸	酪氨酸	苯丙氨酸	脯氨酸
	鲜样	0.38±0.01[ab]	0.43±0.02[bc]	0.13±0.01[c]	0.32±0.02[ab]	0.49±0.02[ab]	0.36±0.02[f]	0.37±0.02[b]	0.36±0.01[bc]
50	预干燥	0.04±0.01[e]	0.53±0.03[e]	0.06±0.01[a]	0.46±0.01[ef]	0.71±0.03[de]	0.17±0.01[cd]	0.46±0.03[c]	0.46±0.02[ef]
	均湿	0.03±0.01[f]	0.58±0.03[e]	0.07±0.01[a]	0.55±0.02[g]	0.78±0.04[e]	0.21±0.01[e]	0.5±0.04[d]	0.47±0.03[f]
	压差闪蒸干燥	0.02±0.01[ab]	0.42±0.01[b]	0.07±0.02[ab]	0.34±0.03[bc]	0.56±0.02[bc]	0.08±0.00[a]	0.37±0.02[bc]	0.32±0.02[b]
70	预干燥	0.08±0.01[e]	0.59±0.02[e]	0.14±0.01[c]	0.50±0.02[fg]	0.78±0.04[e]	0.20±0.01[de]	0.49±0.03[d]	0.45±0.02[def]
	均湿	0.01±0.00[a]	0.48±0.03[bcd]	0.07±0.00[a]	0.46±0.01[ef]	0.67±0.03[d]	0.16±0.01[c]	0.44±0.04[bcd]	0.39±0.02[bcd]
	压差闪蒸干燥	0.09±0.01[a]	0.32±0.01[a]	0.13±0.01[c]	0.28±0.02[a]	0.41±0.02[a]	0.09±0.00[ab]	0.24±0.01[a]	0.26±0.01[a]
90	预干燥	0.01±0.00[a]	0.49±0.02[cd]	0.05±0.01[a]	0.44±0.02[de]	0.69±0.05[de]	0.15±0.01[c]	0.46±0.02[d]	0.40±0.03[cde]
	均湿	0.03±0.00[de]	0.49±0.03[cd]	0.07±0.00[a]	0.46±0.03[ef]	0.67±0.02[d]	0.18±0.01[cde]	0.45±0.03[cd]	0.41±0.03[cdef]
	压差闪蒸干燥	0.02±0.00[b]	0.47±0.02b[cd]	0.1±0.02[bc]	0.40±0.02[cd]	0.64±0.03[cd]	0.11±0.01[b]	0.45±0.03[bcd]	0.37±0.02[bc]

注:重复次数 $n=3$；不同字母表示同一列中有显著性差异。

3. 苹果脆片干燥过程中还原型抗坏血酸(AA)和脱氢型抗坏血酸(DHAA)变化

抗坏血酸降解是非酶褐变主要反应之一,DHAA 与氨基酸的混合物反应可以生成红黄色色素(Bharate & Bharate,2014)。不同温度压差闪蒸干燥苹果片中 AA、DHAA 和总抗坏血酸含量变化分别如图 3-31(A)、图 3-31(B)和图 3-31(C)所示。热风干燥结束后,热风温度为 50℃和 90℃条件下苹果片中的 AA 保留率(48.21%和 53.28%)显著低于热风温度为 70℃的苹果片中还原型抗坏血酸保留率(76.37%)。这可能是由于热风干燥过程中 AA 转化成 DHAA,并与氨基酸反应发生抗坏血酸氧化降解造成的(Bharate & Bharate,2014)。压差闪蒸阶段,3 个不同处理下苹果片中总抗坏血酸含量均显著下降,这是由于抗坏血酸氧化降解造成的(Aka et al.,2013)。热风温度为 70℃和 90℃条件下,压差闪蒸干燥过程中苹果中 DHAA 含量一直下降,然而热风温度为 50℃条件下 DHAA 含量则呈现先上升后下降趋势。与鲜样相比,热风干燥(50℃)结束后苹果片中 DHAA 含量显著增加了 34.19%,这主要是因为部分 AA 氧化成 DHAA。压差闪蒸结束后苹果中 DHAA 减少了 64.69%,造成这种现象可能的原因是压差闪蒸干燥过程中苹果片中的斯特勒克降解反应生产棕色色素(Bharate & Bharate,2014)。实验结果表明,AA、DHAA 和总抗坏血酸含量变化与苹果片色泽指数呈显著相关性。这意味着抗坏血酸氧化降解对苹果片中褐变形成起到重要作用,此结论与抗坏血酸氧化降解为橙汁中非酶褐变主要原因结果类似(Bharate & Bharate,2014)。

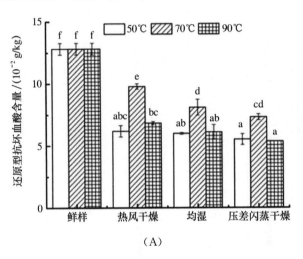

(A)

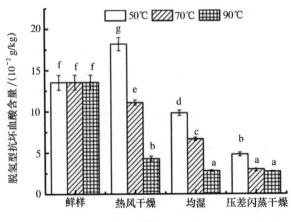

(B)

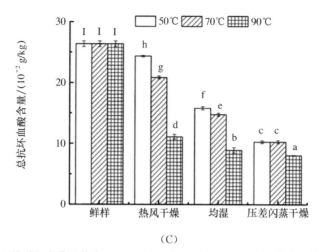

(C)

图 3-31　压差闪蒸干燥过程中苹果片内还原型抗坏血酸(A)、脱氢型抗坏血酸(B)、总抗坏血酸(C)含量变化
注:重复次数 $n=3$;不同字母表示同一标注中有显著性差异($P<0.05$)。

四、结论

(1)压差闪蒸干燥过程中苹果含水率、水分活度、自由水比例逐渐下降,预处理结束后苹果中不易流动水比例显著增大,压差闪蒸干燥结束后苹果脆片中水分状态全部为结合水。此外,苹果片 T_g 随着含水率降低而增加,压差闪蒸干燥结束后苹果脆片 T_g 为 35~40℃。

(2)预干燥过程中苹果片中 PPO 活性显著降低,压差闪蒸干燥结束后 PPO 活性完全被抑制,结果表明压差闪蒸干燥阶段以非酶褐变反应为主。

(3)压差闪蒸干燥处理后苹果脆片中果糖和葡萄糖含量显著降低;均湿后苹果中氨基酸含量上升,压差闪蒸结束后氨基酸含量显著下降,结果表明美拉德反应主要发生在压差闪蒸干燥阶段。

(4)压差闪蒸干燥过程中苹果 AA 含量显著下降,DHAA 在预处理阶段呈现上升趋势,并且在压差闪蒸阶段显著下降,结果表明抗坏血酸氧化降解主要发生在压差闪蒸干燥阶段。

(5)压差闪蒸干燥结束后苹果脆片中多酚类化合物含量均显著下降,多酚类化合物在该阶段可能发生多酚非酶氧化聚合反应。

第四章 寒富苹果汁酶促褐变的抑制及挥发性香气成分研究

第一节 概 述

寒富苹果果心不大,果肉呈淡黄色,口感酥脆,汁水充足,有香气,味道酸甜,是优良苹果。含可溶性固形物15.2%,全糖12.01%,可滴定酸0.34%,每100 g果肉维生素C含量8.1 mg。耐贮藏性极强,在一般土地窖内贮藏8个月,不皱皮,不变质。适合加工使用,目前苹果加工产品越来越多,果汁已成为苹果最重要的加工品和生产品。但是果汁的褐变一直是一个问题,不但降低了感官品质,其营养品质也会受到严重影响,滞缓了产业销售,降低了利益。因此寒富苹果汁的防褐变的研究是主要方向。

第二节 寒富苹果制汁工艺技术研究

一、材料与条件

(一)材料与主要试剂

寒富苹果:沈阳农业大学园艺学院提供;果胶酶:烟台帝伯仕商贸有限公司。

碳酸钠、氯化钾、盐酸、醋酸钠、福林酚试剂:北京鼎国昌盛生物技术有限责任公司;焦性没食子酸、氢氧化钠、甲基红:国药集团化学试剂有限公司;聚氯乙烯袋:北京华盾塑料有限责任公司;亚铁氰化钾、3,5-二硝基水杨酸:北京市东区化工厂。

(二)主要仪器与设备

手持式数显糖度仪:成都泰华光学仪器有限公司;PHS-3C型精密pH计:上海精密仪器厂;电子天平:上海越平科学仪器有限公司;UV-1600紫外可见分光光度计:北京瑞丽分析仪器有限公司;恒温水浴锅:上海乔跃电子有限公司;榨汁机:九阳家电有限公司。

二、试验方法与设计

(一)试验方法

1. 可滴定酸的测定

苹果汁可滴定酸(titratable acidity,TA)含量的测定是根据电位滴定法进行的,既用已知浓度的氢氧化钠溶液滴定苹果提取液,根据氢氧化钠的消耗量计算苹果中可滴定酸的含量。

在 100 mL 烧杯加入 1 mL 苹果汁,加入 50 mL 水,插入电极,一边用氢氧化钠标准溶液滴定,一边搅拌,开始时搅拌速度较快,当 pH 达到 8 时,减缓搅拌速度,直至 9.0 为终点。按以下公式(1)计算总酸含量:

$$X = (V - V_0) \times c \times f \times \frac{1}{V_1} \times 1\,000 \tag{1}$$

式中,

X—苹果汁样品中总酸的含量,以酒石酸含量计,g/L;

c—氢氧化钠标准溶液的浓度,mol/L;

V_0— 空白试验消耗氢氧化钠标准溶液体积,mL;

V—测定苹果汁样品消耗氢氧化钠标准溶液的体积,mL;

V_1—吸取苹果汁样品的体积,mL;

f—消耗 1 mol/L 氢氧化钠 1 mL 时相当于酒石酸的克数。

2. 可溶性糖的测定

取一支 100 mL 的容量瓶,倒入事先量取的 20 mL 蒸馏水和一定体积的苹果汁,缓慢加入 10 mL 219 g/L 醋酸锌溶液和 106 g/L 的亚铁氰化钾溶液,加水至刻度,充分搅拌,静置 30 min。过滤并弃掉初滤液。量取 5 mL 上述溶液于 100 mL 容量瓶中,加入 1:1 的盐酸 5 mL,再加 20 mL 水混匀,于(68 ± 1)℃水浴中水解 15 min 后,取出冷却至室温,用 100 g/L 氢氧化钠溶液调至中性,最后加水定容至 100 mL。在 25 mL 比色管中加入 1 mL 处理液,用水稀释至 2 mL,再加入 0.5 mL 3,5-二硝基水杨酸试剂,沸水浴 5 min,冷水冷却至室温,于 520 nm 测定吸光度,以试剂空白为参考(施思和陈炼红,2010)。按以下公式(2)计算苹果汁样中的可溶性糖:

$$X = \frac{A}{W \times V_1/100 \times V/100} \tag{2}$$

式中,

X—可溶性糖含量,g/L;

A—从标准曲线上搜索酸味葡萄糖含量,mg;

W—样品体积,mL;

V_1—样品稀释或水解的体积,mL;

V—测定用样品体积,mL。

3. 可溶性固形物的测定

采用 GB 12295—90 中规定的方法测定(阿贝折射仪法),3 次重复,取平均值。

4. 色度的测定

分光光度计在 420 nm 处测果汁的吸光度,以蒸馏水做对照。3 次重复,取平均值。

5. 出汁率的测定

苹果去皮,切块,用榨汁机榨汁,初榨后将果肉加水再榨,重复 3 次。按以下公式(3)计算样品的出汁率。

$$X = \frac{W_2 - W_1}{W} \times 100\% \tag{3}$$

式中,

X—出汁率,%;

W_1—加水质量,g;

W_2—苹果汁质量,g;

W—样品质量,g。

(二)试验设计

1. 寒富苹果汁制备的工艺流程

原料(新鲜寒富苹果)→洗涤→去核→称重→预煮→破碎→酶解→灭酶→打浆→澄清。

2. 前处理的选择

把洗好的苹果去核,并立刻进行称重,切块,切成大约 2 cm 厚,4 cm 长的果块。用破碎机破碎成粒径为 5 mm 的颗粒,采用 5 种不同加热方式钝化多酚氧化酶的活性,防止其氧化、褐变(表 4-1)。每个处理取 200 g 果块或果浆,测出汁率、比较褐变情况。3 次重复。

表 4-1 采用的 5 种不同加热方式

处理	加热方式
对照	切块后直接破碎 30 s,不进行任何处理
处理 1	破碎 30 s 后,果浆放入大烧杯中,水浴 80℃,加热 10 min
处理 2	破碎 30 s 后,果浆放入大烧杯中,水浴 90℃,加热 5 min
处理 3	切好的果块放入沸水中热烫 1 min,破碎 30 s
处理 4	切好的果块放入沸水中热烫 1.5 min,破碎 30 s

3. 酶解工艺单因素实验设计

(1)果胶酶用量对寒富苹果汁质量指标的影响。以不加酶为对照,称取果浆 100 g,共 5 份,置于烧杯中,分别加入果胶酶 0.02 g、0.04 g、0.06 g、0.08 g,上口用塑料薄膜扎紧,50℃恒温水浴 2 h。置于 100℃水浴中灭酶 8 min,冷却。用 100 目滤布压榨过滤。取滤液,测定出汁率、可溶性固形物、可滴定酸、色度。

(2)酶解时间对寒富苹果质量指标的影响。以不加酶为对照,称取果浆 100 g,共 6 份,置于烧杯中,加入果胶酶,上口用塑料薄膜扎紧,在 50℃恒温水浴条件下,分别酶解 1 h、2 h、3 h、4 h,置于 100℃水浴中灭酶 8 min,冷却。用 100 目滤布压榨过滤。取滤液,测出汁率、可溶性固形物、可滴定酸、色度。

(3)酶解温度对苹果汁质量指标的影响。以不加酶为对照,称取果浆 100 g,共 6 份,置于烧杯中,加入果胶酶 700 IU,上口用塑料薄膜扎紧,在 50℃恒温水浴条件下,分别酶解 1 h、2 h、3 h、4 h,置于 100℃水浴中灭酶 8 min,冷却。用 100 目滤布压榨过滤。取滤液,测定出汁率、可溶性固形物、可滴定酸、色度。

4. 酶解工艺正交实验设计

在单因素试验的基础上,分别以加酶量(A),酶解时间(B),酶浓度(C),三因素四水平进行正交试验。按照表 4-2 确定最佳酶解工艺。测定果汁的出汁率、可溶性固形物、总酸、色值。找出影响这些质量指标的重要因素、最佳组合,比较差异显著性。

表 4-2　因素水平表

水平	因素		
	A 时间/h	B 温度/℃	C 加酶量/(g/100 mL)
1	1	30	0.02
2	2	40	0.04
3	3	50	0.06
4	4	60	0.08

三、结果与分析

(一)前处理的选择

在加工过程中,不同的前处理结果见表 4-3。从表中可以看出,4 种处理工艺都不同程度地减轻了色值,降低了褐变程度,提高了出汁率。其中处理 3(沸水热烫 60 min,破碎 30 s)和处理 4(沸水热烫 90 min,破碎 30 s)的褐变程度明显轻于处理 1(破碎后,果浆置于 80℃水浴中,加热 10 min)和处理 2(果浆置于 90℃水浴中,加热 5 min),仅从预防果汁褐变的角度来看,这两种前处理方式皆适宜于寒富苹果果汁的加工。但是对于处理 3 和处理 4 进行比较分析可以看出,采用处理 3 的方法进行前处理后,酸含量和色值含量有一定优势,高于处理4,因此选择处理 3 为前处理的工艺条件。

表 4-3　加热处理对苹果质量指标的影响

加热方式	出汁率/%	褐变程度	可溶性固形物/%	酸/%	色值
对照	69.71	极重	11.2	0.37	1.72
处理 1	72.83	重	11.56	0.41	1.46
处理 2	73.39	重	11.78	0.39	1.35
处理 3	74.43	轻	10.24	0.42	1.61
处理 4	74.56	轻	10.12	0.41	1.69

(二)酶解工艺对寒富苹果汁质量指标的影响

1. 果胶酶用量对寒富苹果汁质量指标的影响

加酶量对寒富苹果汁质量指标的影响见表 4-4。

表 4-4　加酶量对寒富苹果汁质量指标的影响

加酶量/g	出汁率/%	可溶性固形物/%	酸/%	糖酸比	色值
对照	67.74	10.52	0.36	28.42	1.88
0.02	73.69	10.88	0.39	27.90	0.31
0.04	82.66	11.29	0.39	28.95	0.28
0.06	82.69	11.64	0.40	29.10	0.28
0.08	82.32	11.57	0.40	28.22	0.26

注:每次处理寒富果浆 100 mL,温度 50℃,处理 2 h。

如表 4-4 所示,加酶量在 0.04 g 时色值达到最高,0.06～0.08 g 时出汁率均有小幅度下降,所以酶量的选择为 0.02～0.08 g。

2. 酶解时间对寒富苹果汁质量指标的影响

由表 4-5 可知,酶解时间、酶解温度和加酶量对出汁率均有一定不同影响。酶解时间上看 3 h 出汁率上升幅度很高,酶解 4 h 的对出汁率并没有更高的上升,所以酶解时间选择 1～4 h。

表 4-5　酶解时间对寒富苹果质量指标的影响

酶解时间	出汁率/%	可溶性固形物/%	酸/%	糖酸比	色值
对照	66.05	10.67	0.37	28.84	1.78
1 h	72.22	11.02	0.41	26.88	0.49
2 h	76.46	11.06	0.46	22.57	0.33
3 h	79.25	11.27	0.49	23.00	0.29
4 h	80.01	11.21	0.47	23.85	0.31

注:每次处理寒富果浆 100 mL,加酶 0.04 g/100 mL,温度 50℃。

3. 酶解温度对寒富苹果汁质量指标的影响

如表 4-6 所示,酶解温度在 60℃时与 50℃相比也没有更高的上升幅度,所以试验酶解温度条件选择为 30～60℃。

表 4-6　酶解温度对寒富苹果质量指标的影响

酶解温度/℃	出汁率/%	可溶性固形物/%	酸/%	糖酸比	色值
对照	65.89	10.12	0.35	28.91	1.76
30	79.21	11.73	0.41	28.61	0.42
40	81.25	12.29	0.42	29.26	0.31
50	83.27	12.86	0.43	29.91	0.29
60	83.61	11.42	0.42	27.19	0.47

注:每次处理寒富果浆 100 mL,加酶 0.04 g/100 mL,酶解 2 h。

4. 酶解条件对出汁率的影响

由图 4-1、图 4-2 和图 4-3 可以看出:当酶解温度为 30～45℃时,出汁率基本维持在较高水平,不仅显著高于对照,而且与酶解温度为 20℃时相比较,也呈明显增加趋势;随着酶解时间的延长,出汁率高于对照,2 h 后达到较高水平,且有不断增加趋势。加酶后果汁的出汁率明显高于对照,加酶量在 0.04 g 以上时,出汁率即维持在很高的水平,说明酶解可显著提寒富苹果的出汁率。

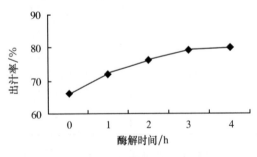

图 4-1　酶解时间对出汁率的影响

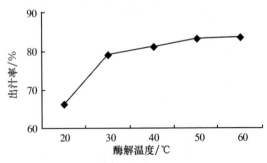

图 4-2　酶解温度对出汁率的影响

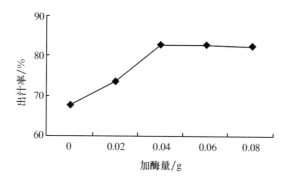

图 4-3　加酶量对出汁率的影响

5. 酶解条件对可溶性固形物的影响

由图 4-4、图 4-5 和图 4-6 可以看出,随着酶解时间的延长,可溶性固形物含量的变化与对照相比无明显差异。随着酶量的增加,可溶性固形物含量比对照稍有增加,但增加趋势亦不显著,说明加酶量对于果汁中可溶性固形物的含量影响较小。随着酶解温度的升高,可溶性固形物增加明显,说明酶解温度对可溶性固形物有较显著影响。此外,当酶解温度高于 50℃时,可溶性固形物含量急剧下降,说明高温抑制了酶的活性。

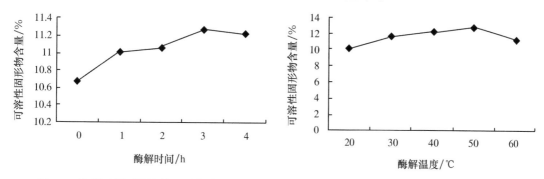

图 4-4　酶解时间对可溶性固形物的影响　　　图 4-5　酶解温度对可溶性固形物的影响

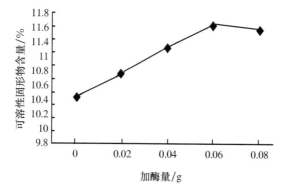

图 4-6　加酶量对可溶性固形物的影响

6. 酶解条件对酸度的影响

由图 4-7、图 4-8 和图 4-9 可以看出,随着酶解温度的升高,酶解时间的延长,加酶量的增加,酸含量虽呈增加趋势,但变化并不明显,这说明酶解的各项条件对寒富苹果果汁中酸含量有一定影响,却不是主要因素。

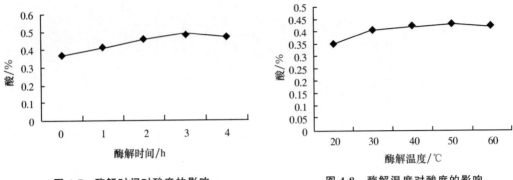

图 4-7　酶解时间对酸度的影响　　　　　　图 4-8　酶解温度对酸度的影响

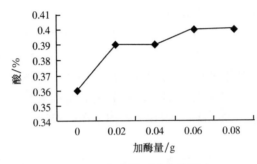

图 4-9　加酶量对酸度的影响

7. 酶解条件对色值的影响

　　由图 4-10、图 4-11、图 4-12 可以看出,随着酶解温度、酶解时间、加酶量的增加,色值皆明显低于对照,但不同的处理水平之间没有明显差异。这说明酶解条件对寒富苹果果汁色值的影响较显著,在寒富苹果榨汁时加入适宜的果胶酶可明显改善果汁的色泽。

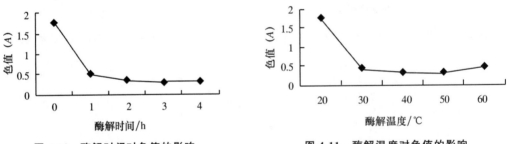

图 4-10　酶解时间对色值的影响　　　　　　图 4-11　酶解温度对色值的影响

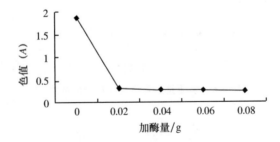

图 4-12　加酶量对色值的影响

(三)寒富苹果汁最佳酶解工艺的正交分析

本正交试验为三因素四水平试验,用 $L_{16}(4^3)$ 正交表。将因素依次安排在正交表的各列上形成表 4-7。

表 4-7　寒富苹果酶解正交试验

试验号	因　素			试验结果			
	时间/h A	温度/℃ B	酶量/(g/100 mL) C	平均出汁率/%	可溶性固形物/%	酸/%	色值
1	1	30	0.02	77.92	10.17	0.36	0.46
2	1	40	0.06	78.01	11.99	0.38	0.39
3	1	50	0.08	79.39	12.87	0.39	0.44
4	1	60	0.04	79.07	11.95	0.38	0.49
5	2	40	0.04	81.25	12.29	0.42	0.31
6	2	30	0.08	80.12	10.46	0.41	0.32
7	2	60	0.06	80.66	10.92	0.40	0.43
8	2	50	0.02	73.69	10.88	0.39	0.31
9	3	50	0.06	83.67	12.11	0.45	0.31
10	3	60	0.02	81.02	11.46	0.42	0.45
11	3	30	0.04	83.07	11.67	0.45	0.35
12	3	40	0.08	83.16	11.87	0.45	0.39
13	4	60	0.04	82.32	11.85	0.48	0.42
14	4	50	0.04	81.01	11.86	0.47	0.31
15	4	40	0.02	79.64	11.29	0.44	0.36
16	4	30	0.06	81.78	10.78	0.48	0.33

通过表 4-8 可知,酶解时间(A 因素)对果汁中可溶性固形物含量有显著影响;而从不同的水平来看,酶解时间对出汁率、可滴定酸指标有最优水平;其次为酶解温度对总酸、可溶性固形物有最优水平;加酶量对色值有最优水平。但是由方差分析可以看出,酶解时间除在 4 h 水平对果汁中酸含量有显著影响外,对其余指标的影响均不显著,因此从节约成本的角度考虑,可适当缩短酶解时间,因此选取 3 h。酶解温度(B 因素)对果汁中可溶性固形物含量和色值有显著影响;从其不同水平来看酶解温度对出汁率、果汁中可溶性固形物含量、果汁中可滴定酸含量三项指标均有最优水平。从出汁率指标考虑,试验选取 B_3 水平为寒富苹果最佳酶解工艺条件的一个因素。同时可以看出酶解温度的升高会使色素溶出加快,不符合苹果汁低色值的要求,因此在保证充分酶解情况下,可以适当降低温度。加酶量(C 因素),0.04 g/100 mL 的范围内,由于加酶量对可溶性固形物有影响,因此选择 C_2 水平为寒富苹果最佳酶解工艺条件的一个因素。

表 4-8　酶解试验结果分析

试验结果	A	B	C
出汁率 $K_{(1\sim4)}$	314.39	322.89	312.27
	315.72	322.06	325.7
	330.92	319.06	324.12
	326.05	323.07	324.99
$k_{(1\sim4)}$	78.6	80.72	78.07
	78.93	80.51	81.42
	83.73	79.77	81.03
	81.51	80.77	81.25
极差 R	5.13	1	3.35
因素主→次		A→C→B	
最优组合条件		$A_3B_4C_2$	
可溶性固形物 $K_{(1\sim4)}$	47.08	43.18	43.2
	44.55	47.44	48.77
	46.51	48.82	45.9
	46.78	45.48	47.05
$k_{(1\sim4)}$	11.71	10.8	10.8
	11.14	11.86	12.19
	11.73	12.21	11.48
	11.7	11.37	11.76
极差 R	0.63	1.41	1.39
因素主→次		C→B→A	
最优组合条件		$A_3B_3C_2$	
酸 $K_{(1\sim4)}$	1.51	1.7	1.61
	1.62	1.69	1.72
	1.77	1.7	1.71
	1.87	1.68	1.73
$k_{(1\sim4)}$	0.38	0.43	0.4
	0.41	0.42	0.43
	0.44	0.43	0.43
	0.47	0.42	0.43
极差 R	0.09	0.01	0.03
因素主→次		A→C→B	
最优组合条件		$A_4B_3C_2$	

续表 4-8

试验结果	A	B	C
色值 $K_{(1\sim4)}$	1.78	1.46	1.58
	1.37	1.45	1.46
	1.5	1.37	1.46
	1.41	1.79	1.68
$k_{(1\sim4)}$	0.45	0.37	0.4
	0.34	0.36	0.37
	0.38	0.34	0.37
	0.35	0.45	0.42
极差 R	0.11	0.11	0.05
因素主→次		A→B→C	
最优组合条件		$A_2B_3C_2$	

综合以上分析可以得出寒富苹果酶解的最佳工艺条件为：加酶量为 0.04 g/100 mL,酶解温度为 50℃,酶解时间为 3 h。

四、结论

破碎榨汁前适当的热烫处理有利于减少维生素 C 损失、提高出汁率。经过多次比较选用了沸水热烫 1 min 的工艺。

果胶酶解工艺能够显著提高出汁率和澄清度,使总糖、可溶性固形物、可滴定酸的含量增加,本试验也得出了相同的结论。此外酶解同样降低了果胶的含量,使制汁工作变得更容易。综上可知,酶解时间是影响各个质量指标的最重要因素,其次是酶解温度,加酶量除对可溶性固形物有差异显著性影响外,在试验范围内对其他各项指标的影响不是很显著。

第三节　抑制剂对寒富苹果汁褐变影响的研究

寒富苹果果肉汁水丰富,口感清脆,富含多种营养成分,其中维生素含量、蛋白质含量、微量物质含量都是苹果种类中的佼佼者。也是苹果汁类加工产品很好的原料。但是在果汁生产加工过程中,褐变一直是一个难题,褐变的发生影响了产品的加工属性,削弱了产品的感官品质和营养价值。在加工过程中苹果中的主要褐变是由苹果组织内多酚氧化酶(PPO)造成的。而 PPO 最直观的变化就是颜色的变化。以寒富苹果为原材料,确定寒富苹果多酚氧化酶(PPO)提取的条件,以及简单的酶学特性。然后比较不同单一抑制剂对寒富苹果汁颜色的抑制效果,最后通过响应面法获得最优抑制剂组合。

一、材料与方法

(一)材料和主要试剂

寒富苹果由沈阳农业大学园艺学院提供。

β-环糊精、曲酸、L-半胱氨酸、乳清分离蛋白:北京鼎国昌盛生物技术有限责任公司;乙酸、邻苯二酚、柠檬酸:国药集团化学试剂有限公司。

(二)主要仪器与设备

PHS-3C 型精密 pH 计:上海精密仪器厂;电子天平:上海越平科学仪器有限公司;UV-1600 紫外可见分光光度计:北京瑞丽分析仪器有限公司;恒温水浴锅:上海乔跃电子有限公司;榨汁机:九阳家电有限公司;色差仪:深圳市三恩驰科技有限公司;台式高速离心机:湖南离心机仪器有限公司。

二、试验方法与设计

(一)试验方法

寒富苹果汁色差的测定:色差仪用反射原理,经过一段时间进行测定寒富苹果汁的色泽变化。可以用 CIE LAB 表色的系统的 L^*、a^* 和 b^* 值进行表示。其中 L^* 代表苹果汁的明暗度;a^* 代表苹果汁的颜色变化(从绿色逐步变到红色的过程),b^* 代表苹果汁的颜色变化(从蓝色逐步变到黄色的过程)。ΔE 代表寒富苹果汁的总体(L^*、a^*、b^*)的色差值。按照公式(4)计算 ΔE:

$$\Delta E = \sqrt{(L-L^*)^2 + (a-a^*)^2 + (b-b^*)^2} \tag{4}$$

ΔE 越小,表明褐变程度越小。A maki 等(2010)认为 ΔE 的变化展示了 PPO 的变化,所以可以通过测量 ΔE 来衡量 PPO 的增长。由于苹果汁颜色主要由 L 值展现,所以 L 值也是衡量果汁颜色变化的重要参数。按照公式(5)计算抑制率。

$$抑制率 = \frac{\Delta E_{原汁} - \Delta E}{\Delta E_{原汁}} \times 100\% \tag{5}$$

(二)试验设计

1. 果汁自然褐变程度变化

把寒富苹果除皮、除核切成小块,共 200 g。经榨汁,过滤,12 000 r/min 离心 10 min 后放入烧杯中。相隔 15 min、30 min、1 h、2 h、4 h、8 h、12 h、24 h 后测色值,起始 L^* 值为 L_0。

2. 寒富苹果汁 PPO 提取条件的优化

(1)寒富苹果汁 PPO 粗提取。将果汁切块,榨汁,过滤后加入 1.5%(W/V)的 PVPP,搅拌 5 min 后,在温度为 4℃,转数 12 000 r/min 下离心 20 min,取其上清液即为粗酶液(吴卫华,2001)。

(2)寒富苹果汁 PPO 的活性的测定。将磷酸氢二钠-柠檬酸溶液(0.1 mol/L)、乙酸溶液(0.1 mol/L)、磷酸盐溶液(0.1 mol/L)混合配制成缓冲溶液,放于室内。配置 0.05 mol/L 的邻苯二酚溶液放置棕色瓶中,于 30℃ 的水浴保温。将 0.5 mL 的粗酶加入比色皿中,然后加入 2 mL 磷酸缓冲溶液和 0.5 mL 的邻苯二酚溶液,混合摇匀后立即计时。在 400 nm 波长(TnaBK,1995)下测吸光值。吸光值与 PPO 酶活成正比关系。用 ΔOD 表示酶的活性。$\Delta OD = (OD_{t_2} - OD_{t_1})$;式中 t_1 为酶与底物混合后 15 s,t_2 为酶与底物混合后 90 s。ΔOD 越大表示酶活越大,ΔOD 越小表示酶活越小(范明辉,2005)。

(3)pH 影响寒富苹果汁 PPO 活性的条件。用 pH 0.5 为每一单位间隔,pH 跨度为 pH

寒富苹果深加工关键理论与技术

6.5～pH 8.5,测量 PPO 的酶活性,找到最适 pH 条件。

（4）温度影响寒富苹果汁 PPO 活性的条件。在最适 pH 下把酶粗提取液分别在温度跨度为 20～60℃,用 10℃为每一单位间隔下保温,然后测量 PPO 的酶活性。找到最适温度条件。

3. 单一抑制剂对寒富苹果汁的抑制

制作不同浓度的不同抑制剂,用 100 g 寒富苹果和 100 mL 抑制剂溶液,榨汁,过滤,12 000 r/min 离心 10 min,放入烧杯中,相隔 15 min、30 min、1 h、2 h、4 h、8 h、12 h、24 h 后测 ΔE 值。

4. 响应面分析因素水平的设计

在单一抑制剂试验基础上,利用 Box-Behnken 中心组合方法进行三因素三水平试验设计,以曲酸（X_1）、L-半胱氨酸（X_2）和乳清分离蛋白（X_3）为自变量,分别以 +1、0、-1 代表各自变量的高、中、低水平,以苹果汁的褐变抑制率（Y）为响应值,设计响应面分析试验。根据单因素试验结果设定响应面试验提取温度取值范围 50～70℃、提取时间 5～15 min、料液比为 1:30～1:50（m/V）,各因素水平编码见表 4-9。

表 4-9　Box-Behnken 中心组合试验因素水平编码

水平编码	X_1 曲酸/%	X_2 L-半胱氨酸/%	X_3 乳清分离蛋白/%
-1	0.10	0.10	0.20
0	0.15	0.15	0.25
1	0.2	0.2	0.30

三、结果与分析

（一）寒富苹果原汁自然褐变程度变化

寒富苹果原汁的 $L=26.51,a=2.17,b=1.10$。由图 4-13 可知,前 1 h 内,寒富苹果原汁的 ΔE 值变化不大,这得意于寒富苹果本身抗褐变的能力高,但随着时间增加后 ΔE 值发生较大的改变,说明寒富苹果原汁颜色越来越深,色差变化越来越大。

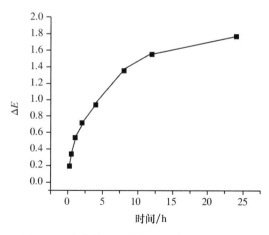

图 4-13　寒富苹果原汁自然褐变 ΔE 变化情况

(二)pH 和温度对酶活的影响

1. pH 影响寒富苹果汁 PPO 活性的条件

由图 4-14 可知缓冲溶液的最佳 pH 为 7.2,所以接下来均用缓冲 pH 为 7.2 的磷酸缓冲溶液进行 PPO 的测定。

2. 温度影响寒富苹果汁 PPO 活性的条件

温度不同对 PPO 的活性影响不同,由图 4-15 可知当温度 20～30℃时 PPO 的活性跟随温度的升高而变大。在 30℃下 ΔOD 值达到了 0.2075,为最大值。在温度逐渐继续升高的过程中,PPO 的酶活性开始降低,这可能是由于温度过高使酶失活。由图 4-15 可知 30℃是酶的最佳条件。

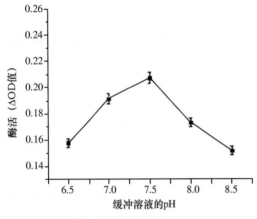

图 4-14 酶活(ΔOD 值)与缓冲溶液 pH 的变化情况

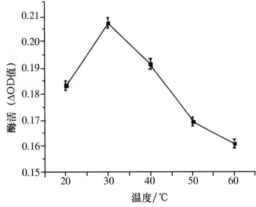

图 4-15 酶活(ΔOD 值)与温度的变化情况

(三)单一抑制剂对寒富苹果汁的抑制

1. 柠檬酸对寒富苹果汁褐变的抑制

加入 0.2 g/mL 柠檬酸溶液的起始 $L^* = 26.53$、$a^* = 2.07$、$b^* = 1.08$,0.5 g/mL 柠檬酸溶液的起始 $L^* = 27.16$、$a^* = 3.21$、$b^* = 2.21$,1 g/mL 柠檬酸溶液的起始 $L^* = 27.56$、$a^* = 3.07$、$b^* = 3.21$。总体来说,柠檬酸溶液对寒富苹果能达到一定的抑制效果,由数据和图 4-16 可知,柠檬酸浓度越大,抑制效果越好。浓度 1 g/mL 的柠檬酸溶液抑制效果高于浓度 0.2 g/mL 和 0.5 g/mL 的柠檬酸溶液。这可能是由于除了柠檬酸本身的抑制功能,pH 的改变导也会使酶开始失活。柠檬酸属于螯合剂,通过与 PPO 活性部位铜离子螯合而抑制酶的活性。浓度 0.5 g/mL 和 1 g/mL 溶液 24 h 时的 ΔE 相同,说明没有发生变性,且颜色变化已趋于最大值。ΔE 在 30 min 后明显

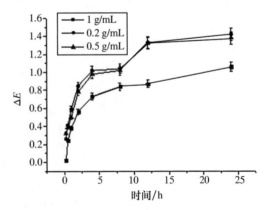

图 4-16 3 种不同浓度柠檬酸 ΔE 的变化

变化,浓度 0.2 g/mL 是 1 g/mL 浓度的 1.71 倍。4 h 后浓度 1 g/mL 溶液的抑制效果趋于稳定。而 8～12 h 期间其余两种溶液的 ΔE 会发生一个突增,增长了 29.4%。然后 ΔE 趋于稳定。由于柠檬酸属于酸性物质,过量的加入会影响苹果汁的口感。

2. β-环糊精对寒富苹果汁褐变的抑制

加入 0.2 g/mL β-环糊精溶液的起始 $L^* = 26.53$、$a^* = 2.07$、$b^* = 1.08$,0.3 g/mL β-环糊精溶液的起始 $L^* = 26.92$、$a^* = 2.20$、$b^* = 1.23$,0.5 g/m β-环糊精溶液的起始 $L^* = 27.33$、$a^* = 2.43$、$b^* = 1.46$。由数据和图 4-17 可知,随着 β-环糊精的浓度增大,对果汁的褐变的抑制效果越来越好。当浓度为 0.2 g/mL 时,ΔE 在 15 min 时有一个猛增,随后 ΔE 的变化趋于平稳,通过斜率观察,浓度为 0.5 g/mL 时,ΔE 的变化最小,这说明对果汁的抑制效果持续比较稳定。浓度 0.3 g/mL 的溶液虽然开始时与浓度 0.5 g/mL 的溶液抑制效果相当,但时间越久褐变程度相比越大。由于 β-环糊精起始 L 值不高,所以其抑制效果一般。

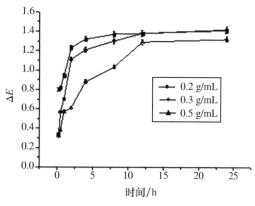

图 4-17　3 种不同浓度 β-环糊精 ΔE 的变化

3. 曲酸对寒富苹果汁褐变的抑制

加入 0.05 g/mL 曲酸溶液的起始 $L^* = 30.33$、$a^* = 0.39$、$b^* = 3.76$,0.1 g/mL 曲酸溶液的起始 $L^* = 30.21$、$a^* = 0.39$、$b^* = 3.72$,0.2 g/mL 曲酸溶液的起始 $L^* = 30.13$、$a^* = 0.52$、$b^* = 3.97$。由数据和图 4-18 可知,曲酸浓度越大对寒富苹果汁的抑制效果越好,且优于前两组抑制剂。0.05 g/mL 浓度的曲酸抑制剂 ΔE 的变化高于其余两个浓度下的 ΔE,虽然 24 h 后,0.1 g/mL 浓度的曲酸抑制剂 ΔE 大于 0.2 g/mL 浓度曲酸抑制剂的 ΔE,但由于其起始 L^* 值也有差距,所以两种抑制剂下 24 h 后的颜色几乎相同。在前 12 h,0.2 g/mL 浓度的曲酸抑制剂对果汁的褐变的抑制效果高于 0.1 g/mL 浓度的曲酸抑制剂。12 h 后,0.1 g/mL 浓度的曲酸抑制剂对果汁褐变的抑制效果高于 0.2 g/mL 浓度的曲酸抑制剂。就斜率来看,0.1 g/mL 和 0.2 g/mL 浓度的曲酸抑制对寒富苹果汁 ΔE 的变化持续抑制性都比较好。

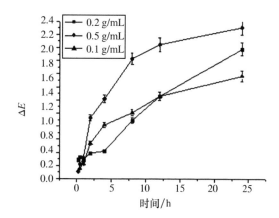

图 4-18　3 种不同浓度曲酸 ΔE 的变化

4. L-半胱氨酸对寒富苹果汁褐变的抑制

加入 0.5 g/mL L-半胱氨酸溶液的起始 $L^* = 28.51$、$a^* = 2.01$、$b^* = 3.26$,0.2 g/mL L-半胱氨酸溶液的起始 $L^* = 29.33$、$a^* = 1.39$、$b^* = 3.50$,0.1 g/mL L-半胱氨酸溶液的起

始 $L^*=29.75$、$a^*=1.21$、$b^*=3.83$。由数据和图 4-19 可知，L-半胱氨酸浓度越大对寒富苹果汁的抑制效果越好，虽然 0.5 g/mL 浓度的 L-半胱氨酸溶液的 ΔE 小于其他两组，但是初始 L^* 值相差不多，寒富苹果汁实际颜色变化并不是很大，本着化学试剂尽量少的原则，在不影响试验结果的前提下，不选择 0.5 g/mL 浓度的 L-半胱氨酸溶液。0.1 g/mL 和 0.2 g/mL 浓度的 L-半胱氨酸溶液 ΔE 的变化趋势几乎相当，且都在 12 h 后出现突然增加的情况。但其 ΔE 值变化依然小于其他抑制剂，这说明 L-半胱氨酸抑制剂对寒富苹果汁褐变抑制的持续性比较高。L-半胱氨酸溶液对寒富苹果汁的抑制效果比较好。

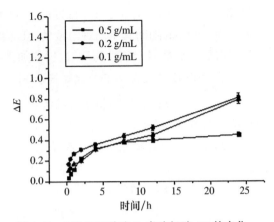

图 4-19　3 种不同浓度 L-半胱氨酸 ΔE 的变化

5. 乳清分离蛋白对寒富苹果汁褐变的抑制

加入 0.1 g/mL 乳清分离蛋白溶液的起始 $L^*=26.73$、$a^*=3.49$、$b^*=1.76$，0.2 g/mL 乳清分离蛋白溶液的起始 $L^*=27.13$、$a^*=3.06$、$b^*=1.94$，0.3 g/mL 乳清分离蛋白溶液的起始 $L^*=27.19$、$a^*=3.48$、$b^*=2.83$，0.5 g/mL 乳清分离蛋白溶液的起始 $L^*=27.04$、$a^*=3.39$、$b^*=2.20$。由数据和图 4-20 可知，乳清分离蛋白浓度越大对寒富苹果汁的抑制效果并非越好，0.1 g/mL 浓度的乳清分离蛋白溶液初始 L^* 值与原汁相差不多，寒富苹果果汁实际颜色变化并不是很大，所以排除该组。0.5 g/mL 浓度的乳清分离蛋白溶液抑制初始 L^* 值也是不最好的，且随着时间的延续 ΔE 值变化越来越

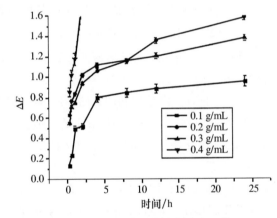

图 4-20　4 种不同乳清分离蛋白浓度下的 ΔE

大，该组数据不予考虑。0.2 g/mL 和 0.3 g/mL 浓度的乳清分离蛋白溶液 ΔE 的变化趋势几乎相当，且对寒富苹果汁褐变抑制的持续效果良好。卢晓明等（2010）认为乳清分离蛋白属于天然抑制剂，且适当加入可以改善苹果汁的香味。

（四）响应面法优化复合抑制剂对苹果汁的褐变效果

1. 抑制剂单因素试验设计

抑制剂单因素试验：分别选取因素水平曲酸浓度 0.1～0.2 g/mL，L-半胱氨酸浓度 0.1～0.2 g/mL，乳清分离蛋白浓度 0.2～0.3 g/mL（表 4-10）。

表 4-10　不同抑制剂浓度对寒富苹果汁褐变的影响

不同抑制剂	因素水平	L^* 值	抑制率/%
曲酸浓度/(g/mL)	0.1	30.09	48.61
	0.15	30.51	74.38
	0.2	30.47	52.47
L-半胱氨酸浓度/(g/mL)	0.1	30.53	62.72
	0.15	30.57	75.77
	0.2	30.61	69.85
乳清分离蛋白浓度/(g/mL)	0.2	30.48	72.71
	0.25	30.51	75.81
	0.3	30.53	72.33

由表 4-10 可知,色泽 L^* 值随抑制剂浓度增加变大,这说明混合抑制剂的增加能改善果汁颜色使其越来越浅。对于抑制率,先固定 L-半胱氨酸和曲酸浓度,当曲酸浓度为 0.15 g/mL 时抑制率最高为 74.38($P<0.05$)。择优曲酸浓度 0.15 g/mL,固定乳清分离蛋白浓度。改变 L-半胱氨酸浓度。L-半胱氨酸浓度在 0.15 g/mL 时抑制率最高为 75.77%($P<0.05$)。择优曲酸浓度 0.15 g/mL,L-半胱氨酸浓度 0.15 g/mL,改变不同乳清分离蛋白浓度。在 0.25 g/mL 时抑制效果最佳为 75.81%($P<0.05$)。所以选择初始水平浓度为曲酸 0.15 g/mL,L-半胱氨酸 0.15 g/mL,乳清分离蛋白 0.25 g/mL。

2. 响应面实验设计及结果

根据 Box-Behnken 实验设计原理,以曲酸、L-半胱氨酸、乳清分离蛋白为自变量,以褐变抑制率为响应值,设计三因素三水平的响应面分析实验,试验设计及结果见表 4-11,其 17 组独立试验中包括 12 组析因实验和 5 组中心试验。

表 4-11　Box-Behnken 试验设计及结果

组别	X_1	X_2	X_3	Y
1	0	0	0	75.89
2	1	0	1	40.86
3	0	−1	1	75.95
4	0	0	0	45.00
5	0	−1	−1	50.00
6	−1	1	0	74.77
7	1	−1	0	50.91
8	−1	0	1	60.74
9	0	1	−1	42.86
10	0	1	1	55.91
11	−1	0	−1	29.12

组别	X_1	X_2	X_3	Y
12	1	0	−1	80.21
13	1	1	0	30.58
14	0	0	0	77.32
15	0	0	0	39.78
16	0	0	0	37.78
17	−1	−1	0	69.90

3. 方程建立及变量分析

采用 Design Expert 9.0 对上表中 Box-Behnken 试验数据进行回归分析,复合抑制剂对苹果汁的褐变试验一共 17 组,得到的苹果汁褐变率(Y)的多元二次方程如下:

$$Y = 75.62 - 0.31X_1 - 11.94X_2 + 0.19X_3 - 9.15X_{12} - 5.51X_{13} - 0.55X_{23} - 11.67X_1{}^2 - 15.24X_2{}^2 - 16.59X_3{}^2$$

此回归方程可在编码因素方面用作预测响应面每个因素的水平。默认高水平因素编码为 1,低水平因素编码为 −1。编码的回归方程在通过比较因素的回归系数来鉴别因素的相关影响方面非常有用。

由表 4-12 方差分析结果可知,本试验所选用的二次多项模型 F 值为 11.18,表明此模型具有显著性。只有 0.22% 的概率使 F 值产生噪声。P 值>F 值小于 0.050 0 时表明此模型是显著的。在这种情况下,X_2,X_1X_2,X_1^2,X_3^2,X_2^2 是显著的模型条件。值大于 0.100 0 表明此模型不显著。失拟项 F 值为 6.12 表明失拟项相对于纯误差不显著,有 5.63% 的概率使失拟项 F 值产生噪声。

表 4-12　响应面回归模型方差分析

方差来源	平方和	自由度	均方	F 值	P 值
模型	4 617.45	9	513.05	11.18	0.001 2
X_1	0.75	1	0.75	0.016	0.901 8
X_2	1 140.27	1	1 140.27	24.85	0.001 6
X_3	0.30	1	0.306	646.2	0.938 21
X_1X_2	335.07	1	335.07	7.30	0.030 5
X_1X_3	121.22	1	121.22	2.64	0.148 1
X_2X_3	1.21	1	1.21	0.026	0.875 6
X_1^2	573.21	1	573.21	12.49	0.009 5
X_2^2	977.64	1	977.64	21.31	0.002 4
X_3^2	1 158.19	1	1 158.19	25.24	0.001 5
残差	321.15	7	45.88		

续表 4-12

方差来源	平方和	自由度	均方	F 值	P 值
失拟项	263.68	3	87.89	6.12	0.0563
纯误差	57.47	4	14.37		
总离差	4 938.60	16			
	$R_{Adj}^2 = 0.8514$			$R^2 = 0.9350$	

其校正决定系数 (R_{Adj}^2) = 0.8514,表示有 85.14% 的添加复合抑制剂的果汁褐变抑制率能由此模型解释;相关系数 (R^2) = 0.9350,表示添加复合抑制剂的果汁褐变抑制率的实测与预测值之间有比较好的拟合度,"信噪比"是测量信号的噪声比,噪声比大于 4 为期望值,在此值为 9.298 表明有充足的信号,此模型可以被用来设计空间模型。综上所述,此模型可用于添加复合抑制剂的果汁褐变抑制率的分析和预测。

4. 交互作用分析

由图 4-21 可直接看出各因素对褐变抑制率的影响及其变化趋势,并可找出最佳参数,从图中可以看出在所选的范围内有极值出现,而且回归模型确实存在最大值。由图 4-21A 可看出,褐变抑制率随着曲酸和 L-半胱氨酸含量的增加而增加,曲酸含量在 0.16% 时对苹果汁的褐变抑制率达到最大值,之后开始下降,L-半胱氨酸对褐变抑制率的影响较小,而乳清分离蛋白对褐变抑制率的影响较明显。由图 4-21B 可得,褐变抑制率随 L-半胱氨酸和乳清分离蛋白的上升而增加,在 L-半胱氨酸含量在 0.13%,褐变抑制率最大,且乳清分离蛋白对褐变抑制率的影响较大。由图 4-21C 可知,褐变抑制率随乳清分离蛋白和 L-半胱氨酸的上升而增加,在乳清分离蛋白含量在 0.25%,L-半胱氨酸含量在 0.13% 时有最大值。且随着乳清分离蛋白和 L-半胱氨酸含量的增加对褐变抑制率的影响减弱。比较图 4-21A 图 4-21C,可知乳清分离蛋白对褐变抑制率的影响最大,表现为曲线相对较陡,其次是曲酸,最后是 L-半胱氨酸。

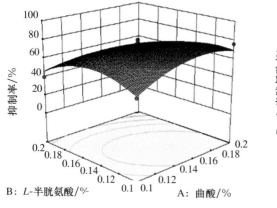 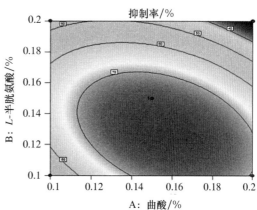

(A) 曲酸和 L-半胱氨酸对褐变抑制率的影响

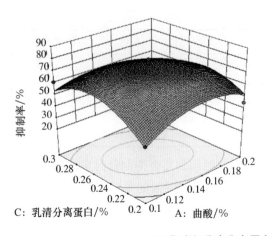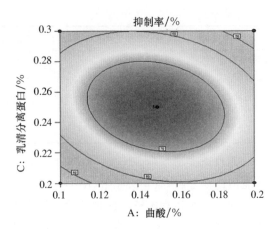

(B)曲酸和乳清分离蛋白对褐变褐变抑制率的影响

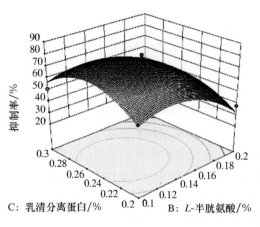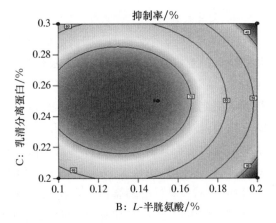

(C)L-半胱氨酸和乳清分离蛋白对褐变抑制率的影响

图 4-21　各个因素对褐变抑制率的响应面和等高线图

根据响应面二次多元回归模型进行参数最优分析,抑制苹果汁褐变的复合抑制剂的最佳工艺条件为 0.16% 的曲酸、0.13% 的 L-半胱氨酸和 0.25% 的乳清分离蛋白,在此条件下对苹果汁褐变的抑制率为 78.22%($P<0.05$)。

5．验证响应面优化复合抑制剂的最佳条件

在复合抑制剂的最佳条件下(0.16% 的曲酸、0.13% 的 L-半胱氨酸和 0.25% 的乳清分离蛋白),对苹果汁褐变的抑制率达 77.87%($P<0.05$),与预测抑制率 78.22% 接近。

四、结论

本节从寒富苹果汁原汁宏观颜色变化入手,粗提了多酚氧化酶(PPO),探究了寒富苹果中 PPO 的最佳条件。最适 pH 为 7.2,最佳温度为 30℃。然后对 5 种天然单一抑制剂包括曲酸、L-半胱氨酸、乳清分离蛋白和柠檬酸以及 β-环糊精对寒富苹果汁褐变的抑制作用进行了比较,结果表明,高浓度的柠檬酸虽然能够抑制寒富苹果汁的褐变,但过多酸的加入改变了果汁的风味品质。β-环糊精对苹果汁褐变的抑制效果一般。曲酸浓度在 0.1～0.2 g/mL 期间、L-半胱氨酸浓度在 0.1～0.2 g/mL、乳清分离蛋白浓度在 0.2～0.3 g/mL 对寒富苹果汁褐变的抑制效果较好,且各有其优越性。固将其作为复合抑制剂的进一步优化条件。

以曲酸、L-半胱氨酸和乳清分离蛋白为 3 种抑制剂来抑制寒富苹果汁的褐变,利用 Design-Expert 9.0 软件采用响应面法优化了将 3 种抑制剂组合成复合抑制剂的最佳条件,最后得到最佳复合抑制剂组成为:曲酸含量为 0.16%,L-半胱氨酸含量为 0.13%,乳清分离蛋白含量为 0.25%,在此条件下对苹果汁的褐变抑制率可达 78% 左右($P<0.05$),实际值与预测值的吻合率达到 97.25%。

第四节　超高压对寒富苹果汁 PPO 的抑制作用的研究

关于超高压影响酶活性的研究日益增多,陶敏等(2013)研究得出在压力不断增高的情况下鲜菠萝汁中的菠萝蛋白酶先下降随后上升。在 20℃、300 MPa、保压时间 10 min 的条件下相对酶活增至 1.2 倍,低压条件下酶的活性被激活。Angela(2011)指出苹果汁在 300 MPa 下营养价值和品质得以较好的保留。江俊(2010)在对于引起果汁酶促褐变的 PPO 研究方面指出,树莓的 PPO 随着压力的升高酶的活性越来越低。600 MPa 保压 10 min 后剩余酶活力为 40.98%。本实验通过响应面法优化对寒富苹果汁中多酚氧化酶抑制效果最好的压力、温度、保压时间,进而测定该条件下对果汁 PPO 的抑制。

一、材料与方法

(一)材料和主要试剂

寒富苹果由沈阳农业大学园艺学院提供。

β-环糊精、曲酸、L-半胱氨酸、乳清分离蛋白:北京鼎国昌盛生物技术有限责任公司;乙酸、邻苯二酚、柠檬酸:国药集团化学试剂有限公司。

(二)主要仪器与设备

PHS-3C 型精密 pH 计:上海精密仪器厂;电子天平:上海越平科学仪器有限公司;UV-1600 紫外可见分光光度计:北京瑞丽分析仪器有限公司;恒温水浴锅:上海乔跃电子有限公司;榨汁机:九阳家电有限公司;色差仪:深圳市三恩驰科技有限公司;台式高速离心机:湖南离心机仪器有限公司。

二、试验方法与设计

(一)试验方法

1. 粗酶液的提取与测定

方法同第三节方法。

其中 PPO 酶活抑制率 $=(\Delta OD_0-\Delta OD_R)/\Delta OD_0$,其中 ΔOD_0 为苹果原汁 ΔOD,ΔOD_R 为超高压处理后的 ΔOD。

2. 苹果汁中的菌落数的测定

菌落数总数的测定用 GB 4789.2—2010 规定的方法。用 Weibull 模型分析灭菌情况,和 Buzrul 等(2005)研究,杀菌效果可用菌残活率 A 来表示,按照计算公式(6)计算。

$$\lg A = \lg(B/B_0) \qquad (6)$$

3. 苹果汁 pH 的测定

pH 的测定用 GB/T 12143—2008 饮料通用分析方法。

4. 苹果汁可溶性固型物含量的测定

方法同第三节可溶性固形物测定方法。

5. 苹果汁颜色的测定

方法同第三节颜色测定方法。

(二)试验设计

1. 超高压实验设计

将寒富苹果去皮,切块,榨汁,过滤,灌装在 100 mL 容量的聚乙烯塑料瓶内。设定压力、时间、温度参数。

2. 单因素试验

将苹果汁真空密封于 100 mL 聚乙烯塑料瓶中,待容器温度升至一定温度后,将样品放入容器中,2 min 后分别加压至一定压力下,保压一定时间后取出苹果汁,加入 1.5% 的 PVPP 搅拌 5 min 后对苹果汁进行粗酶液的提取,并在 400 nm 波长下对粗酶活进行测定。

3. 响应面分析因素水平的设计

在单因素试验基础上,利用 Box-Behnken 中心组合方法进行三因素三水平试验设计,以保压时间(X_1)、温度(X_2)和压力(X_3)为自变量,分别以 1、0、−1 代表各自变量的高、中、低水平,以粗酶液酶活(Y)为响应值,设计响应面分析试验。根据单因素试验结果设定响应面试验保压时间取值范围为 5～15 min、容器温度为 20～40℃、压力为 300～500 MPa,各因素水平编码见表 4-13。

表 4-13　Box-Behnken 中心组合试验因素水平编码

水平编码	X_1 保压时间/min	X_2 温度/℃	X_3 压力/MPa
−1	5	20	300
0	10	30	400
1	15	40	500

三、结果与分析

(一)超高压处理对寒富苹果汁菌落总数的影响

由图 4-22 和图 4-23 可知,压力大小和保压时间对菌落总数有着不小的影响。当压力越来越大,保压时间越来越差长时,菌落总数都会呈明显下降趋势。未经超高压处理的初菌落总数为 1 075 CFU/mL。由图 4-23 可知,600 MPa 压力组菌落总数在不同时间下比 200 MPa 压力组分别低 2.05、2.03、1.77、1.28、1.40 个对数。600 MPa 下菌落总是可减少 92%($P<0.05$)。由图 4-23 可知,压力为 100 MPa 时,杀菌效果持续不佳。压力为 200 MPa 时,在保压时间达到 20 min 后,才可呈现杀菌效果。压力达到 500 MPa,25 min 后;

600 MPa，20 min 后苹果汁中菌落总数小于 100 CFU/mL，达到标准(周国燕等，2010)。

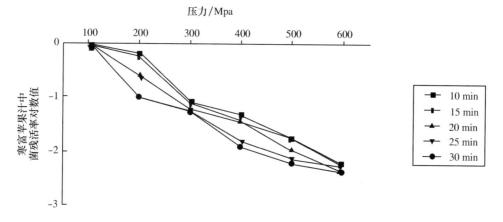

图 4-22　不同压力对寒富苹果汁菌落总数的影响

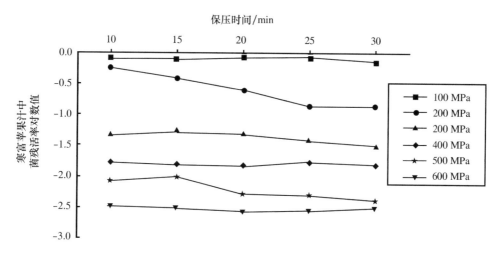

图 4-23　不同保压时间对寒富苹果汁菌落总数的影响

(二)超高压处理对 pH 和 TSS 的影响

pH 和 TSS 是苹果汁重要的理化指标，实验组内选取的寒富苹果汁的 pH＝4.23，TSS 值为11.41°Brix。通过不同超高压处理条件处理后得到表 4-14，发现没有明显变化，说明超高压并没有改变寒富苹果汁的 pH 和 TSS。

表 4-14　不同条件超高压对寒富苹果汁的影响

压力/MPa	保压时间/min，常温	pH	TSS/°Brix
—	—	4.23	11.41
200	5	4.23	11.32
200	15	4.22	11.32
200	25	4.23	11.41

压力/MPa	保压时间/min,常温	pH	TSS/°Brix
400	5	4.23	11.41
400	15	4.24	11.32
400	25	4.22	11.25
600	5	4.23	11.32
600	15	4.23	11.41
600	25	4.24	11.32

(三)超高压处理对寒富苹果汁色泽的影响

由表 4-15 可知超高压(常温)压力条件为 200 MPa、400 MPa、600 MPa,保压时间为 5 min、15 min、25 min,9 种组合下的 L^*,a^*,b^* 值和 ΔE。L^* 值变大表示变亮,相反表示变暗。其中,当处理条件为 200 MPa,5 min;200 MPa,15 min;200 MPa,25 min;400 MPa, 5 min;400 MPa,15 min 时。L^* 值变小,说明超高压一定程度上加快了果汁的褐变,但当处理条件为 400 MPa,25 min;600 MPa,5 min;600 MPa,15 min 时;600 MPa,25 min 时,L^* 值变大,说明该条件处理下可以抑制果汁的褐变。这可能是由于在 200 MPa 下,发生可逆反应,多酚氧化酶的活性被激活,导致颜色变深。但随着压力的升高和保压时间的延长,多酚氧化酶的活性得以抑制,果汁的褐变也得以抑制。这与马善丽(2011)理念相符。在超高压处理后,果汁的 a^* 值均变小,说明果汁在变红。果汁中的 b^* 值均变大,说明果汁在变黄。这可能是由于压力物理作用,导致细胞壁发生破坏,蛋白质发生变化。这与励建荣等(1997)理念相符合。

表 4-15　不同条件超高压对寒富苹果汁色泽的影响

处理方式/(MPa, min)	L^*	a^*	b^*	ΔE
原汁	26.51	2.17	1.10	
200,5	25.41	1.14	2.69	2.19
200,15	25.05	0.94	2.19	2.20
200,25	24.84	0.78	2.09	2.39
400,5	25.95	1.14	3.01	3.07
400,15	24.10	0.65	2.44	3.03
400,25	27.73	1.05	4.86	4.11
600,5	28.18	0.11	2.42	2.96
600,15	28.40	1.00	4.03	3.68
600,25	28.38	0.60	3.29	3.27

注:处理条件均为常温下。

(四)响应面优化超高压对苹果汁 PPO 活性的抑制

1. 压力对苹果汁中 PPO 活性的测定

将经过不同压力处理的苹果汁进行粗酶液的提取,并在 400 nm 波长下对粗酶活进行测定,结果如图 4-24 所示,在容器温度为 40℃、保压时间为 15 min 条件下,400 MPa 的压力对钝化苹果汁中的粗酶活效果最好,故压力选为 400 MPa。

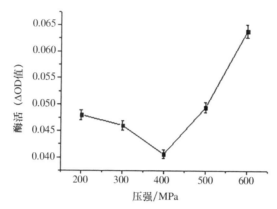

图 4-24　压力对苹果汁中 PPO 活性的影响

2. 保压时间对苹果汁中 PPO 活性的测定

将经过不同保压时间处理的苹果汁进行粗酶液的提取,并在 400 nm 波长下对粗酶活进行测定,结果如图 4-25 所示,在容器温度为 40℃、压力为 400 MPa 条件下,10 min 的保压时间对钝化苹果汁中的粗酶活效果最好,故保压时间选为 10 min。

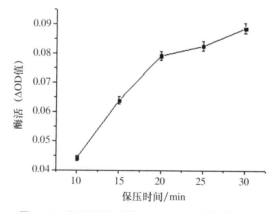

图 4-25　保压时间对苹果汁中 PPO 活性的影响

3. 容器温度对苹果汁中 PPO 活性的测定

将经过不同容器温度处理的苹果汁进行粗酶液的提取,并在 400 nm 波长下对粗酶活性进行测定,结果如图 4-26 所示,在保压时间为 10 min、压力为 400 MPa 条件下,30℃的容器温度对钝化苹果汁中的粗酶活效果最好,故容器温度选为 30℃。

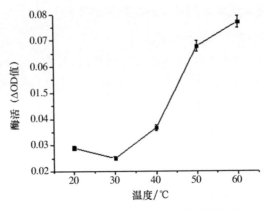

图 4-26　温度对苹果汁中 PPO 活性的影响

4．响应面实验设计及结果

根据 Box-Behnken 实验设计原理,以保压时间、容器温度、压力为自变量,以粗酶液酶活为响应值,设计三因素三水平的响应面分析实验,试验设计及结果见表 4-16,其 17 组独立试验中包括 12 组析因实验和 5 组中心试验。

表 4-16　Box-Behnken 试验设计及结果

组别	X_1	X_2	X_3	Y
1	−1	−1	0	0.056
2	−1	1	0	0.066
3	1	−1	0	0.060
4	−1	0	−1	0.034
5	0	0	0	0.025
6	0	0	0	0.029
7	0	1	1	0.064
8	1	0	1	0.041
9	0	0	0	0.026
10	0	−1	1	0.036
11	0	1	−1	0.045
12	1	1	0	0.083
13	−1	0	1	0.034
14	0	−1	−1	0.044
15	1	0	−1	0.040
16	0	0	0	0.024
17	0	0	0	0.025

5．方程建立及变量分析

采用 Design Expert 9.0 对上表中 Box-Behnken 试验数据进行回归分析,超高压对苹果汁粗酶提取液酶活的抑制试验一共 17 组,得到的粗酶提取液酶活的(Y)多元二次方程如下。

$$Y = 0.045 + 0.096X_1 + 0.011X_2 + 4.275E-003X_3 + 6.400E-003X_{12} + 2.100E-003X_{13} + 0.014X_{23} + 0.060X_1^2 + 0.025X_2^2 - 0.016X_3^2$$

此回归方程可在编码因素方面用作预测响应面每个因素的水平。默认高水平因素编码为 1,低水平因素编码为 -1。编码的回归方程在通过比较因素的回归系数来鉴别因素的相关影响方面非常有用。

由表 4-17 方差分析结果可知,本试验所选用的二次多项模型 F 值为 103.86,表明此模型具有显著性。只有 0.01% 的概率使 F 值产生噪声。P 值>F 值小于 0.050 0 时表明此模型是显著的。在这种情况下,X_1、X_2、$X_1 X_2$、$X_2 X_3$、X_1^2、X_2^2、X_3^2 均是显著性模型。值大于 0.100 0 表明此模型不显著。

方差来源	平方和	自由度	均方	F 值	P 值	显著性
模型	$4.678E-003$	9	$5.197E-004$	103.86	<0.000 1	显著
X_1	$1.095E-003$	1	$1.095E-004$	218.87	<0.000 1	
X_2	$3.154E-004$	1	$3.154E-004$	63.03	<0.000 1	
X_3	$1.218E-005$	1	$1.218E-005$	2.43	0.162 6	
$X_1 X_2$	$4.096E-005$	1	$4.096E-005$	8.19	0.024 3	
$X_1 X_3$	$1.102E-006$	1	$1.102E-006$	0.22	0.653 1	
$X_2 X_3$	$1.850E-004$	1	$1.850E-004$	36.96	0.000 5	
X_1^2	$9.553E-004$	1	$9.553E-004$	190.91	<0.000 1	
X_2^2	$2.671E-003$	1	$2.671E-003$	533.82	<0.000 1	
X_3^2	$6.695E-005$	1	$6.695E-005$	13.38	0.008 1	
残差	$3.503E-005$	7	$5.004E-006$			
失拟项	$2.023E-005$	3	$6.742E-006$	1.82	0.283 0	不显著
纯误差	$1.480E-005$	4	$3.700E-006$			
总离差	$4.713E-003$	16				
	$R_{Adj}^2=0.992\ 6$			$R^2=0.983\ 0$		

失拟项 F 值为 1.82 表明失拟项与纯误差是不相关的,失拟项产生噪声的概率为 28.30%,失拟项非显著性非常好,适合此模型。其校正决定系数(R_{Adj}^2)=0.992 6,表示有 99.26% 的超高压处理对苹果汁粗酶提取液 PPO 活性的抑制能由此模型解释;相关系数(R^2)=0.983 0,表示超高压处理对苹果汁粗酶提取液 PPO 活性的抑制的实测与预测值之间有比较好的拟合度综上所述,此模型可用于添加复合抑制剂的果汁褐变抑制率的分析和预测。且由表 4-17 中 F 值可知各因素对钝化寒富苹果汁粗酶酶活的影响大小依次为:保压时间(X_1)>容器温度(X_2)>压力(X_3)。

第四章 寒富苹果汁酶促褐变的抑制及挥发性香气成分研究

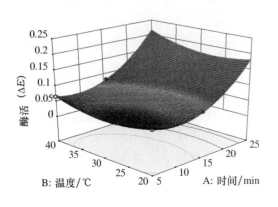
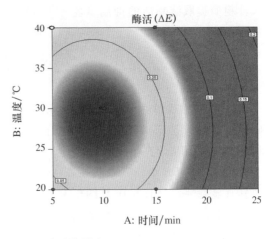

(A)温度和时间对苹果汁 PPO 酶活的影响

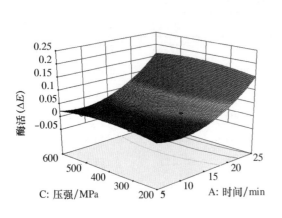
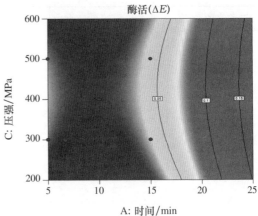

(B)压力和时间对苹果汁 PPO 酶活的影响

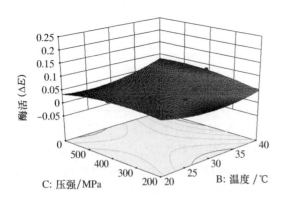
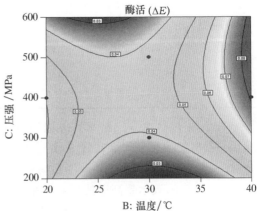

(C)压力和温度对苹果汁 PPO 酶活的影响

图 4-27　各个因素对褐变抑制率的响应面和等高线图

寒富苹果深加工关键理论与技术

由图 4-27(A)所示,当压力一定时,保压时间在 5～25 min 时,苹果汁中 PPO 的酶活随着容器温度的升高缓慢下降又缓慢上升,在 25～30℃出现极值。如图 4-27(B)可知,当容器温度一定时,压力在 200～600 MPa 时,苹果汁中 PPO 的酶活随着保压时间的增加逐渐升高。如图 4-27(C)可知,当保压时间一定时,容器温度以 20℃以下为一个固定值,苹果汁中 PPO 的酶活随着压力的增大缓慢上升后开始缓慢下降,在 350～450 MPa 出现极值;容器温度以 20℃以上为一个固定值,苹果汁中 PPO 的酶活随着压力的增大而逐渐下降。

根据响应面二次多元回归模型进行参数最优分析,超高压钝化寒富苹果汁中 PPO 酶活的最佳条件为保压时间 7 min、容器温度 28℃、压力为 506 MPa,在此条件下超高压钝化寒富苹果汁中 PPO 酶活的效果最佳。

6. 验证响应面优化超高压钝化苹果汁中 PPO 酶活最佳条件

超高压钝化苹果汁中 PPO 酶活的最佳条件为保压时间为 7 min、容器温度为 28℃、压力为 506 MPa。经计算,在此条件下,超高压钝化对苹果汁中 PPO 酶活的抑制率达 64.86%($P<0.05$),与预测值 67.57%相近。

四、结论

超高压处理后的寒富苹果汁,菌落总数降低,达到卫生标准,且合适的压力和保压时间,不会改变苹果汁的理化指标和色泽的变化。

通过不同压力、保压时间处理后对菌落总数对数值的测定,了解到当压力增至 500～600 MPa 时苹果汁内菌落总数降到最低。说明超高压可以起到良好的杀菌效果。

改变超高压处理的压力和保压时间,不会对寒富苹果汁的理化指标产生太大影响,不同组处理后的果汁 pH 还保持在 4.32 左右;TSS 测试值°Brix 也在 11.3 左右。

不同超高压处理会对果汁的色泽产生影响,原因在于不同压力处理下对寒富苹果汁中的 PPO 影响不同。通过不同压力、保压时间处理后对果汁 L^*、a^*、b^*、ΔE 的测量了解到,200 MPa 下,保压时间增加不会抑制果汁的颜色变化,反而会使果汁颜色变深。400 MPa 下,保压时间小于 25 min,果汁的颜色也会变深,25 min 后果汁颜色变浅。600 MPa 下果汁颜色变浅。说明超高压是可以抑制果汁颜色变化的。

超高压仪器的保压时间、容器温度和压力为单因素,利用 Design Expert 9.0 软件采用响应面法优化了超高压抑制寒富苹果汁 PPO 酶活的最佳条件,最后得到最佳条件组成为:保压时间 7 min、容器温度 28℃、压力为 506 MPa,在此条件下超高压化寒富苹果汁中 PPO 酶活的效果最佳。在此条件下,超高压钝化对苹果汁中 PPO 酶活的抑制率达 64.86%($P<0.05$),与预测值 67.57%相近,且实际值与预测值的吻合率达到 98.30%。

第五章　寒富苹果果脯加工工艺技术研究

第一节　概　　述

　　我国是苹果生产大国,年贮藏苹果的能力400万t,占苹果总产量的20％;苹果年加工能力200万t以上。尽管如此,我国每年还有大量的苹果急待消化处理。如何充分利用我国现有的资源优势,大力开展苹果深加工与综合利用技术研究,是充分利用国内过剩苹果、提高产品附加值、延长苹果产业链的必由之路。苹果果脯深加工有效延长了苹果的保质期,并且营养丰富,含有大量的葡萄糖、果糖,极易被人体吸收利用。同时苹果果脯加工工艺简单,生产周期短,成本低,具有巨大的发展潜力和广阔的前景,并可增加苹果的附加值,创造良好的经济效益和社会效益,推动苹果加工产业的发展。

　　寒富苹果果脯制备的原材料寒富苹果,因为其良好的性状和营养特性已经被应用于许多食品深加工中,如被开发制作苹果醋、苹果酒、苹果酱、苹果干,以增加苹果本身的附加值。由于寒富苹果中具有较高的营养价值,同时其果脯具有增进食欲、强身健体的功效,是一种很有发展前景的果脯(丁华,2011)。但寒富苹果果脯的加工工艺方面仍然存在着诸多问题:苹果果脯的含糖量和咀嚼性能需要进一步的改进,苹果果脯酸度的适宜性问题亟待解决(刘晓梅,2004)。本章以寒富苹果为原料,采用一次煮制法加工苹果果脯。选择柠檬酸浓度、煮制糖液浓度、烘干脱水时间、氯化钙浓度进行单因素试验,确定这些因素对寒富苹果果脯总酸度、含糖量、含水量及咀嚼指数的影响,并在此基础上,以含糖量、含水量及咀嚼指数为考察指标,进行四因素三水平的正交试验,通过分析,得出寒富苹果果脯的最佳加工工艺条件。旨在为苹果果脯的加工生产提供一定的理论基础和实践经验。

第二节　寒富苹果果脯加工单因素实验研究

一、材料与方法

(一)材料与试剂

　　寒富苹果,白砂糖,亚硫酸氢钠,柠檬酸,无水氯化钙。

(二)仪器设备

　　DHG-9070A型电热恒温鼓风干燥箱,干燥器,ALC-210.2型电子天平,TPA质构分析仪,HH-数显恒温水浴锅,调温电炉。

(三)试验方法

1. 寒富苹果果脯的加工工艺流程

原料(寒富苹果)→清洗→去皮→切块→0.1～0.3%CaCl₂溶液硬化→0.2%浸硫处理→35%～40%糖液的配制→糖液煮制约1 h(煮制之前需加入柠檬酸)→浸渍约12 h→果块沥糖后置于烘盘→烘干脱水20～30 h→成品。

2. 寒富苹果果脯制备的单因素试验

配制0.1%、0.2%、0.3%的CaCl₂溶液对果块进行硬化及浸硫,加入0.25%、0.5%、0.6%柠檬酸,在35%、40%、50%糖液下煮制约1 h,之后再浸糖约12 h,沥糖后置于恒温干燥箱中65℃脱水烘干20 h、25 h、30 h,取出,待测。

二、结果与分析

试验考察了柠檬酸添加量、煮制糖液浓度、烘干时间、CaCl₂浓度对寒富苹果果脯品质的影响。

(一)柠檬酸添加量与酸度的相关性分析

柠檬酸属于有机酸,在煮制过程中加入一定量的有机酸可以调整糖液的pH,控制糖液的总酸度即可控制还原糖的比例。生产出的果脯中还原糖含量需要满足一定的比例方可保证果脯的质量稳定,但是还原糖含量又不易偏低或偏高。为确定柠檬酸添加量与产品总酸度的关系,现将0.1% CaCl₂、35%煮制糖液浓度、烘干时间为25 h的条件下不同柠檬酸添加量对应的总酸度作图5-1。

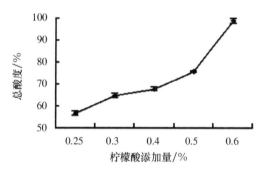

图5-1 柠檬酸添加量对总酸度的影响

由图5-1可知,当CaCl₂浓度、煮制糖液浓度和烘干时间一定时,柠檬酸的添加量与产品中总酸度具有相关关系,随着柠檬酸添加量的增加,产品的总酸度不断增大。当柠檬酸添加量较少时,对总酸度的影响较小,上升趋势比较缓慢,柠檬酸添加量达到0.5%时,总酸度开始有明显的上升趋势,对总酸度的影响较大,故此时柠檬酸添加量最合适,当柠檬酸添加量为0.6%时,总酸度接近100%,此时说明添加的柠檬酸过多,还原糖含量占总糖含量的比例偏高,所以柠檬酸的添加并不是越多越好。

若不添加柠檬酸,还原糖占总糖的比例很小,产品会出现流糖或是返砂的现象,除此之外产品的滋味会偏甜,不符合低糖的健康饮食,不能得到消费者的青睐,可见柠檬酸添加的重要性和必要性。当煮制糖液浓度和烘干脱水时间改变时,柠檬酸的添加量也可以适当增加或减少。综上所述,当柠檬酸添加量为0.5%时,能够保证还原糖含量占总糖含量的比例合适,酸度适宜,从而使产品更加稳定。

(二)煮制糖液浓度与总糖含量的相关性分析

煮制糖液浓度的研究是确定果脯产品含糖量指标分析的重点,为了能够更加准确地得到果脯最适宜的含糖量,采取单因素试验的方法,将含糖量作为检测指标。煮制糖液浓度能够影响产品的还原糖含量、总糖含量和还原糖占总糖的含量,产品中还原糖的含量会直接影响果脯产品的甜度和口感,由于现今消费者对合理健康饮食的观念逐渐形成,大多数消费者都倾向购买低糖类及营养的食品,所以果脯产品在保证甜度、口感和保质期的前提下,总糖含量不易过高,而还原糖占总糖的含量更是保证果脯产品稳定的重要指标。

据研究表明,果脯的"返砂"现象就是由于还原糖占总糖比例过低,致使产品表面或内部产生蔗糖结晶,"返砂"现象是果脯产品经常出现的一类问题,为避免此类现象,必须使还原糖占总糖含量比例恰当,因此,我们需要研究确定适合的煮制糖液浓度。

为确定煮制糖液浓度与产品总糖含量的关系,现在0.1% $CaCl_2$、0.5%柠檬酸添加量、烘干时间为25 h的条件下不同煮制糖液浓度对应的总糖含量作图5-2。

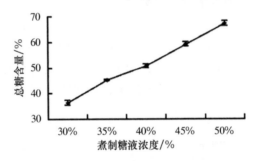

图5-2 煮制糖液浓度对总糖含量的影响

由图5-2可知,随着煮制糖液浓度的增加,加工的果脯总糖含量不断增加。煮制糖液浓度小于35%时随着煮制糖液浓度的增加,总糖含量快速增加,可能随着糖液浓度的增加,更多的还原糖未被还原,使得产品甜度偏高,出现返砂的现象,当浓度大于40%时,虽然总糖的含量增加速度减慢,但是总糖的含量却大大超出低糖果脯的总糖含量范围,这使得果脯甜度严重偏离并且可能也会产生返砂现象。低糖果脯的总糖含量为40%~55%,而当煮制糖液浓度大于38%左右时,都超出了此范围,因此,当煮制糖液浓度为35%时,产品中总糖的含量比较适宜,能够更好地保证果脯产品的甜度和口感及其稳定性(李小华,2014)。

(三)烘干时间与产品含水量的相关性分析

寒富苹果果脯的含水量会直接影响产品的质地、口感和储藏,含水量偏高,产品不易储藏,而且产品质地较为柔软影响口感,含水量偏低,产品硬度太大,口感极其不佳。由于烘箱设备在温度设定后,烘烤温度会因为烘箱内部温度的变化在一定范围内上下波动,所以把烘箱的温度设定在65℃,保证烘烤温度为60~70℃,产品含水量达到15%~20%时,苹果果脯的质地和口感最为适宜(汪文浩,2014)。

为了能够更加准确地分析烘干时间与含水量之间的关系,确定含水量最适宜时所需的烘干时间,进行如下的单因素分析,现在将不同烘干时间对应的含水量作图5-3。

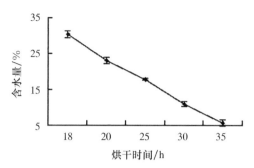

图 5-3　烘干时间对含水量的影响

由图 5-3 分析可知,烘干时间与含水量呈近似幂次关系,烘干时间越长,产品含水量越低,即产品含水量随烘干时间增加而降低,同时,随着烘干时间增加,含水量降低的速度逐渐减慢,当含水量降低到 15% 以下时,含水量的变化非常缓慢,烘干时间达到 30 h 后,寒富苹果果脯基本达到脱水状态。含水量的测定采用的是直接干燥法,所以烘干时间达到 30 h 后,产品质量基本不再变化。经过误差分析后得出,当烘干时间为 25 h,产品含水量为 17.84%,与适宜含水量 15%~20% 最接近,所以浸渍后的苹果果块应在 65℃ 烘烤 25 h,以达到适宜含水量,得到最佳成品。

三、结论

(1)煮制时,柠檬酸添加量较少时,对还原糖占总糖含量影响较小,酸度不足;柠檬酸添加量达到 0.25% 时,开始对总酸度影响较小;柠檬酸添加量为 0.5% 时,总酸度最合适;柠檬酸添加量大于 0.5% 后,总酸度的含量偏高,影响果脯的口感。

(2)煮制糖液浓度是影响总糖含量的最主要因素之一,当煮制糖液浓度为 35% 时,可以使总糖含量适宜,符合消费者低糖、健康的饮食观念。

(3)烘干时的时间越长,含水量越低,即果脯的含水量随烘干时间增加而降低,同时,随着烘干时间增加,含水量降低的速度减缓。当浸糖后的寒富苹果果块在 65℃ 下烘干 25 h 时,可以使其达到最适宜的含水量(15%~20%)。

第三节　寒富苹果果脯加工最佳工艺条件研究

一、材料与方法

(一)材料与试剂
同本章第二节。

(二)仪器设备
同本章第二节。

(三)试验方法

1.寒富苹果果脯的加工工艺流程
同本章第二节。

2．寒富苹果果脯制备的单因素试验

同本章第二节。

3．寒富苹果果脯制备的正交试验

在单因素试验基础上，选取柠檬酸添加量、煮制糖液浓度、烘干时间、$CaCl_2$ 浓度为考察因素（自变量），以寒富苹果果脯的总糖含量、含水量、咀嚼指数为考察指标，设计了四因素三水平的正交试验，优化工艺参数，找出最佳的工艺操作条件，对寒富苹果果脯制备工艺进行研究。设定方案见表 5-1。

表 5-1　正交试验因素水平编码表

| 水平 | 因　　素 | | | |
| | A | B | C | D |
	$CaCl_2$ 浓度/％	烘干时间/h	柠檬酸添加量/％	煮制糖液浓度/％
1	0.3	20	0.25％	35％
2	0.2	25	0.5％	40％
3	0.1	30	0.6％	50％

二、结果与分析

（一）寒富苹果果脯的感官鉴评

按照正交试验设计的条件加工寒富苹果果脯，得到 9 组产品，将产品进行感官评价，感官评价严格按照国家标准进行，苹果脯的感官评定标准见表 5-2。

表 5-2　苹果脯的感官评定标准

项目	要　　求
色泽（20 分）	浅黄、橙黄或黄绿，基本一致，有透明感
滋味及气味（30 分）	甜酸适口，具有原果味，无异味
组织与形态（30 分）	块形完整、基本一致，组织饱满，质地柔软、有韧性，不定糖、不流糖
杂质（20 分）	不允许有外来杂质

对四因素三水平共 9 个正交试验进行感官鉴评，评分见表 5-3。

表 5-3　苹果脯的感官鉴评结果

组数	色泽	滋味及气味	组织与形态	杂质	总分
1	18	15	25	15	73
2	18	15	25	14	72
3	18	19	20	16	73
4	18	25	24	18	85
5	18	18	22	13	71

组数	色泽	滋味及气味	组织与形态	杂质	总分
6	18	25	21	12	76
7	18	8	28	11	65
8	18	5	28	9	60
9	18	7	25	10	60

由表 5-3 可知,第 4 组试验得到的感官鉴评分数最高,即初步通过对消费者的调查可知,第 4 组的产品呈现浅黄色,基本一致并有透明感;甜酸适口,具有苹果的果味无其他异味;块形完整、基本一致,组织较为饱满,质地柔软、有嚼劲,不流糖;无外来杂质等诸多特点,故可以通过感官鉴评大致判断第 4 组的加工工艺条件能够生产出最佳的苹果果脯。

(二)$CaCl_2$ 浓度及烘干时间与产品咀嚼指数的相关性分析

$CaCl_2$ 用于保持苹果果块硬度,$CaCl_2$ 溶液浓度的研究是确定果脯产品咀嚼指数指标分析的重点,为了能够更加准确的得到最适宜的咀嚼指数,烘干时间的分析也非常重要。$CaCl_2$ 溶液的浓度及烘干时间两个因素是影响产品咀嚼指数的主要因素,产品的咀嚼指数直接影响果脯产品质地及口感,由于现今消费者对食品的日渐重视,大多数消费者都倾向购买口感佳的食品,所以果脯产品在保证甜度、口感和储藏期的前提下,咀嚼性也要求良好(张海燕等,2013)。因此,我们需要研究确定适合的 $CaCl_2$ 溶液浓度及烘干时间。

为确定适宜的 $CaCl_2$ 溶液浓度及烘干时间进行正交试验,以咀嚼指数作为指标,其试验结果见表 5-4。

表 5-4　咀嚼指数的正交试验设计与结果

试验号	因素				咀嚼指数 /N
	A	B	C	D	
1	1	1	1	1	0.21
2	1	2	2	2	0.95
3	1	3	3	3	1.03
4	2	1	2	3	1.15
5	2	2	3	1	1.21
6	2	3	1	2	1.34
7	3	1	3	2	2.13
8	3	2	1	3	2.87
9	3	3	2	1	2.92
K_1	2.19	3.49	4.42	5.87	
K_2	3.70	5.03	6.55	4.42	
K_3	7.62	4.99	4.37	5.05	

试验号	因素				咀嚼指数 /N
	A	B	C	D	
k_1	0.73	1.16	1.47	1.96	
k_2	1.23	1.68	2.18	1.47	
k_3	2.54	1.66	1.46	1.68	
R	5.43	1.54	2.18	1.45	

由表 5-4 可以看出试验中的两个因素对咀嚼指数指标的影响程度为 A＞B,即 $CaCl_2$ 浓度对咀嚼指数的影响大于烘干时间。由于以上浓度和烘干时间均能使产品具有良好的咀嚼性,所以应选择咀嚼度最适宜的组合。从 K 的最大值中可以得出最佳组合为 A_3B_2,即 $CaCl_2$ 浓度为 0.1％,烘干时间为 25 h,同时能够保证良好的咀嚼性(2.87 N)。通过表 5-5 的方差分析可知,因素 A 即 $CaCl_2$ 浓度对咀嚼指数的影响是显著的,因素 B 即烘干时间对咀嚼指数的影响也是显著的,两种因素对指标的影响主次顺序为 A、B,故可以得出果脯的咀嚼指数是由 $CaCl_2$ 溶液浓度决定的。

表 5-5　咀嚼指数的正交试验结果的方差分析

方差来源	SS	f	MS	F	F_a	显著性水平
因素 A	9.78	2	4.89	13.97	$F_{0.05(2,4)}$	＊＊
因素 B	1.85	2	0.93	2.66	＝6.94	＊＊
误差 e	1.39	4	0.35		$F_{0.01(2,4)}$	
总和 T	13.02	8			＝18.00	

为了达到更好的硬化效果和咀嚼效果可以适当增大 $CaCl_2$ 溶液的浓度,但是经试验得出,并不是溶液浓度越大就能得到更好的硬化效果及咀嚼性,当溶液达到一定浓度后,继续增大溶液浓度并不能得到更好的效果,甚至有可能使苹果果块在制成成品后变得极硬,得到的结果适得其反。

三、结论

(1)通过感官测评可得出结论,当 $CaCl_2$ 浓度为 0.2％,烘干 20 min,柠檬酸添加量为 0.5％,煮制糖溶液浓度为 50％时,所制果脯呈浅黄色,质量均匀并有透明感,甜酸适口,具有苹果的果味无其他异味,块形完整、基本一致,组织较为饱满,质地柔软、有嚼劲,不流糖,无外来杂质,该加工工艺条件是生产苹果果脯的最适条件。

(2)果块硬化时的 $CaCl_2$ 浓度对果脯咀嚼指数的影响大于烘干时间,当 $CaCl_2$ 浓度为 0.1％,烘干时间为 25 h 时,既能保证对苹果果块的硬化效果,同时又能保证含水量最适宜,并且具有良好的咀嚼性。

第四节 寒富苹果果脯的主要指标参数测定分析

一、材料与方法

(一)材料与试剂

寒富苹果,白砂糖,亚硫酸氢钠,柠檬酸,无水氯化钙。

(二)仪器设备

DHG-9070A 型电热恒温鼓风干燥箱,干燥器,ALC-210.2 型电子天平,TPA 质构分析仪,HH-数显恒温水浴锅,调温电炉。

(三)试验方法

1. 寒富苹果果脯的加工工艺流程

原料(寒富苹果)→清洗→去皮→切块→0.1～0.3% $CaCl_2$ 溶液硬化→0.2%浸硫处理→35%～40%糖液的配制→糖液煮制约 1 h(煮制之前需加入柠檬酸)→浸渍约 12 h→果块沥糖后置于烘盘→烘干脱水 20～30 h→成品。

2. 酸度的测定

根据食品中有机弱酸在用标准碱液滴定时,可被中和生成盐类。故以酚酞作指示剂,采用滴定法分别测定当滴定至终点(pH=8.2,指示剂显红色)时,不同柠檬酸添加量生产出的苹果果脯耗用标准碱液的体积,可计算出果脯中总酸含量。

将样品用粉碎机或高速组织捣碎机捣碎并混合均匀。取适量样品(按其总酸量而定),用 15 mL 无 CO_2 蒸馏水将其移入 250 mL 容量瓶中,在沸水浴上加热 1 h,冷却后定容,用干燥滤纸过滤,弃去初始滤液 25 mL,收集滤液备用。

准确吸取上述制备滤液 50 mL,加入酚酞指示剂 3～4 滴,用 0.1 mol/L NaOH 标准溶液滴定至微红色 30 s 不褪,记录消耗 0.1 mol/L NaOH 标准溶液体积。

总酸度的计算公式为

$$总酸度 = \frac{cVK}{m(V)} \times \frac{V_0}{V_1} \times 100\%$$

式中,

c—标准 NaOH 溶液的浓度,mol/L;

V—滴定消耗标准 NaOH 溶液的体积,mL;

$m(V)$—样品质量或体积,g 或 mL;

V_0—样品稀释液总体积,mL;

V_1—滴定时吸取的样液体积,mL;

K—换算为主要酸的系数,即 1 mmol NaOH 相当于主要酸的克数。

3. 总糖含量的测定

根据 GB/T 10782—2006,先用葡萄糖标准溶液标定碱性酒石酸铜溶液

$$A = m \times \frac{V}{250}$$

式中,

A—相当于 10 mL 斐林氏甲及乙混合液的葡萄糖的质量,g;

m—葡萄糖的质量,g;

V—滴定时所消耗葡萄糖溶液的体积,mL;

250—葡萄糖稀释液的总体积,mL。

之后称取 200 g 可食部分样品,剪碎、切碎或捣碎,充分混匀,装入干燥的磨口样品瓶内。称取处理好的试样 10 g,加水浸泡 1～2 h,放入高速组织捣碎机中,加少量水捣碎,全部转移到 250 mL 容量瓶中,用水定容至刻度,摇匀,过滤,滤液备用。

准确吸取 10.00 mL 滤液于 250 mL 三角瓶中,加水 30 mL,加入盐酸 5 mL,置于水浴锅中,待温度升至 68～70℃时,计算时间共转化 10 min,然后用流水冷却至室温,全部转移到 250 mL 容量瓶中,加 0.001 g/mL 甲基红指示剂 2 滴,再用 0.3 g/mL 氢氧化钠溶液中和至中性,用水稀释至刻度,摇匀,注入滴定管中备用。

预备实验:用移液管吸取斐林氏甲、乙液各 5.00 mL 于 150 mL 三角瓶中,在电炉上加热至沸腾,从滴定管中滴入转化好的试液至蓝色变为浅黄色,即为终点,记下滴定所消耗试液的体积。

正式试验:取斐林氏甲、乙液各 5.00 mL 于 150 mL 三角瓶中,滴入转化好的试液,较预备试验少 1 mL,加热沸腾 1 min,再以每分钟 30 滴的速度滴入试液至终点,记下所消耗试液的体积,同时平行操作两次。

试样中总糖(以葡萄糖计)含量的计算公式:

$$X_1 = A \times \frac{6\,250}{m \times V} \times 100$$

式中,

X_1—试样中总糖(以葡萄糖计)含量,g/100 g;

A—10 mL 斐林氏混合液相当于葡萄糖的质量,g;

m—试样的质量,g;

V—滴定时消耗试液的体积,mL。

4. 含水量的测定

根据 GB 50093—2010,采用直接干燥法,称取 2～10 g 试样(精确至 0.000 1 g),将样品磨细后至于称量瓶中,在 101～105℃下进行干燥后,干燥 2～4 h,取出放入干燥器内冷却 0.5 h 后称重,然后再放入 101～105℃干燥箱中干燥 1 h 左右,取出,放入干燥器内冷却 0.5 h 后再称重,并重复以上操作至前后两次质量差不超过 2 mg,即为恒重。计算水分含量。

试样中水分含量的计算公式为

$$X = \frac{m_1 - m_2}{m_1 - m_3} \times 100\%$$

式中,

X—试样中水分的含量,g/100 g;

m_1—称量瓶和试样的质量,g;

m_2—称量瓶和试样干燥后的质量,g;

m_3—称量瓶的质量,g。

5．咀嚼指数的测定

利用质构仪对产品进行咀嚼指数的测定,得到苹果果脯的咀嚼指数。

第六章　寒富苹果果粉加工工艺技术研究

第一节　概　　述

苹果是当今世界最重要的水果之一,分布广泛,品种繁多,具有很高的营养价值和经济价值。中国拥有丰富的苹果资源,是我国为数不多的占据国际市场竞争优势的农产品。但由于我国的苹果采后储藏保鲜与精深加工能力还相对落后,因此造成了大量的苹果资源的浪费,减少了经济收益。所以,苹果的多元化加工是实现未来我国苹果产业从鲜食为主向鲜食与加工并举的重要途径。本试验所研究的寒富苹果粉正是苹果深加工产品之一,通过本试验初步研究,能够对前人研究的苹果粉制备工艺参数进行优化处理,并对工业化喷雾干燥制取苹果粉提供一定理论依据与技术参考。对未来寒富苹果粉的工业化大范围生产制备具有一定的意义。

第二节　寒富苹果果粉加工单因素实验研究

一、材料与设备

(一)材料与主要试剂

寒富苹果由沈阳农业大学园艺学院提供;麦芽糊精:北京鼎国昌盛生物技术有限责任公司;果胶酶:湖南鸿鹰祥公司。

维生素 C:石药集团维生药业;柠檬酸、苹果酸:辽宁邦多科技有限公司。

(二)主要仪器与设备

手持式数显糖度仪:成都泰华光学仪器有限公司;电子天平:上海越平科学仪器有限公司;恒温水浴锅:上海乔跃电子有限公司;恒温鼓风干燥箱:上海精宏实验设备有限公司;小型喷雾干燥机:上海沃迪机械有限公司;榨汁机:九阳股份有限公司。

二、试验方法

(一)寒富苹果粉制备工艺流程

原料→洗净、去核→榨汁→预处理→澄清→加助干剂→喷雾干燥→果汁粉。

(二)寒富苹果粉制备预处理

1.苹果汁制备

选取新鲜的寒富苹果,洗净之后,剔除果蒂、果核等不可食部分并切成大块。切块后的苹果暂时放在溶有维生素C的水中。苹果块不宜切得过小,防止其与空气接触的表面积过大从而增大褐变程度。切块之后的苹果块应尽快用榨汁机进行榨汁,在榨出的苹果汁中加入维生素C以降低其氧化程度。维生素C的添加量为苹果汁的0.2%。再向苹果汁中加入苹果酸与柠檬酸的复合酸以增加其抗氧化性能,同时还能增加苹果汁的酸度,使喷雾之后的苹果粉风味更佳。苹果酸与柠檬酸的添加量均为苹果汁的0.3%。

2.苹果汁澄清

参考已有研究结果所知,果胶酶澄清苹果汁的工艺条件为:果汁自然pH,果胶酶用量500 U/L,酶解温度和时间分别为45℃和1 h。本试验采用的是30 000 U/mL的果胶酶,需先经稀释到最适合的浓度,然后在45℃的果胶酶最适温度下,置于水浴锅水浴60 min后取出,并过80目筛子,除去筛上物,即可得到较澄清的果汁。

(三)不同麦芽糊精添加量对苹果粉物理性质及得率的影响

在喷雾干燥试验确定的参数为:进风温度180℃,出风温度80℃,进料浓度为16%,蠕动泵流量500 mL/h的条件下,以不同的麦芽糊精添加量为水平,以苹果粉的得率与物理性质为指标进行单因素试验,从而确定麦芽糊精的添加量。麦芽糊精的添加量分别为10%、15%、20%、25%、30%。

(四)不同的喷雾干燥参数对苹果粉物理性质及得率的影响

在确定了麦芽糊精的添加率之后,按照所得结果添加麦芽糊精。选取不同的进风温度(150℃、160℃、170℃、180℃、190℃),进料浓度(10%、12%、14%、16%、18%)以及蠕动泵流速(400 mL/h、450 mL/h、500 mL/h、550 mL/h、600 mL/h)水平进行喷雾干燥的单因素实验,通过对测定的苹果粉物理性质,喷雾干燥过程中的黏壁特性等指标的比较,确定最佳的进风温度,出风温度,蠕动泵流速。

三、结果与分析

(一)不同麦芽糊精添加量对苹果粉物理性质及得率的影响

在喷雾干燥试验确定的参数为:进风温度180℃,进料浓度为16%,出风温度80℃,蠕动泵500 mL/h的条件下,以不同的麦芽糊精添加量为水平,以苹果粉的得率与感官性质为指标进行单因素试验,得到表6-1和图6-1。

表6-1　不同麦芽糊精添加量对寒富苹果粉感官性质的影响

麦芽糊精的添加量/%	风味
10	苹果味浓郁,色泽金黄
15	苹果味浓郁,色泽金黄
20	苹果味比较浓郁,色泽较黄
25	苹果味比较淡,色泽较黄
30	苹果味较淡,有糊精味,色泽浅黄

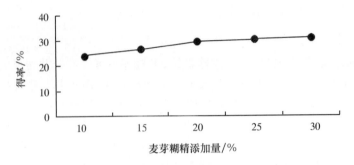

图 6-1　不同麦芽糊精添加量对寒富苹果粉得率的影响

从表 6-1 和图 6-1 可以看出来,随着麦芽糊精添加量的增大,喷雾干燥的效果越来越好,苹果粉的得率也逐渐增加,但当麦芽糊精的添加量大于 25% 的时候,苹果粉的苹果风味开始减淡,色泽也开始变淡。为了既能有较高的得率,又能有较好的风味与色泽,因此选择 20% 的麦芽糊精添加量为最优。

(二)不同的喷雾干燥参数对苹果粉物理性质及得率的影响

1. 不同进风温度对寒富苹果粉黏壁性质和物理性质的影响

在麦芽糊精添加量为 20%,进料浓度为 16%,出风温度为 80℃,蠕动泵流速为 500 mL/h 的条件下,以不同的进风温度为水平,以苹果粉的得率与物理性质为指标得到表 6-2。

表 6-2　不同进风温度对寒富苹果粉黏壁现象和物理性质的影响

进风温度/℃	黏壁现象	水分含量/%	堆积密度/(g/mL)	流动性/(°)	分散性/s
150	黏壁严重,喷头处黏液较少	4.583±0.430	0.351±0.043	52.1±0.087	87±0.034
160	黏壁,喷头处黏液较少	4.036±0.387	0.336±0.045	51.6±0.095	81±0.043
170	黏壁较轻,喷头处黏液增多	3.865±0.354	0.374±0.035	50.8±0.075	73±0.045
180	不黏壁,喷头处黏液较多	3.747±0.285	0.335±0.071	50.1±0.089	67±0.052
190	不黏壁,喷头处黏液很多	3.551±0.311	0.342±0.011	48.5±0.103	65±0.029

从表 6-2 可以看出来,随着进风温度的不断增大,喷雾过程中苹果粉的黏壁现象越来越轻,但是喷头处的黏液越来越多。进风温度越高,苹果粉的水分含量越低,苹果粉不易黏壁,但是易造成料液中的果糖发生焦糖化反应,造成喷头处黏液增多,易堵塞喷头,同时使苹果粉产生焦糖味。随着温度的升高,苹果粉中水分含量降低,其颗粒之间不易黏结,因此其流动性和分散性也随温度的升高而降低,变得更好。从结果看,进风温度变化对苹果粉的堆积密度影响不大。为了能具有较好的物理性质以及降低喷头处的黏液堆积,故初步确定进风温度为 180℃。

2. 不同进料浓度对寒富苹果粉得率和感官性质影响

在麦芽糊精添加量为 20%,进风温度为 180℃,出风温度为 80℃,蠕动泵速度为 500 mL/h 的条件下,以不同的进料浓度为水平,以苹果粉的得率与感官性质为指标得到表 6-3 和图 6-2。

表 6-3　不同进料浓度对寒富苹果粉感官性质影响

进料浓度/%	风味
10	苹果味比较淡,色泽偏白
12	苹果味比较浓郁,色泽浅黄
14	苹果味比较浓郁,色泽较黄
16	苹果味浓郁,色泽金黄
18	苹果味较浓郁,有焦味,色泽金黄

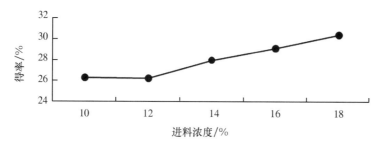

图 6-2　不同进料浓度对寒富苹果粉得率的影响

从表 6-3 可以看出来,进料浓度越大,其含水量越低,色泽越好,苹果味也更足,但是当进料浓度过大时,料液会产生焦糖化反应,使苹果粉产生焦味,并会造成喷头堵塞,因此,选择 16% 的进料浓度为最佳。

3. 不同进料浓度对寒富苹果粉得率和感官性质影响

在麦芽糊精添加量为 20%,进风温度为 180℃,出风温度为 80℃,进料浓度为 16% 的条件下,以不同的蠕动泵流速为水平,以苹果粉的物理性质为指标得到表 6-4。

表 6-4　不同蠕动泵流速对寒富苹果粉物理性质的影响

蠕动泵流速/(mL/h)	水分含量/%	堆积密度/(g/mL)	流动性/(°)	分散性/s
400	3.491±0.388	0.385±0.033	47.6±0.063	75±0.054
450	4.643±0.243	0.374±0.042	48.5±0.120	78±0.075
500	3.887±0.233	0.362±0.025	48.3±0.112	76±0.034
550	3.974±0.265	0.365±0.051	49.9±0.132	81±0.043
600	4.213±0.184	0.342±0.022	50.8±0.143	85±0.038

从表 6-4 可以看出来,随着蠕动泵的流速加快,进料量逐渐增加,当进料量过小时,料液会被过分蒸发,造成其中蔗糖发生焦糖化反应,增加喷头黏液,造成喷头堵塞。但当蠕动泵流速过快,会造成喷雾不完全,得到的苹果粉水分含量过大,造成其流动性和分散性变差,因此选择 500 mL/h 为最佳蠕动泵流速。

第六章　寒富苹果果粉加工工艺技术研究

四、结论

(1)以寒富苹果粉的最终得率和其感官性质为指标,选取不同的麦芽糊精的添加量(10%、15%、20%、25%、30%)为水平,进行喷雾干燥,确定最佳的麦芽糊精添加量。最终确定麦芽糊精的添加量为20%,此时苹果粉的得率为29.656%。

(2)以寒富苹果粉的物理性质与喷雾过程中的黏壁特性为指标,选取喷雾干燥过程中不同的进风温度(150℃、160℃、170℃、180℃、190℃),进料浓度(10%、12%、14%、16%、18%),蠕动泵流速(400 mL/h、450 mL/h、500 mL/h、550 mL/h、600 mL/h)分别进行单因素试验,最终初步确定进风温度为180℃,进料浓度为16%,蠕动泵流速为500 mL/h。

第三节　寒富苹果果粉加工最佳工艺条件研究

一、材料与设备

(一)材料与主要试剂

同本章第二节。

(二)主要仪器与设备

同本章第二节。

二、试验方法

(一)寒富苹果粉制备工艺流程

原料→洗净、去核→榨汁→预处理→澄清→加助干剂→喷雾干燥→果汁粉。

(二)喷雾干燥过程中参数的最优组合

在确定喷雾干燥参数的较优水平之后,再选择喷雾干燥进风温度、进料浓度、蠕动泵流速3个因素的较优的3个水平,以苹果粉的感官评价得分指标,采用$L_9(3^3)$正交试验按表6-5设计选出干燥参数的最优组合。

表 6-5　寒富苹果粉喷雾干燥正交试验因素水平表

水平	因　素		
	A 进风温度/℃	B 进料浓度/℃	C 蠕动泵流速/(mL/h)
1	160	14	450
2	170	16	500
3	180	18	550

三、结果与分析

在麦芽糊精添加量为20%,出风温度为80℃的条件下,选取进风温度、进料浓度和蠕动泵流速3因素的较优的3水平,以苹果粉的感官性质为指标,进行正交试验,优化喷雾干燥过程中的各参数最优组合,得到表 6-6。

表 6-6　寒富苹果粉正交试验结果

试验号	列号			指标(Y) 感官评分
	1 A 进风温度/℃	2 B 进料浓度/%	3 C 蠕动泵流速/(mL/h)	
1	1	1	1	70
2	1	2	2	75
3	1	3	3	67
4	2	1	2	77
5	2	2	3	86
6	2	3	1	87
7	3	1	3	73
8	3	2	1	76
9	3	3	2	78
K_1	212	220	233	
K_2	250	237	230	
K_3	227	232	226	
k_1	70.7	73.3	77.7	
k_2	83.3	79.0	76.7	
k_3	75.7	77.3	75.3	
极差 R	8	5.7	2.4	
较优水平	A_2	B_2	C_2	

从表 6-6 中可以看出,根据极差大小判断,影响苹果果粉喷雾干燥的主次因素是进风温度>进料浓度>蠕动泵流速。从表 6-7 来看因素 A 在 $a=0.05$ 下是显著的,因素 B 在 $a=0.25$ 下是显著的,因素 C 在 $a=0.25$ 下是显著的。因此可知,因素 A 的影响最为显著,对最后苹果粉的品质影响也是最大的。对于各因素而言,指标值越大越好,各因素最佳水平为 $A_2B_2C_2$,即进风温度为 170℃,进料浓度 16%,蠕动泵流速为 500 mL/min。正交试验没有这

表 6-7　寒富苹果粉正交试验方差分析

方差来源	SS	f	MS	F	显著水平
因素 A	244.222 2	2	122.111 1	29.702 7	$a=0.05$
因素 B	50.888 9	2	25.444 4	6.189 2	$a=0.25$
因素 C	46.888 9	2	23.444 4	5.702 7	$a=0.25$
误差 e	8.222 2	2	4.111 1		
总和 T	350.222 2	8			

个组合方式,因此需要进行验证试验,选取进风温度为170℃,进料浓度16%,蠕动泵流速为500 mL/min的组合方式进行正交试验的验证试验,最后验证试验的结果为感官评分89分,确实是最优的喷雾干燥参数组合方式。

四、结论

以寒富苹果粉的感官评分为指标,选取喷雾干燥过程中3组参数(进风温度、进料浓度、蠕动泵流速)进行$L_9(3^3)$正交试验,确定喷雾干燥的最优的组合方式为进风温度为170℃,进料浓度为16%,蠕动泵流速为500 mL/h。

第四节　寒富苹果果粉的主要指标参数测定分析

一、材料与设备

(一)材料与主要试剂

寒富苹果由沈阳农业大学园艺学院提供;麦芽糊精:北京鼎国昌盛生物技术有限责任公司;果胶酶:湖南鸿鹰祥公司。

维生素C:石药集团维生药业;柠檬酸、苹果酸:辽宁邦多科技有限公司。

(二)主要仪器与设备

手持式数显糖度仪:成都泰华光学仪器有限公司;电子天平:上海越平科学仪器有限公司;恒温水浴锅:上海乔跃电子有限公司;恒温鼓风干燥箱:上海精宏实验设备有限公司;小型喷雾干燥机:上海沃迪机械有限公司;榨汁机:九阳股份有限公司。

二、试验方法

(一)喷雾干燥前预处理

1. 进料浓度

$$进料浓度 = \frac{加助干剂前的固形物含量(g)}{加助干剂后的固形物含量(g)} \times 100\%$$

其中固形物含量由手持式阿贝折光仪测定。

2. 麦芽糊精添加量

$$麦芽糊精的添加量 = \frac{麦芽糊精的质量(g)}{麦芽糊精与苹果汁的总重量(g)} \times 100\%$$

(二)寒富苹果粉物理性质的测定

1. 分散性

在250 mL烧杯中加入100 mL蒸馏水,放入25℃恒温水浴中,加入10 g苹果粉,记录从开始到全部溶解所需要的时间。

2. 流动性

将 10 g 苹果粉沿着漏斗落至水平放置的平板上,待粉完全落下后,测定平板上苹果粉堆斜面与平板的斜角,记作休止角。

3. 堆积密度

将苹果粉从漏斗散落于 10 mL 量筒中,测定 10 mL 苹果粉的质量,换算出其堆积密度(g/mL)。

$$堆积密度 = \frac{10 \text{ mL 苹果粉质量(g)}}{10 \text{ mL}}$$

4. 水分含量

称取 10 g 苹果粉于表面皿中并置于恒温干燥箱中,在 105℃的条件下,干燥至恒重。

$$水分含量 = \frac{m_1 - m_2}{m_1} \times 100\%$$

式中,m_1—恒重前苹果粉与表面皿质量,g;
$\quad\quad m_2$—恒重后苹果粉与表面皿质量,g。

(三)寒富苹果粉得率的测定

$$得率 = \frac{收集瓶中的苹果粉质量(g)}{喷雾干燥前固形物含量(g)} \times 100\%$$

(四)寒富苹果粉感官性质评价方法

感官评价由 10 位专业人员组成感官评价小组,对产品组织形态、冲调性、色泽和风味全面评价,满分 100 分,评价方法见表 6-8。

表 6-8　寒富苹果粉感官评价标准

项目	组织形态(25分)	色泽(25分)	风味(25分)	口感(25分)
21~25 分	无结块	金黄	苹果风味浓郁	不黏牙
16~20 分	轻微结块	淡黄	有明显苹果风味	几乎不黏牙
11~15 分	明显结块	微黄	苹果风味较弱	黏牙
10 分以下	结块严重	淡粉偏黄	几乎无苹果风味	特别黏牙

第七章　寒富苹果渣多酚的分离纯化、组分分析及活性研究

第一节　概　　述

近年来,随着果汁产量的增大,苹果渣资源愈加丰富。但因缺乏深入的系统研究,深加工开发力度不够,使苹果渣资源优势未得到发挥,大大减少了苹果的附加值。在果渣的利用方面,用于生产饲料的技术已经成熟,其他方面虽亦研究颇多,但均尚未达到产业化生产的要求,苹果渣的利用仍是一个亟待解决的问题。

辽宁省素来有"苹果之乡"的美誉,苹果产量曾长期居全国首位。寒富苹果是由沈阳农业大学李怀玉教授以东光做母本、富士做父本,经杂交授粉后获得杂交种子万余粒,经多年从 7 000 余株杂种实生苗中精心选育而成。此品种具有抗病、抗寒、果大、矮化、丰产、稳产、质优和美观等诸多优良特性(李怀玉,2001),未来沈阳市将计划建设成为寒富苹果之乡。随着辽宁省对苹果加工业,特别是寒富苹果支持力度的增大必然也会带动辽宁省苹果果汁加工业的迅猛发展,因此产生的苹果渣势必会越来越多。为了充分利用资源、净化环境,提高果汁加工企业的经济效益,迫切需要对苹果果渣进行开发与利用。苹果渣中的多酚物质在人们的防病治病、延年益寿等各方面具有巨大的潜在应用价值且保健功能已被大众认可。因此,本章立足于辽宁省的优势资源,主要研究了寒富苹果果渣中多酚类物质的纯化和鉴定,对苹果多酚理化及生物活性进行深入探讨,应用复凝聚法对多酚进行胶囊化处理,通过响应面优化设计选出最优的包埋组合,并对微胶囊化后的苹果多酚的稳定性进行了研究和分析,旨在为苹果多酚的进一步研究及深加工提供科学依据。若能形成规模化的开发应用,必将在人类身体健康以及提高企业经济效益、减轻环境污染等方面做出重大贡献。

第二节　寒富苹果渣多酚类物质的提取工艺技术研究

一、试剂与方法

(一)材料和试剂

寒富苹果由沈阳农业大学园艺学院提供。

甲醇、乙醇:沈阳沈一精细化学品有限公司;丙酮、钨酸钠、钼酸钠、浓磷酸、浓盐酸、硫酸锂、溴水、碳酸钠、没食子酸标准品:国药集团化学试剂有限公司。以上均为分析纯。

（二）实验主要设备

WF-A2000 型榨汁机:浙江永康市伟丰电器厂;CS101-A 型电热鼓风干燥箱:重庆试验设备厂;DFY-5L/40 型恒温水浴锅:巩义市予华仪器有限责任公司;FW80-1 高速万能粉碎机:天津市泰斯特仪器有公司;TU-1810 紫外-可见分光光度计:北京普析通用仪器有限公司;SHZ-Ⅲ 循环水真空抽滤装置:上海华琦科学仪器有限公司;JY92-IID 超声波细胞破碎仪:宁波新芝生物科技有限公司;MAS-Ⅰ 型常压微波辅助合成/萃取反应仪:上海新仪微波化学科技有限公司;RE-52AA 旋转蒸发器:上海亚荣生化仪器厂。

（三）实验方法

1. FC(Folin-Ciocaltu)法测定苹果中总多酚含量

Folin-Ciocalteu 试剂的配制:准确称取 100 g 钨酸钠($Na_2WO_4 \cdot 2H_2O$),25 g 钼酸钠($Na_2MoO_4 \cdot 2H_2O$)于 1 L 的磨口回流装置中。再向其中加入蒸馏水 700 mL,85% 浓磷酸 50 mL,37% 浓盐酸 100 mL,充分混匀,以小火状态下加热冷凝回流 10 h(回流过程中,不要使液体沸腾,维持在缓慢冒气泡状态既可)回流完毕后,向其中添加 150 g 硫酸锂($Li_2SO_4 \cdot H_2O$),50 mL 蒸馏水和数滴溴水。继续开口加热 15 min,以除去多余的溴。待溶液冷却后用蒸馏水定容至 1 L,使用棕色试剂瓶装好,于冰箱中冷藏待用,临使用时稀释 1 倍。

没食子酸标准品溶液的配制:准确称取 100 mg 没食子酸溶解于 100 mL 70% 的乙醇溶液中,再用 70% 乙醇溶液稀释 10 倍,得浓度为 100 mg/L 的没食子酸标准溶液。

标准曲线的绘制:准确移取没食子酸标准品溶液 2 mL,置于 25 mL 棕色容量瓶中,依次加入 FC 试剂 1 mL,1 mol/L 的 Na_2CO_3 5 mL,定容,同时以未加入标准品的反应液作为空白对照进行全波长扫描没食子酸标准溶液。

准确吸取 100 mg/L 的没食子酸标准溶液 0.0、0.5、1.0、1.5、2.0、2.5、3.0 mL 于 25 mL 容量瓶内。分别加入蒸馏水 20.0、19.5、19.0、18.5、18.0、17.5、17.0 mL,再各加入稀释后的 Folin 试剂 1 mL,充分振荡后加入 10% Na_2CO_3 溶液 1 mL,再用蒸馏水补足定容,摇匀后置于 25℃恒温水浴中反应 2 h。于 765 nm 下测定吸光度,以没食子酸总酚含量为 X 轴,以吸光度为 Y 轴。以含量对吸光度进行直线回归,得回归方程。

2. 苹果渣的制备

将寒富苹果洗净,切块,于榨汁机中榨汁。将所得湿果渣仔细收集,于干燥箱中干燥,干燥时尽量使果渣以较大表面积平铺于容器中,以免造成果渣仅表面干燥内部仍含有水分。待果渣干燥透彻,使用万能粉碎机将其粉碎,粉碎后果渣于密闭、干燥条件下保存待用。

3. 提取溶剂的选择

在相同的温度、提取时间、料液比下,分别考察蒸馏水、甲醇、乙醇、丙酮等不同提取溶剂对苹果渣中多酚类物质进行回流浸提效果的影响。

4. 超声波辅助提取的单因素实验

工艺流程:寒富苹果果渣→超声波辅助提取→抽滤→减压浓缩→真空干燥→多酚类粗提物。

(1)乙醇浓度对提取率的影响。准确称取 5 g 寒富苹果果渣,在超声波功率为 300 W,超声波作用时间为 5 min,料液比为 1:20(g/mL)的条件下,考察乙醇浓度分别为 10%、

20%、30%、40%、50%、60%、70%、80%、90%、100%时对提取率的影响。

(2)超声波功率对提取率的影响。准确称取 5 g 寒富苹果果渣,在乙醇浓度为 50%,料液比为 1:20(g/mL),超声波作用时间为 5 min 的条件下,考察超声波功率分别为 100 W、200 W、300 W、400 W、500 W、600 W、700 W、800 W 时对提取率的影响。

(3)超声波的作用时间对提取率的影响。准确称取 5 g 寒富苹果果渣,在超声波功率为 300 W,乙醇浓度为 50%,料液比为 1:20(g/mL),考察超声波作用时间分别为 60 s、120 s、180 s、240 s、300 s、360 s、420 s 的条件下对多酚提取率的影响。

(4)料液比对提取率的影响。准确称取 5 g 寒富苹果果渣,在超声波功率为 300 W,超声波作用时间为 5 min,乙醇浓度为 50% 的条件下,考察料液比(g/mL)分别为 1:10、1:15、1:20、1:25、1:30、1:35、1:40、1:45、1:50 时对提取率的影响。

5.超声波辅助提取工艺的优化方案

在单因素实验的基础上,采用 SAS9.1 软件中的二次通用旋转组合设计方案,进行参数优化。

6.微波辅助提取的单因素实验

工艺流程:寒富苹果果渣→微波辅助提取→抽滤→减压浓缩→真空干燥→多酚类粗提物。

(1)乙醇浓度对提取率的影响。准确称取 5 g 寒富苹果果渣,在微波功率为 400 W,微波作用时间为 5 min,料液比为 1:20(g/mL)的条件下,考察乙醇浓度分别为 10%、20%、30%、40%、50%、60%、70%、80%、90%、100%时对提取率的影响。

(2)微波功率对提取率的影响。准确称取 5 g 寒富苹果果渣,在乙醇浓度为 60%,料液比为 1:20(g/mL),微波作用时间为 5 min 的条件下,考察微波功率分别为 100 W、200 W、300 W、400 W、500 W、600 W、700 W、800 W 时对提取率的影响。

(3)微波作用时间对提取率的影响。准确称取 5 g 寒富苹果果渣,在微波功率为 400 W,乙醇浓度为 60%,料液比为 1:20(g/mL),考察微波作用时间分别为 60 s、120 s、180 s、240 s、300 s、360 s、420 s、480 s 的条件下对多酚提取率的影响。

(4)料液比对提取率的影响。准确称取 5 g 寒富苹果果渣,在微波功率为 400 W,微波作用时间为 5 min,乙醇浓度为 60% 的条件下,考察料液比(g/mL)分别为 1:10、1:15、1:20、1:25、1:30、1:35、1:40、1:45、1:50 时对提取率的影响。

7.微波辅助提取工艺的优化方案

在单因素实验的基础上,采用 SAS9.1 软件中的二次通用旋转组合设计方案,进行参数优化。

二、结果与分析

(一)总酚含量的测定

1.没食子酸的波长扫描图

以没食子酸为代表的多酚类化合物的分子上有极易氧化的羟基,在碱性条件下与 Folin-Ciocalteu 试剂反应,此反应的产物显蓝色。由图 7-1 可知,没食子酸与 Folin-Ciocalteu 试剂的反应物在 765 nm 处有最大吸收峰,因此可以在 765 nm 处测定没食子酸的含量绘制标准曲线。以没食子酸为基准物质可以测定苹果多酚的总量。

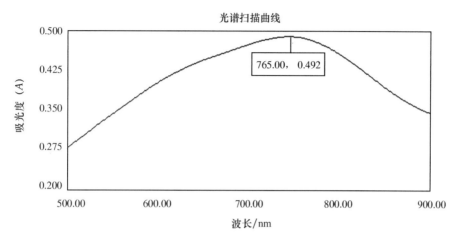

图 7-1　没食子酸标液可见光波长扫描图

2. 没食子酸标准曲线图

由图 7-2 可知,没食子酸标液中没食子酸的含量与吸光度呈良好的线形关系。并且相关系数 $R^2 = 0.999\ 7$,说明标准曲线的线性关系良好。

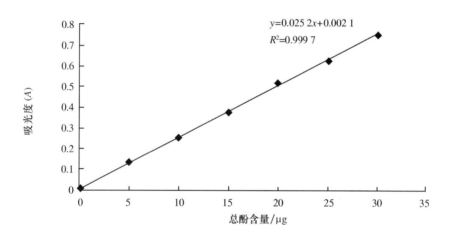

图 7-2　没食子酸标准曲线图

3. 结果计算

样品中的多酚物质含量(mg/g)$= (a \times V_1)/(V_2 \times m)$

式中,a——取样液中多酚的含量,mg/g;

　　　V_1——溶液的体积,mL;

　　　V_2——取样液的体积,mL;

　　　m——苹果渣重,g。

(二)提取溶剂的选择

如图 7-3 可见,在选用的 4 种提取溶剂中,乙醇对苹果渣中多酚的提取率最高,甲醇、丙酮次之,蒸馏水最差,故选用乙醇作为提取溶剂。

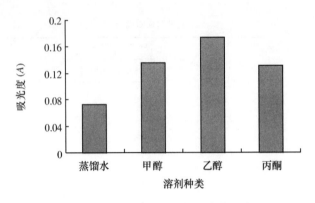

图 7-3 溶剂对多酚提取率的影响

(三)响应面法优化超声波辅助提取工艺研究

1. 单因素实验结果

(1)乙醇浓度对提取率的影响。图 7-4 可知,乙醇浓度在较低和较高时,提取效果都不理想。在乙醇浓度为 30%～60% 时变化较小,其中以浓度为 50% 时,苹果多酚的提取率为最高。

(2)超声波功率对提取率的影响。如图 7-5 可知,在超声波的功率为 100～300 W 时,苹果多酚的提取率随超声波功率增大而增大,在 300 W 处达最大值,超过 300 W 后逐渐下降,在超声波功率超过 400 W 后,提取率随功率变化不明显。

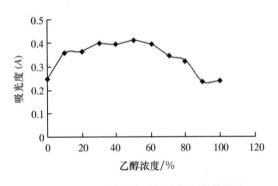

图 7-4 不同乙醇浓度对多酚提取量的影响   图 7-5 不同超声波功率对多酚提取量的影响

(3)超声波作用时间对提取率的影响。如图 7-6 所示,随着超声波作用时间的增加,苹果多酚的提取率先增长,后下降,再增长又下降。在作用时间为 2 min 时达到最大值,其原因应为作用时间过短,多酚类物质还未完全溶出,作用时间过长,多酚中一些组分可能会被破坏。

(4)料液比对提取率的影响。如图 7-7 所示,在料液比小于 1:30(g/mL)范围内时,苹果多酚的提取率随着料液比增加而增加,在料液比大于 1:30(g/mL)后,提取率随料液比的变化不明显。

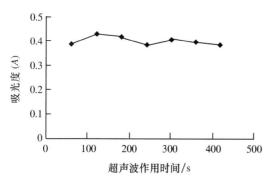

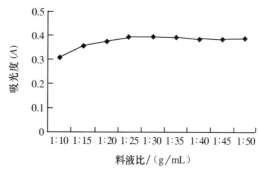

图 7-6 不同超声波作用时间对多酚提取量的影响　　图 7-7 不同料液比对多酚提取量的影响

2．提取工艺的优化方案

在单因素实验的基础上,采用 SAS9.1 软件中的二次通用旋转组合设计方案,进行参数优化(表 7-1 至表 7-3)。

表 7-1　因素水平及编码表

编码水平	X_1乙醇浓度/%	X_2超声波功率/W	X_3超声波时间/s	X_4料液比
−1	40	200	60	1:25
0	50	300	120	1:30
1	60	400	180	1:35

表 7-2　响应面分析方案与实验结果

编号	乙醇浓度	超声波功率	超声波时间	料液比	吸光度
1	−1	−1	0	0	0.413
2	−1	1	0	0	0.427
3	1	−1	0	0	0.404
4	1	1	0	0	0.413
5	0	0	−1	−1	0.418
6	0	0	−1	1	0.403
7	0	0	1	−1	0.398
8	0	0	1	1	0.412
9	−1	0	0	−1	0.395
10	−1	0	0	1	0.400
11	1	0	0	−1	0.393
12	1	0	0	1	0.389
13	0	−1	−1	0	0.422
14	0	−1	1	0	0.419

编号	乙醇浓度	超声波功率	超声波时间	料液比	吸光度
15	0	1	−1	0	0.446
16	0	1	1	0	0.433
17	−1	0	−1	0	0.423
18	−1	0	1	0	0.414
19	1	0	−1	0	0.402
20	1	0	1	0	0.403
21	0	−1	0	−1	0.397
22	0	−1	0	1	0.392
23	0	1	0	−1	0.417
24	0	1	0	1	0.423
25	0	0	0	0	0.431
26	0	0	0	0	0.431
27	0	0	0	0	0.431

表 7-3　方差分析表

方差来源	自由度	平方和	均方	F 值	P 值
X_1	1	0.000385	0.000385	23.62197	0.000391
X_2	1	0.001045	0.001045	64.08174	0.0001
X_3	1	0.000102	0.000102	6.257982	0.027834
X_4	1	8.333E−8	8.333E−8	0.005109	0.944198
$X_1 X_1$	1	0.001481	0.001481	90.81879	0.0001
$X_1 X_2$	1	6.25E−6	6.25E−6	0.383142	0.547498
$X_1 X_3$	1	0.000025	0.000025	1.532567	0.239402
$X_1 X_4$	1	0.00002	0.00002	1.241379	0.287024
$X_2 X_2$	1	9.259E−7	9.259E−7	0.056762	0.815709
$X_2 X_3$	1	0.000025	0.000025	1.532567	0.239402
$X_2 X_4$	1	0.00003	0.00003	1.854406	0.19829
$X_3 X_3$	1	0.000022	0.000022	1.362849	0.265718
$X_3 X_4$	1	0.00021	0.00021	12.88889	0.003713
$X_4 X_4$	1	0.002475	0.002475	151.7179	0.0001
模型	14	0.005614	0.000401	24.58282	0.0001

方差来源	自由度	平方和	均方	F 值	P 值
一次项	4	0.001533	0.000383	23.4917	0.0001
二次项	4	0.003764	0.000941	57.68994	0.0001
交互项	6	0.000317	0.000053	3.238825	0.39428
总残差	12	0.000196	0.000016		
随机误差	2	6.55E−16	3.27E−16		
总和	26	0.00581			

采用 SAS 9.1 进行统计分析,得寒富苹果渣中多酚类物质与超声波辅助提取各因素变量间的函数关系如下。

$$Y=0.431-0.005667X_1+0.009333X_2-0.002917X_3+0.000083X_4-0.016667X_1^2-$$
$$0.00125X_1X_2+0.0025X_1X_3-0.00225X_1X_4-0.000417X_2^2-0.0025X_2X_3+$$
$$0.00275X_2X_4-0.002042X_3^2+0.00725X_3X_4-0.021542X_4^2$$

由方差分析可知,一次项、二次项的影响显著,交互项作用影响不显著,各具体试验因子对响应值的影响不是简单的线性关系。用上述回归方程描述各因子与响应值之间的关系时,其因变量和自变量之间的线性关系是显著的,$R^2=0.9663$,说明回归方程的拟合程度很好。

将建立的回归模型中的二个因素固定在零水平,得到另外两个因素的交互影响结果,二次回归方程的响应面见图 7-10 至图 7-14。等高线表示在同一等高区域中,苹果多酚的提取率是一样的。在等高线的椭圆形的中心区域,表示苹果多酚的提取量最大,并逐级向边缘递减。图中的等高线越密集表示该影响因素对提取率的影响越大;等高线越稀疏表示该影响因素对提取率的影响越小。响应面的坡度变化和等高线的形状可以表现出影响因子之间的交互作用。响应曲面坡度的平缓与陡峭程度,表明在处理条件发生变异时越橘花色苷色素提取量的响应灵敏程度。如果响应曲面坡度非常陡峭,表明对于处理条件的变异,响应值非常敏感,反之,如果响应曲面坡度相对平缓,表明色素提取量可以忍受处理条件的变异,响应值不敏感。等高线的形状越圆,表示因素间的交互作用越不明显,反之则为交互作用明显。

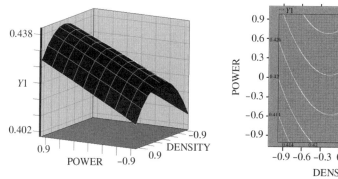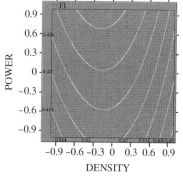

图 7-8 乙醇浓度和超声波功率对提取率影响及等高线

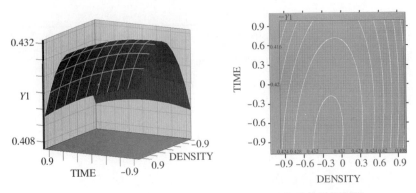

图 7-9　乙醇浓度和超声波时间对提取率影响及等高线

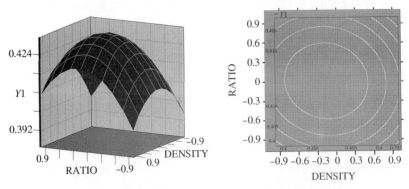

图 7-10　乙醇浓度和料液比对提取率影响及等高线

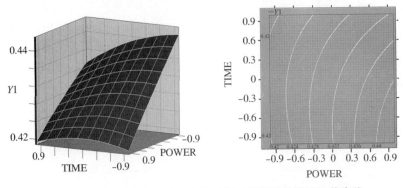

图 7-11　超声波功率及作用时间对提取率的影响及等高线

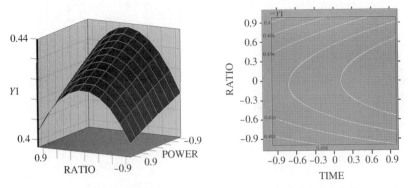

图 7-12　超声波功率和料液比对提取率的影响及等高线

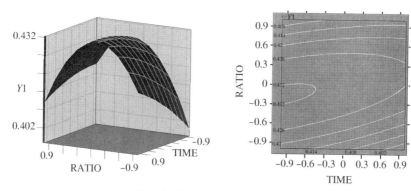

图 7-13　超声波时间和料液比对提取率的影响及等高线

3. 最佳工艺参数

由图 7-8 至图 7-13 可以看出超声波辅助提取寒富苹果渣中多酚类物质时,各影响因素对提取率的影响最大的是超声波功率,乙醇浓度次之,超声波时间再次,料液比的影响最小。由软件分析可知,在 4 个影响因素中,乙醇浓度和超声波功率的影响为极显著,超声波作用时间为显著,料液比为不显著。由统计软件分析得,寒富苹果渣中多酚类物质的理论最佳提取工艺参数为:乙醇浓度 48.57%,超声波功率为 371.43 W,超声波作用时间为 2.28 min,料液比为 1:29.28(g/mL)。

(四)响应面法优化微波辅助提取工艺研究

1. 单因素实验

(1)乙醇浓度对提取率的影响。由图 7-14 可知当乙醇浓度小于 60% 时,苹果多酚的提取率随乙醇浓度的增加而增加,在浓度为 60% 时达到最大值,在浓度超过 60% 后提取率有所降低。

(2)微波功率对提取率的影响。由图 7-15 可知,当微波功率较低时,苹果多酚的提取率会随微波功率的增加而增加,在功率为 400 W 时达到最大值。在功率超过 400 W 后,提取率又缓慢下降。

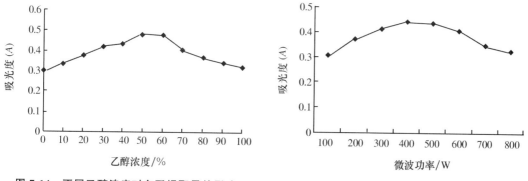

图 7-14　不同乙醇浓度对多酚提取量的影响　　图 7-15　不同微波功率对多酚提取量的影响

(3)微波作用时间对提取率的影响。由图 7-16 可知随着微波作用时间的增加,苹果多酚的提取率先增长,在作用时间为 5 min 时达到最大值,而后下降。其原因应为作用时间过短,多酚类物质还未完全溶出,作用时间过长,多酚中一些组分可能会被分解破坏。

(4)料液比对提取率的影响。如图 7-17 所示,在料液比小于 1:30(g/mL)范围内苹果多酚的提取率会随着料液比增加而增加,在料液比大于 1:30(g/mL)后,提取率随料液比的增加略有降低。在料液比为 1:30(g/mL)处,苹果多酚的提取率达到最大值。

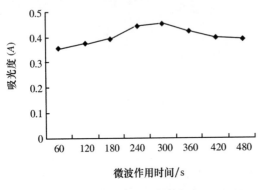

图 7-16 不同微波作用时间对多酚提取量的影响

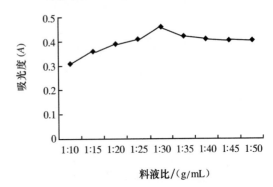

图 7-17 不同料液比对多酚提取量的影响

2. 提取工艺的优化方案

在单因素实验的基础上,采用 SAS9.1 软件中的二次通用旋转组合设计方案,进行参数优化(表 7-4 至表 7-6)。

表 7-4 因素水平及编码表

编码水平	X_1乙醇浓度/%	X_2微波功率/W	X_3料液比	X_4微波时间/s
−1	50	300	1:25	240
0	60	400	1:30	300
1	70	500	1:35	360

表 7-5 响应面分析方案与实验结果

编号	乙醇浓度	微波功率	料液比	微波时间	吸光度
1	−1	−1	0	0	0.410
2	−1	1	0	0	0.423
3	1	−1	0	0	0.407
4	1	1	0	0	0.450
5	0	0	−1	−1	0.432
6	0	0	−1	1	0.400
7	0	0	1	−1	0.423
8	0	0	1	1	0.422
9	−1	0	0	−1	0.405

编号	乙醇浓度	微波功率	料液比	微波时间	吸光度
10	−1	0	0	1	0.388
11	1	0	0	−1	0.415
12	1	0	0	1	0.409
13	0	−1	−1	0	0.435
14	0	−1	1	0	0.399
15	0	1	−1	0	0.439
16	0	1	1	0	0.465
17	−1	0	−1	0	0.445
18	−1	0	1	0	0.379
19	1	0	−1	0	0.393
20	1	0	1	0	0.469
21	0	−1	0	−1	0.412
22	0	−1	0	1	0.395
23	0	1	0	−1	0.412
24	0	1	0	1	0.432
25	0	0	0	0	0.448
26	0	0	0	0	0.448
27	0	0	0	0	0.448

表 7-6 方差分析表

方差来源	自由度	平方和	均方	F 值	P 值
X_1	1	0.000721	0.000721	18.42173	0.001046
X_2	1	0.002214	0.002214	56.58999	0.0001
X_3	1	0.000014	0.000014	0.359957	0.559689
X_4	1	0.000234	0.000234	5.982961	0.030817
$X_1 X_1$	1	0.001925	0.001925	49.2098	0.0001
$X_1 X_2$	1	0.000225	0.000225	5.750799	0.033636
$X_1 X_3$	1	0.005041	0.005041	128.8435	0.0001
$X_1 X_4$	1	0.00003	0.00003	0.773163	0.396507
$X_2 X_2$	1	0.000363	0.000363	9.277955	0.01016
$X_2 X_3$	1	0.000961	0.000961	24.5623	0.000333
$X_2 X_4$	1	0.000342	0.000342	8.747604	0.011973

方差来源	自由度	平方和	均方	F 值	P 值
X_3X_3	1	0.000161	0.000161	4.123536	0.065054
X_3X_4	1	0.00024	0.00024	6.140575	0.029063
X_4X_4	1	0.003333	0.003333	85.19702	0.0001
模型	14	0.014251	0.001018	26.01643	0.0001
一次项	4	0.003183	0.000796	20.33866	0.0001
二次项	4	0.004228	0.001057	27.01438	0.0001
交互项	6	0.00684	0.00114	29.13632	0.07046
总残差	12	0.000196	0.000016		
随机误差	2	6.55E−16	3.27E−16		
总和	26	0.00581			

采用 SAS9.1 进行统计分析,得寒富苹果渣中多酚类物质与微波辅助提取各因素变量间的函数关系:

$$Y = 0.448 + 0.00775X_1 + 0.013583X_2 + 0.001083X_3 - 0.004417X_4 - 0.019X_1^2 + 0.0075X_1X_2 + 0.0355X_1X_3 + 0.00275X_1X_4 - 0.00825X_2^2 + 0.0155X_2X_3 + 0.00925X_2X_4 - 0.0055X_3^2 + 0.00775X_3X_4 - 0.025X_4^2$$

由方差分析可知,一次项、二次项的影响显著,交互项作用影响不显著,各具体试验因子对响应值的影响不是简单的线性关系。用上述回归方程描述各因子与响应值之间的关系时,其因变量和自变量之间的线性关系是显著的,$R^2 = 0.9681$,说明回归方程的拟合程度很好。

将建立的回归模型中的二个因素固定在零水平,得到另外两个因素的交互影响结果,二次回归方程的响应面见图 7-18 至图 7-23。等高线表示在同一等高区域中,苹果多酚的提取率是一样的。在等高线的椭圆形的中心区域,表示苹果多酚的提取量最大,并逐级向边缘递减。图中的等高线越密集表示该影响因素对提取率的影响越大;等高线越稀疏表示该影响因素对提取率的影响越小。响应面的坡度变化和等高线的形状可以表现出影响因子之间的交互作用。响应曲面坡度的平缓与陡峭程度,表明在处理条件发生变异时越橘花色苷色素提取量的响应灵敏程度。如果响应曲面坡度非常陡峭,表明对于处理条件的变异,响应值非常敏感,反之,如果响应曲面坡度相对平缓,表明色素提取量可以忍受处理条件的变异,响应值不敏感。等高线的形状越圆,表示因素间的交互作用越不明显,反之则为交互作用明显。

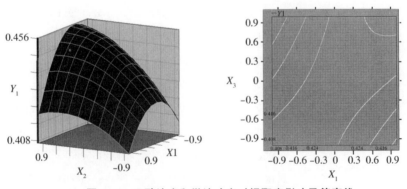

图 7-18 乙醇浓度和微波功率对提取率影响及等高线

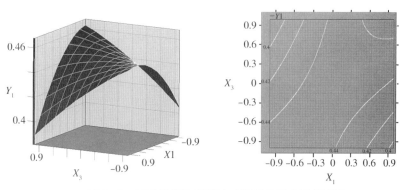

图 7-19　乙醇浓度和料液比对提取率影响及等高线

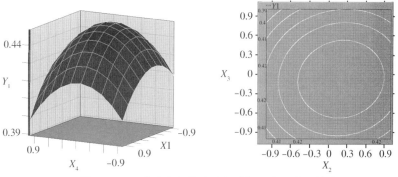

图 7-20　乙醇浓度和微波时间对提取率影响及等高线

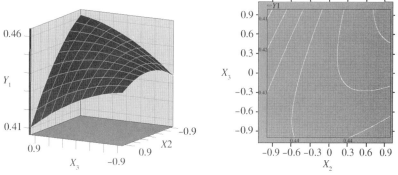

图 7-21　微波功率和料液比对提取率的影响及等高线

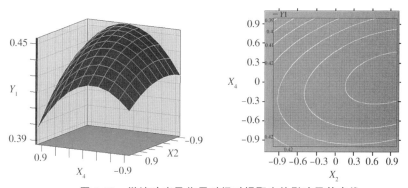

图 7-22　微波功率及作用时间对提取率的影响及等高线

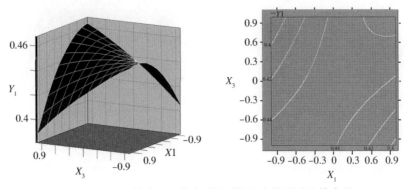

图 7-23　料液比和微波时间对提取率的影响及等高线

3. 最佳工艺参数

由图 7-18 至图 7-23 可以看出微波辅助提取寒富苹果渣中多酚类物质时,各影响因素对提取率的影响最大的是微波功率,乙醇浓度次之,微波作用时间再次,料液比的影响最小。由软件分析可知,在 4 个影响因素中,乙醇浓度和微波功率的影响为极显著,微波作用时间为显著,料液比为不显著。由统计软件分析得,寒富苹果渣中多酚类物质的理论最佳提取工艺参数为:乙醇浓度 67.78%,微波功率为 477.78 W,料液比为 1:35(g/mL),微波作用时间为 5.333 min。

三、小结

在超声波辅助提取中,乙醇浓度和超声波功率是主要影响因素,其次是超声波作用时间,料液比的影响相对较小,各因素之间无交互作用。根据设备实际情况,确定超声波辅助提取苹果渣中多酚的最佳工艺参数为乙醇浓度 49%,超声波功率为 370 W,作用时间为 136 s,料液比为 1:30(g/mL)提取率为 1.74 mg/g。在上述条件下对寒富苹果渣进行 3 次提取,提取率分别为 1.73 mg/g、1.69 mg/g、1.72 mg/g 平均提取率为 1.71 mg/g 与预测值基本一致。

在微波辅助提取实验中,微波功率和乙醇浓度为主要影响因素,其次是微波作用时间,料液比的影响较小,各因素之间无交互作用。根据设备实际情况,确定微波辅助提取苹果渣中多酚的最佳工艺参数为乙醇浓度 68%,微波功率为 500 W,料液比为 1:35(g/mL),作用时间为 320s 理论提取率为 1.78 mg/g。在上述条件下对寒富苹果渣进行 3 次提取,提取率分别为 1.75 mg/g、1.77 mg/g、1.75 mg/g 平均提取率为 1.76 mg/g 与预测值基本一致。

第三节　大孔树脂纯化寒富苹果渣多酚技术研究

一、材料与设备

(一)材料及试剂

寒富苹果由沈阳农业大学园艺学院提供。

盐酸、无水碳酸钠:天津东华试剂厂;无水乙醇:天津市百世化工有限公司;钨酸钠、钼酸钠、硫酸锂、氢氧化钠、没食子酸标准品:国药集团化学试剂有限公司。以上试剂均为分析纯。

（二）供试树脂

HPD-100，HPD-600，HPD-700，HPD-826，ADS-17，WD-6，AB-8，D101，D301，S-8：河北沧州宝恩吸附材料科技有限公司。

（三）主要仪器设备

HL-25 恒流泵：上海青浦沪西仪器厂；PHS-25C 型精密 pH 计：上海理达仪器厂；HX202T 电子天平：慈溪市天东衡器厂；HH-6 恒温水浴锅：常州国华电器有限公司；RE-52AA 旋转蒸发仪：上海亚荣生化仪器厂；WF-A2000 型榨汁机：浙江永康市伟丰电器厂；电子分析天平：北京赛多利斯仪器系统有限公司；LG-5/12 真空冷冻干燥机：北京广开源科学器材；SHA-C 恒温水浴振荡器：常州国华电器有限公司；SHB-ⅢA 循环水式真空泵：郑州长城科工贸有限公司；DZF-6050 型真空干燥箱：上海精宏仪器设备有限公司；TU-1810 紫外可见分光光度计：北京普析通用仪器有限公司；JY92-Ⅱ超声波细胞粉碎机：宁波新芝生物科技股份有限公司；DHG-9070A 电热恒温鼓风干燥箱：上海精宏实验设备有限公司。

二、试验方法

（一）苹果多酚粗提物的制备

工艺流程：寒富苹果→苹果渣→乙醇溶液浸提（超声波辅助提取）→抽滤→真空浓缩→真空干燥→苹果多酚粗提物。

（二）苹果多酚含量测定方法

采用福林（Folin-Ciocalteus）法，以没食子酸为标准品测定苹果多酚提取液中多酚的含量（郭娟等，2006）。提取液多酚物质含量的测定：从一定体积的提取液中吸取 $100~\mu L$ 于 10 mL 容量瓶中，加入福林试剂 2.0 mL，充分振荡后静置 $3\sim4$ min，再加入 10% Na_2CO_3 溶液 2.0 mL，定容，摇匀置于 25℃ 恒温水浴中反应 2 h，以试剂空白为对照，765 nm 下测定吸光度 A_{765}。根据标准曲线方程求得 $100~\mu L$ 待测液中多酚物质的含量，进一步算出提取液中多酚物质的含量（郑虎哲等，2008）。

1. 树脂的预处理及再生

各种大孔吸附树脂以无水乙醇在室温下密封浸泡 8 h，使其充分溶胀；然后用无水乙醇冲洗至无白色浑浊，以蒸馏水洗至中性；再以 5% 的盐酸溶液浸泡 8 h，蒸馏水冲洗至中性；最后用 5% 的 NaOH 溶液浸泡 8 h，蒸馏水冲洗至中性，备用。

树脂每次处理过多酚需再生，先用无水乙醇浸泡 8 h，用蒸馏水洗至中性后再按预处理方法用 5% 盐酸溶液和 5% NaOH 溶液处理，备用（李建新，2008）。

2. 静态吸附与解吸试验

准确称取用滤纸吸干表面水分的经过预处理的树脂 1 g（精确到 0.000 1 g），置于 250 mL 三角瓶中，加入已知浓度的苹果多酚粗提液 100 mL，避光密封，置于恒温水浴振荡器中，25℃，120 r/min 振荡吸附使之达到吸附平衡。滤出树脂，用蒸馏水洗去表面残留多酚溶液后用滤纸吸干表面水分备用，FC 法测定溶液中剩余多酚浓度，根据以下公式计算树脂吸附率。

$$Q = \frac{(c_0 - c_e) \times V_A}{W} \qquad A = \frac{(c_0 - c_e)}{c_0} \times 100\%$$

式中,Q—吸附量,mg/g;

c_0—粗提液中总多酚的起始浓度,mg/mL;

c_e—吸附平衡时溶液中的总多酚浓度,mg/mL;

V_A—吸附液体积,mL;

W—树脂质量(湿重),g;

A—吸附率,%。

量取一定浓度的乙醇溶液 100 mL 于 25℃下振荡洗脱吸附了苹果多酚的树脂 2 h,FC法测定解吸液中总多酚浓度,计算洗脱率,公式如下。

$$D = \frac{c_D V_D}{(c_0 - c_e) \times V_A} \times 100\%$$

式中,D—洗脱率,%;

c_D—洗脱液中总多酚浓度,mg/mL;

V_D—洗脱液体积,mL(王丽媛等,2009)。

以吸附量、吸附率、洗脱率这 3 个指标筛选出一种合适的树脂,并用这种树脂进行后续的静态和动态试验研究。

3. 动态吸附与洗脱试验

准确量取经过预处理的树脂 10 mL,湿法装入 1.6 cm×60 cm 的层析柱中,用蒸馏水平衡后以一定流速上样并收集流出液,每 10 mL 为一管,当流出液中多酚浓度达到上样液多酚浓度的 10%时,即出现漏点,停止进样。根据流出液的总体积、吸附前以及吸附后粗提液中的多酚浓度计算动态吸附量。

吸附饱和后,用一定量蒸馏水洗去树脂表面残留的苹果多酚溶液及可溶性多糖等杂质后,以一定的流速用适当浓度的乙醇溶液洗脱,每 10 mL 为一管分段收集洗脱液,测定洗脱液中多酚物质的含量,并绘制洗脱曲线(吕群金等,2010;王育红等,2009)。合并多酚含量较高的洗脱液,制成苹果多酚样品粉末,计算回收率及样品多酚纯度,公式如下。

$$R = \frac{c_2 V_2}{c_0 V_1} \times 100\%$$

式中,R—回收率,%;

c_0—粗提液中总多酚的起始浓度,mg/mL;

V_1—上样液的总体积,mL;

c_2—洗脱液中多酚浓度,mg/mL;

V_2—洗脱液体积,mL。

$$P = \frac{c_2 V_2}{M} \times 100\%$$

式中,P—样品中多酚纯度,%;

M—多酚样品重量(干重),mg。

寒富苹果深加工关键理论与技术

三、结果与分析

(一)大孔吸附树脂的筛选

选择 10 种不同型号的大孔吸附树脂,通过静态试验考察其对苹果多酚的吸附及解吸性能,结果见图 7-24。

从图 7-24 可以看出,D301、S-8、HPD-100 和 HPD-826 型树脂有较强的吸附能力,AB-8、HPD-600、HPD-700 型树脂的吸附次之,WD-6、ADS-17、D101 型树脂的吸附能力较差。D301、S-8、HPD-100、HPD-826 型树脂和 AB-8、HPD-600、HPD-700 型树脂之间的吸附率差异显著($P < 0.05$)。但 D301 和 S-8 型树脂的解吸性能较差,说明大部分被吸附的多酚物质无法从树脂中分离出来,因而达不到分离纯化的目的。HPD-700、HPD-826、ADS-17、HPD-600、HPD-100、WD-6 型树脂的解吸性能则较好,解吸率较高,这 6 种树脂的解吸率差异不显著($P > 0.05$)。综合分析,HPD-826 型树脂不仅有较好的吸附能力(吸附率50.50%),解吸性能也很强(解吸率84.13%),因此本试验选用 HPD-826 型树脂作为分离纯化寒富苹果多酚的材料。

1. HPD-826 型树脂的静态吸附曲线

进行静态吸附试验时,定时从上清液中取样,测定多酚含量,绘制静态吸附曲线。吸附速度是树脂吸附性能的重要参考指标(朱静等,2010)。由图 7-25 可知,在吸附的初始阶段,HPD-826 型树脂吸附苹果多酚的速率非常快,吸附 1 h 时树脂对多酚的吸附量就达到了吸附总量的 71.45%,2 h 时达到了 87.20%,说明 HPD-826 型树脂对苹果多酚的选择性较强。随着时间的延长吸附速率急剧下降,吸附 6 h 时吸附量为总吸附量的 98.56%。随后树脂的吸附量缓慢增加,12 h 时基本趋于吸附饱和状态。

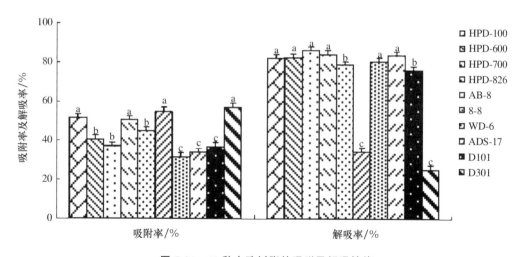

图 7-24　10 种大孔树脂的吸附及解吸性能

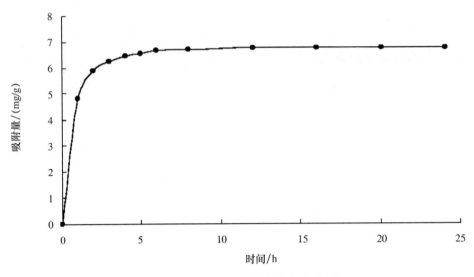

图 7-25　HPD-826 型树脂的静态吸附曲线

2. 供试液 pH 的确定

从图 7-26 中可以看出,溶液的 pH 过高或过低树脂的吸附量都相对较低,当溶液的 pH 为 5 时,树脂对苹果多酚的吸附量最高,为 7.57 mg/g。通常情况下,酸性物质在适当的酸性溶液中被吸附的较好,碱性物质在适当的碱性溶液中可被充分吸附,中性物质则在中性条件下被吸附(龚志华等,2001)。苹果多酚具有多酚结构,也包含一些酚酸类物质,如绿原酸等,其提取液呈酸性(王育红,2007),因此弱酸性溶液有利于多酚物质的吸附,所以调整溶液的 pH 为 5 可提高树脂的饱和吸附量。

3. 供试液浓度的确定

由图 7-27 可知,当溶液中多酚物质浓度较低时,随着溶液浓度的增大,吸附量也随之增大。当粗提液中多酚浓度增加到 0.761 3 mg/mL 时,吸附量最大,可达到 16.53 mg/g。但如果继续增加粗提液的浓度,溶液中不仅会出现絮凝和沉淀,吸附量也呈下降的趋势。这可能是由于粗提液中多酚浓度较低时,浓度的增大可以加强多酚分子与树脂的接触,加速多酚分子进入树脂内部并迅速扩散。而当粗提液浓度增加到一定程度后,树脂表面接触的多酚分子过多,互相有一定的阻碍作用,影响多酚分子在树脂内部的扩散,导致树脂吸附量下降。同时,浓度增加,粗提液中能与多酚竞争吸附的杂质也会增加(艾志录等,2007)。因此,多酚溶液的浓度应控制为 0.5~0.8 mg/mL。

4. 解吸温度的确定

将吸附饱和的大孔树脂在不同的温度条件下进行解吸试验,结果如图 7-28 所示,可以看出,随着解吸温度的不断升高,大孔树脂的解吸率呈下降的趋势。在解吸温度 20℃时,解吸效果最好,解吸率为 84.26%,所以将温度控制在 20℃左右将有利于树脂的解吸。

5. 解吸剂浓度的确定

本试验选择安全无毒的乙醇作为解吸剂。由图 7-29 可知,在乙醇浓度较低的条件下,增加乙醇溶液浓度,解吸率也随之增加,这可能是因为乙醇浓度较低时无法有效地破坏树脂与多酚之间形成的氢键,以致解吸率较低(叶燕彬等,2010)。当乙醇浓度增加到 60% 时,解吸率为 85.24%,继续增加乙醇浓度解吸率虽稍有下降,但也相对较高。考虑到高浓度乙醇易挥发且增加生产成本,选择 60% 的乙醇作为解吸剂较为合适。

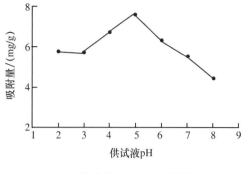

图 7-26　供试液 pH 对吸附量的影响

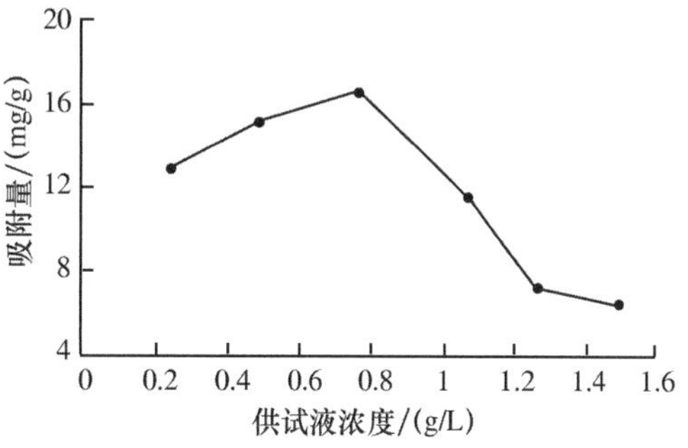

图 7-27　供试液浓度对吸附量的影响

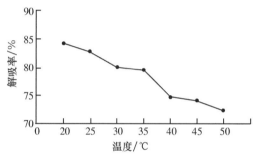

图 7-28　温度对解吸率的影响

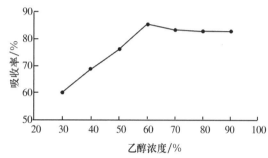

图 7-29　乙醇浓度对解吸率的影响

(二)HPD-826 型树脂的动态吸附试验

1. 上样速率对动态吸附量的影响

上样速率主要是影响溶质向树脂表面的扩散,流速不同则树脂达到吸附饱和时的吸附量也不同。上样速度慢,虽有利于树脂对多酚物质的吸附,可是会延长树脂达到吸附饱和的时间,降低树脂吸附的效率。但当上样速率过大时,溶液中的多酚物质还未扩散到树脂的内表面,就被冲出柱子,从而造成树脂吸附率的下降(郭娟,2006)。从图 7-30 可以看出,随着上样速率的增加,树脂对多酚的吸附量反而降低,上样速率为 2.5 mL/min 时,树脂的吸附量仅为 2.30 mg/mL。上样速率为 0.5 mL/min 时,吸附量最高,为 6.06 mg/mL。上样速率为 1.0 mL/min 时吸附略低于 0.5 mL/min 上样的吸附量,为 5.93 mg/mL,相差不大。考虑到树脂的吸附量和工作效率的问题,控制上样速率为 1.0 mL/min 较好。

2. 洗脱速率对洗脱效果的影响

根据上述试验确定的吸附流速,选择 0.5 mL/min 和 1.0 mL/min 两个洗脱速率来考察动态洗脱的效果(张泽生,徐英,2006)。从图 7-31 可以看出,少量的洗脱剂就可将吸附在树脂上的苹果多酚洗脱下来,但不同的洗脱速率对洗脱效果有较大的影响。以 0.5 mL/min 的速率进行洗脱时,峰形较集中,无明显拖尾现象。其中 2～4 BV 的洗脱液中多酚物质含量较高,5 BV 的 60% 乙醇基本可将吸附在树脂上的多酚洗脱下来,洗脱率可高达 89.24%,回收率可达到 65.72%。合并的洗脱液经旋转蒸发浓缩后真空冷冻干燥得苹果多酚样品,纯度为

52.26%。以 1.0 mL/min 的速率洗脱则洗脱带略宽,稍有拖尾现象,洗脱率仅为 79.59%,洗脱不完全。因此可选择 0.5 mL/min 的洗脱流速。

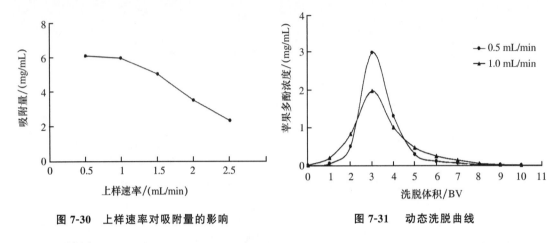

图 7-30　上样速率对吸附量的影响　　　　　图 7-31　　动态洗脱曲线

四、结论

通过对 10 种大孔吸附树脂的静态吸附和解吸性能的考察可知,HPD-826 型树脂具有良好的吸附和解吸性能,是初步分离纯化寒富苹果多酚物质的优良材料。

在大孔树脂的静态吸附过程中,以其对苹果多酚的吸附量为指标,对影响吸附量的苹果多酚提取液的浓度、提取液 pH 以及上样速率等进行考察。结果表明,当多酚溶液浓度为 0.5～0.8 mg/mL、pH 为 5 时,以 1.0 mL/min 的流速上样,HPD-826 型树脂对寒富苹果多酚的吸附量较高,为 5.93 mg/mL。

在大孔树脂的动态解吸过程中,洗脱液的浓度、洗脱速率是影响洗脱率的主要因素。本试验结果表明,在 20℃下以 60% 的乙醇作为洗脱剂,洗脱流速为 0.5 mL/min 时,洗脱效果较好。在上述条件下进行洗脱试验,洗脱率可高达 89.24%。洗脱液经浓缩干燥,多酚纯度可达 52.26%。

第四节　柱层析纯化寒富苹果渣多酚及组分分析研究

一、材料与方法

(一)材料及试剂

苹果多酚干粉经大孔吸附树脂纯化后的。

氯仿、甲酸、硅胶(60 目)、硅胶(200～300 目)、硅胶 G 薄层层析板:国药集团化学试剂有限公司;甲醇:沈阳沈一精细化学品有限公司;葡聚糖凝胶 LH-20:北京博润莱特科技公司;儿茶素、绿原酸、根皮苷、槲皮素、阿魏酸、(-)-表儿茶素:中国药品生物制品检定所,以上试剂均为分析纯;甲醇、甲酸,迪马公司,以上试剂均为色谱纯;超纯水。

(二)主要仪器设备

HL-25 恒流泵、玻璃层析缸、SBA-100 数控计滴自动部分收集器:上海青浦沪西仪器厂;

玻璃层析柱:一沈化波试验仪器厂;电子分析天平:北京赛多利斯仪器系统有限公司;RE-52AA 旋转蒸发仪:上海亚荣生化仪器厂;LG-5/12 真空冷冻干燥机:北京广开源科学器材;SHB-ⅢA 循环水式真空泵:郑州长城科工贸有限公司;DZF-6050 型真空干燥箱、DHG-9070A 电热恒温鼓风干燥箱:上海精宏仪器设备有限公司;TU-1810 紫外可见分光光度计:北京普析通用仪器有限公司;1100 高效液相色谱分析仪、紫外-可见检测器、SB-C18 (2.1 mm × 150 mm,3.5 μm):美国 Agilent 公司;超声波清洗仪:天津奥特赛斯仪器有限公司。

(三)试验方法

1. 薄层层析法定性检测苹果多酚

薄层层析硅胶板活化:将硅胶板置于烘箱中,在 105℃下活化 2 h,备用。

点样:在距硅胶板下边缘 1.5 cm 左右的位置,用铅笔轻轻画一条直线。取毛细管吸取适量的样品溶液依次点在线上,各样点间的距离在 2 cm 左右。样点的直径应控制在 3 mm 左右,不能太大,且点样量要适中,点样量太少时,某些成分可能无法检出,点样量太多则容易产生拖尾现象,每个斑点都拉得很长,互相重叠,不能分开。注意点样时不要划破硅胶板。

展开:将 30 mL 配制好的展开剂倒入展开缸中,预饱和 5 min 左右。把点好样的硅胶板点样端朝下放入没有展开剂的展开缸中,静置 10～15 min。接着将薄板置于展开缸中展开,展开剂不能没过样品点,密闭展开。待展开剂前沿距硅胶板上端约 2 cm 时,取出硅胶板,立刻用铅笔标记出展开剂前沿的位置。

显色试剂的配制:分别配制 3‰的 FeCl₃ 溶液和 3‰的 Fe(CN)₆ 溶液,使用时将两种溶液等体积混合,并稀释 10 倍(曹治权,1986)。

显色:从展开缸中取出的硅胶板,待展开剂未完全挥干之前均匀地喷洒显色试剂。

2. 硅胶柱层析

硅胶的预处理:称取适量的硅胶(200～300 目),置于烘箱中,在 105℃下活化 2 h,备用。

装柱:活化好的硅胶用比例为氯仿:甲醇:水＝10:1:0.1 的溶液浸泡 4 h 左右,然后用玻璃棒不断搅拌使气泡逸出,接着将硅胶匀浆沿柱壁缓慢倒入玻璃层析柱内,边倒边用玻璃棒不断地搅拌,装柱体积为 300 mL。装好的硅胶柱应均匀、较紧密,不能有气泡,否则需重装。

上样:采用干法上样,称取 100 mg 经大孔树脂纯化后的苹果多酚样品溶解于 5 mL 甲醇中。称取 5 g 硅胶(60 目),用胶头滴管将样品溶液点在硅胶上,使其被硅胶完全吸附,在干燥箱中干燥后用漏斗缓慢倒在硅胶匀浆液面上;

洗脱:用 3 个柱体积的洗脱液经行洗脱,收集流出液,浓缩干燥后备用。

3. 凝胶柱层析

Sephadex LH-20 的预处理与再生:室温下,取适量葡聚糖凝胶 LH-20 放入烧杯中,加入一定量的甲醇溶液轻轻搅拌均匀,静置 24 h,操作过程中要避免剧烈的搅拌,以防止胶粒结构被破坏。凝胶充分溶胀后除去漂浮在水面的细小颗粒,反复处理,直至上层液澄清为止。Sephadex LH-20 可以反复使用,且凝胶柱的洗脱过程往往就是凝胶再生的过程。短期内不使用的凝胶,经水洗后再用不同梯度的甲醇洗,放入装有甲醇的瓶中保存。如长期不用时,可以用甲醇洗后再减压抽干,再用少量的乙醚洗净抽干。乙醚挥干后,在 60～80℃的条件下干燥,保存。

装柱:开始装柱时,为避免凝胶对支持物的冲击,应在空柱中留大约 20 mL 的甲醇溶液。接着边轻轻搅拌边将凝胶缓慢倒入层析柱(1.6 cm×60 cm)内,这时打开柱端阀门并保持一定流速,不能太快否则会造成凝胶板结,影响分离。进胶操作必须连续、均匀,要确保凝胶柱内无气泡、无分层和裂缝,须保证层析柱始终垂直,装柱体积为 100 mL。装好柱子后用至少 2 个柱体积的 60%甲醇溶液平衡,最后在吸附剂表面盖一张直径与柱内径相同的 0.45 μm 滤膜;

上样:准确称取 20 mg 经硅胶层析柱纯化后的苹果多酚样品,溶于 1 mL 60%的甲醇中。打开柱端阀门,待脱液流至距凝胶床表面 1~2 mm 处关闭阀门,将吸有样品的移液管置于凝胶床上方 1 cm 左右,再打开出口,使样品缓慢渗入凝胶柱内部。

洗脱:当样品快完全渗入凝胶床时缓慢加入少量洗脱液,待洗脱液渗入凝胶床表面下时,即可接恒流泵进行洗脱,流速为 0.5 mL/min,洗脱液为 60%的甲醇溶液,洗脱 5 个柱体积。利用自动部分收集器收集洗脱液,每 10 mL 一管,在 280 nm 下逐管测定吸光值,绘制苹果多酚洗脱曲线,根据洗脱曲线收集不同组分,旋转蒸发除去有机溶剂后,冷冻干燥,备用。

4. 纯度及回收率的计算公式

$$R = \frac{c_2 V_2}{c_0 V_1} \times 100\%$$

式中,R—回收率,%;

c_0—粗提液中总多酚的起始浓度,mg/mL;

V_1—上样液的总体积,mL;

c_2—洗脱液中多酚浓度,mg/mL;

V_2—洗脱液体积,mL。

$$P = \frac{c_2 V_2}{m} \times 100\%$$

式中,P—样品中多酚纯度,%;

m—多酚样品重量(干重),mg。

(四)色谱条件

色谱柱:S13-C18(2.1 mm×150 mm,3.5 μm);流动相:A 为甲醇,B 为 0.5%的甲酸水溶液;柱温:30℃;流速:0.2 mL/min;进样量:5 μL;检测器:紫外-可见检测器;检测波长:250 nm、280 nm;梯度洗脱程序:0~25 min,溶剂 A 由 15%上升到 60%;25~30 min,溶剂 A 由 60%上升到 90%。

(五)样品溶液的制备

收集凝胶层析的洗脱液,经减压浓缩干燥后得苹果多酚样品。取 300 mg 苹果多酚样品,溶解于少量的甲醇中,定容在 10 mL 的容量瓶中,摇匀,制成 30 mg/mL 的苹果多酚样品溶液。放入冰箱中避光冷藏保存,备用。

(六)标准溶液的配制

准确称取儿茶素、绿原酸、(-)-表儿茶素、槲皮素、阿魏酸标准品各 10 mg,用少量的甲醇溶解并分别定容至 10 mL,摇匀,配制成 1 mg/mL 的标准品溶液。分别移取 2.0 mL 儿茶素、绿原酸、(-)-表儿茶素、槲皮素、阿魏酸标准溶液,用甲醇定容至 50 mL,得标准品混合溶液,使用时用甲醇采用逐级稀释法稀释成不同浓度梯度的标准溶液,将这些标准品溶液放置于冰箱中避光冷藏保存。

(七)线性关系的检验

将按上述方法配制成的标准品混合溶液稀释成不同浓度梯度的混合标准溶液,在确定的色谱条件下,进行 HPLC 检测,进样量 5 μL。根据标准品色谱峰的峰面积与其进样的浓度进行线性回归,从而确定回归方程、相关系数以及线性范围。

二、结果与分析

(一)薄层层析展开剂的选取

选用薄层色谱法定性检测化合物时,首先要了解待分析化合物的性质,然后再选择合适的吸附剂和展开剂。待分析的化合物、吸附剂和展开剂三者配合恰当才能得到良好的分离效果。薄层层析展开剂的选取主要是依据吸附剂以及待分离样品的极性大小。在一个多元的展开系统中,极性不同的溶剂起的作用也不同。极性较大的溶剂可使物质在薄层上移动加快,增加展开后的比移值;极性较小的溶剂降低极性较大的溶剂的洗脱能力,使其比移值减小;在展开剂中适当加入少量的有机酸,可防止待分离物质在分离过程中的扩散,使某些极性物质的斑点集中,减少拖尾现象(刘纪红和严守雷,2008)。本试验选择下列几种不同的梯度展开剂体系,分别为①氯仿:甲醇:甲酸 = 10:1:0.5;②氯仿:甲醇:甲酸 = 8:1:0.5;③氯仿:甲醇:甲酸 = 5:1:0.5;④氯仿:甲醇:甲酸 = 3:1:0.5;⑤氯仿:甲醇:甲酸 = 1:1:0.5 对苹果多酚进行层析分离。由不同展开剂体系展开的结果见表 7-7。

表 7-7　薄层层析结果

氯仿:甲醇:甲酸	展开后的现象
10:1:0.5	有两个明显的点出现,且点与点分开的距离适中
8:1:0.5	有两个明显的点出现,但点与点之间的距离较近
15:1:0.5	点与点之间稍有分开,但不明显,有拖尾
3:1:0.5	出现一个单独的点,其余的部分呈现出一个蓝色的条带
1:1:0.5	呈现出一个蓝色的条带,没有出现单独的点

由表 7-7 的结果可以看出,选用氯仿:甲醇:甲酸 = 10:1:0.5 作为薄层层析展开剂时,展开效果最好,在硅胶板上不仅有单点出现且点与点之间有一定的距离,所以本试验选用该溶剂体系作为硅胶柱层析的洗脱剂。

(二)硅胶柱层析分离纯化结果

根据上述试验的结果,选择氯仿:甲醇:甲酸=10:1:0.5 的溶液系统上柱洗脱,收集经硅胶柱洗脱的样品溶液,洗脱液中苹果多酚含量为 0.028 mg/mL。浓缩干燥后得到的苹果多酚样品,纯度可达 60.61%,回收率为 33.84%。该样品的薄层层析检测如图 7-32 所示。

图 7-32　苹果多酚薄层层析谱图

(三)凝胶柱层析分离纯化结果

凝胶柱层析的效果通常会受到洗脱流速的影响,样品中小分子的组分扩散的速度较快,容易在两相之间达到平衡,因而洗出的峰尖而且窄,而且受洗脱速度的影响较小;而样品中大分子的组分扩散的速度相对较慢,在两相间未能建立平衡,洗出峰变得很宽(达世禄,1999)。本文选择 0.5 mL/min 的洗脱流速进行洗脱试验,洗脱曲线如图 7-33 所示。

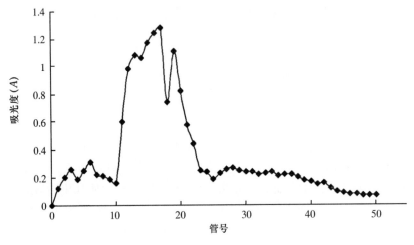

图 7-33　洗脱曲线

从图 7-33 可以看出,以 0.5 mL/min 的速度进行洗脱时,比较的明显的峰有 4 个,较早出现的峰吸光度都较小,说明多酚含量低。从第 10 管开始,多酚含量增加的较明显,大部分的多酚物质都集中在第 10 管到第 23 管,从第 23 管以后洗脱液中多酚的含量就较低。将第 10 管到第 23 管的洗脱液合并。经测定,洗脱液中多酚物质的浓度为 0.003 3 g/L。将样品浓缩干燥,通过计算可知多酚样品的纯度可达 85.38%。在 0.5 mL/min 的流速下,样品与凝胶达到了充分的平衡,样品的分离效果较好。

(四)标准品的定性分析

取儿茶素、绿原酸、(-)-表儿茶素、槲皮素、阿魏酸标准品的混合溶液 5 μL,在 250 nm 和 280 nm 两个波长下分别进行色谱分析,结果如图 7-34、图 7-36 所示。

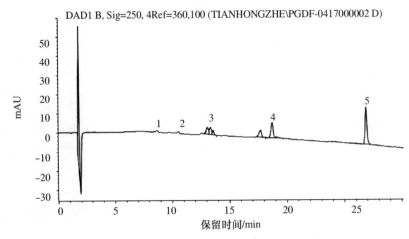

图 7-34　标准品在 250 nm 下的 HPLC 图谱

寒富苹果深加工关键理论与技术

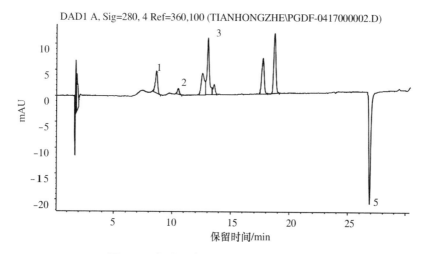

图 7-35　标准品在 280 nm 下的 HPLC 图谱

与每个标准品的保留时间进行比对,确定每个峰对应的多酚标准品单体,结果如表 7-8 所示。

表 7-8　标准品的保留时间及对应的物质

峰序号	保留时间/min	对应物质
1	8.610	儿茶素
2	10.533	绿原酸
3	12.580	(-)-表儿茶素
4	18.728	阿魏酸
5	28.880	槲皮素

(五)苹果多酚样品的分析

图 7-34、图 7-35 为苹果多酚样品在 250 nm 以及 280 nm 下的 HPLC 图谱。将标准品的色谱图与苹果多酚样品的色谱图进行比较,对保留时间相同的色谱峰进行定性鉴定。从图 7-34、图 7-35 可知,经凝胶柱层析纯化后的苹果多酚样品确定含有槲皮素、绿原酸和(-)-表儿茶素这 3 种物质,其中(-)-表儿茶素和绿原酸是苹果中主要的小分子酚类物质(吴燕华等,2002)。从 280 nm 下的色谱中可以看出,绿原酸的含量相对较高。未检测到儿茶素和阿魏酸,还有其他一些成分由于试验条件的限制无法定性,还需要进一步的研究。

(六)分析方法的评价

分别对不同浓度的混合标准品溶液进行分析,为了减小定量时的误差,各物质要提取其在最大吸收波长下的色谱图,并利用该色谱图的峰面积定量。本文中绿原酸和(-)-表儿茶素提取其在 280 nm 下的色谱图、槲皮素提取其在 250 nm 下的色谱图进行定量分析。以各标准品的峰面积为纵坐标,标准溶液的浓度(mg/mL)为横坐标,进行线性回归。得到 3 种标准品的回归方程和相关系数,见表 7-9。

表 7-9　3 种标准品的回归方程

标准品	回归方程	线性范围/(mg/mL)	相关系数 R^2
绿原酸	$y = 6\,346.9x - 606.25$	0.04～1	0.9848
(-)-表儿茶素	$y = 16\,828x - 1\,462.9$	0.04～1	0.9857
槲皮素	$y = 6\,465.2x - 186.3$	0.04～1	0.9980

注:线性方程中 y 为标准品的峰面积,x 为标准品溶液的浓度(mg/mL)。

从表 7-9 中可以看出,3 种标准品在其线性范围内,相关系数 R^2 都大于 0.9840,说明线性关系良好,能够满足定量分析的要求。

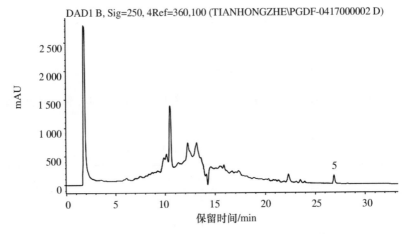

图 7-36　苹果多酚样品在 250 nm 下的 HPLC 图谱

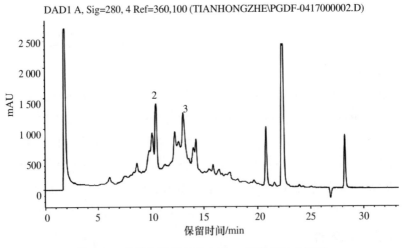

图 7-37　苹果多酚样品在 280 nm 下的 HPLC 图谱

(七)样品多酚含量分析

纯化后的苹果多酚样品经色谱分析后,根据峰面积,利用外标法定量。将峰面积代入相应的回归方程求得样品中绿原酸、(-)-表儿茶素、槲皮素的含量。含量分析结果见表 7-10。

表 7-10　苹果多酚样品中 3 种物质的分析结果　　　　　　　　　mg/mL

项目	绿原酸	(-)-表儿茶素	槲皮素
苹果多酚样品	1.834 0	0.704 1	0.291 2

由表 7-10 可知,经凝胶柱层析纯化后的苹果多酚样品中,绿原酸的含量最高,(-)-表儿茶素和槲皮素的含量较低。

三、结论

大孔吸附树脂适合用于苹果多酚的初步分离纯化,要得到纯度更高的苹果多酚制品还需要进一步精制。

以不同的溶剂系统作为展开剂,观察薄层色谱分析的结果,确定了硅胶柱层析的最佳洗脱剂为氯仿:甲醇:甲酸为10:1:0.5的溶剂系统,收集硅胶层析的洗脱液,经测定,洗脱液中苹果多酚含量为 0.028 mg/mL。真空浓缩干燥后得到的苹果多酚样品,经计算其纯度可达 60.61%,回收率为 33.84%。

经过硅胶柱层析纯化的苹果多酚样品用 Sephadex LH-20 进行进一步的精制,采用 60%的甲醇溶液作为洗脱剂,以 0.5 mL/min 的流速进行凝胶柱的洗脱,合并多酚含量较高的洗脱液,经测定多酚类物质的含量为 0.003 3 g/L,真空浓缩干燥后样品中多酚类物质的纯度可达 85.38%。

高效液相色谱法是 20 世纪 70 年代发展起来的一种色谱分析法,经过近 40 多年的发展,由于其选择性好、分离效果好、检测灵敏度高和分析速度快等特点,越来越受到人们青睐。高效液相色谱法是目前分析酚类物质的常用的有效方法。本章利用高效液相色谱法(HPLC)测定寒富苹果渣多酚类物质,并通过外标法计算每种物质的含量。

利用高效液相色谱法对儿茶素、绿原酸、(-)-表儿茶素、槲皮素、阿魏酸 5 种标准品进行了定性和定量分析,从而确定了每种标准品的保留时间以及其中 3 种标准品的回归方程。结果表明:各标准曲线都具有较好的线性,可以用于样品的定量分析。

试验中对苹果多酚样品进行了 HPLC 分析,得到的色谱图与各标准品的保留时间对照,确定样品中含有槲皮素、绿原酸和(-)-表儿茶素,另外还有一些无法确定的组分。经计算,样品中槲皮素的含量为 0.291 2 mg/mL,绿原酸的含量为 1.834 0 mg/mL,(-)-表儿茶素的含量为 0.704 1 mg/mL。

第八章　寒富苹果渣果胶的制备、纯化及抗氧化性的研究

第一节　概　述

苹果作为一种营养丰富的水果深受人们喜爱,其营养成分水溶性好,很容易被人体吸收利用,因此,苹果汁饮品及苹果相关副产品备受人们青睐,每年苹果加工都会产生大量的苹果渣废料,这些废料绝大部分都被丢弃,这不但影响环境,而且造成了巨大的经济损失,因此,研究废弃果渣的重新利用有很广阔的前景。

苹果渣中含有丰富的果胶物质,果胶有良好的乳化、增稠和凝胶等作用,在苹果渣中提取的果胶可作为一种天然的食品添加剂。近年来,果胶在食品、化工、医药等领域的应用,越发受到人们都重视,其良好的降压、降血糖等保健作用,可以作为三高患者理想的食品原料。因此,利用苹果残渣提取果胶对于环境、经济有着重要的意义。

近年来,中国的苹果产量连年递增随之而来的苹果渣再利用的问题也得到了广泛的关注。本文作为应用开发型课题,主旨就在于解决苹果渣的循环利用等问题,并且在此基础上完善提取沉降等工艺,为其他果渣的再利用提供了借鉴。不仅如此还可以给果品加工企业带来新的技术,解决其资源浪费的大环境,我国自主生产的果胶质量低,生产规模小,希望通过本文对改进和提高企业的综合竞争力和企业效益有一定的帮助。

第二节　酸法提取寒富苹果渣果胶的研究

一、材料与仪器

(一)材料与试剂

寒富苹果由沈阳农业大学园艺学院提供。

盐酸、硫酸、硝酸、磷酸、亚硫酸、咔唑均为分析纯,购于国药集团;试验用水为蒸馏水。

(二)仪器与设备

DZF-6050 真空干燥箱,上海精宏实验设备有限公司;MC249 电子天平,北京赛多利斯仪器系统有限公司;PHS-25 数显酸度计,上海精密科学仪器有限公司;HH-6 数显恒温水浴锅,国华电器有限公司;TDL-40B 台式离心机,上海安亭科学仪器厂;TU-1810 紫外可见分光光度计,北京普析通用仪器有限公司。

二、试验方法

(一)苹果渣果胶的提取工艺流程

苹果渣 → 预处理 → 酸提取 → 分离 → 废渣

└→ 果胶提取液 → 脱色 → 盐析 → 果胶盐 → 脱盐 → 标准化 → 成品

(二)提取果胶的操作要点

1. 原料预处理

苹果洗净用榨汁机压榨,得到苹果渣,再将其在 60℃ 下干燥备用。将干燥的果渣粉碎后,过 60 目筛,用温蒸馏水浸泡干果渣约 30 min,重复进行 3～4 次至浸泡水无明显变色。

2. 酸水解

用选定酸调试 pH,保温水解。

3. 过滤

水解后用纱布过滤,并反复冲洗滤渣直至不黏稠,滤液过 200 目筛备用。

4. 脱色

利用大孔树脂进行脱色,并收集果胶液。

(三)酸的选择

酸的选择对于果胶的提取非常重要,根据制取果胶的原料不同,酸的种类也有所不同。提取苹果果胶需要用酸性较强的无机酸来调试 pH,本试验选取了几种较为常见且酸性较强的酸以及有漂白作用的 H_2SO_3 进行试验,将两种酸混合使用,对其提取结果进行比较和验证,从中选取最合适的酸或者是组合酸来完成本试验。

试验方法:取制备好的干果渣 2 g,向其中加入 40 mL 的蒸馏水,分别用备选酸:HCl,HNO_3,H_2SO_4,H_3PO_4,HCl＋H_2SO_3,$HNO_3＋H_2SO_3$,$H_2SO_4＋H_2SO_3$,$H_3PO_4＋H_2SO_3$ 8 种酸,调试反应液的 pH 至 1.5,将调试好的反应液放入恒温水浴锅中,温度保持在 90～100℃,反应 1.5 h,待反应结束将其取出,过滤并搜集滤液,对滤液中果胶含量和透光率进行测量,通过对比找出果胶含量高且透光率好的一组试验,判断选用哪种酸进行酸提试验。

(四)酸法提取果胶的单因素试验

试验选取酸解时间为 0.5 h、1 h、1.5 h、2 h、2.5 h 和 3 h 六个水平,反应温度为 60℃、70℃、80℃、90℃和100℃ 五个水平,反应的 pH 为 1.0、1.5、2.0、2.5 和 3.0 五个水平,料液比为 1:8、1:12、1:16、1:20 和 1:24 五个水平,分别进行单因素试验,通过咔唑比色法计算果胶的得率,确定每个因素最适合的水平。

(五)响应面试验

为了系统考察每个因素对苹果果胶提取的影响,在单因素试验的基础上,采用 Minitab 16 软件设计整套试验方案,通过其进行数据的回归和线性分析,并且通过软件得出的 3D 图和等高线图做更进一步的分析。试验以 Box-Behnken 设计并建立数学模型,选取酸解时间、温度、pH 和料液比为自变量,果胶提取率为响应值,设计四因素三水平共计 29 个试验,其中的中心点重复 5 次。通过软件拟合自变量与响应值之间函数关系,利用响应面优化苹果果胶的提取工艺。

(六)脱色

果胶脱色的方法种类繁多,本试验采用活性炭和大孔树脂来作为脱色剂,对苹果渣果胶进行脱色,并测量其透光率和回收率的变化,从而选出适合的脱色剂。

活性炭脱色(金山,2008):使用 0.5%～3.0% 的活性炭,在 20～80℃ 的条件下脱色 10～60 min 之后,果胶液于 3 000 r/min 离心 30 min,搜集果胶液并测量透光率和回收率,确定最佳脱色条件。

大孔树脂脱色(周尽花,2005):将经过预处理的大孔树脂(HPD 700)装入层析柱中,树脂用量不要超过柱子的 2/3,在适当的温度下使果胶液通过柱子,并且改变流速来进行脱色,每收集 1 000 mL 的样品对大孔树脂进行洗脱浸泡可重复使用,测量果胶液透光率和回收率,确定最佳脱色条件。

(七)透析法除小分子

果胶液经过树脂脱色之后还残存这一些小分子物质,如一些离子、色素等,可以通过透析的方法将这些小分子物质除去。

将果胶液放入经过处理的透析袋中,投入蒸馏水中,透析过程要保证足量的蒸馏水,以保证适当的渗透压,透析 24 h,每 6 h 换一次蒸馏水,以便充分去除小分子物质。

(八)果胶物质的测定

本试验采用咔唑比色法(魏海香,2006)和称重法,前者适用于测量溶液状态下的果胶含量(以半乳糖醛酸含量表示),后者适用于测量固体状态果胶的含量。

1. 试剂

0.15% 咔唑乙醇溶液:将 0.15 g 咔唑溶于乙醇,并且定容至 100 mL。

标准半乳糖醛酸溶液:称取半乳糖醛酸(标准品)100 mg,溶于蒸馏水并且定容至 100 mL 摇匀,此时溶液的浓度为 1 mg/mL。用移液枪吸取 1 mg/mL 的半乳糖醛酸标准溶液 0、1、2、3、4、5、6 和 7 mL,置于 8 个 100 mL 的容量瓶中,用蒸馏水定容后,得到一组浓度分别为 0、10、20、30、40、50、60 和 70 mg/L 的溶液。

2. 操作

(1)标准曲线的绘制。在 8 份配制好的半乳糖醛酸标准溶液中分别吸取 1 mL,分别移入八支 10 mL 的具塞试管中,向每个试管中加入 6 mL 浓硫酸充分混合均匀,并且将试管置于冷水中冷却,然后将 8 支试管在沸水浴中加热 20 min,加热完毕后取出试管,用流动的冷水迅速将其冷却到室温,待冷却完成之后向各试管中加入 0.15% 的咔唑试剂 0.5 mL 摇匀,在室温下放置 40 min,等待显色,以蒸馏水做空白,在 530 nm 的波长下测定吸光度,测得数据并绘制标准曲线(表 8-1,图 8-1)。

表 8-1　标准曲线的吸光值

半乳糖醛酸含量/(mg/L)	0	10	20	30	40	50	60	70
吸光度	0	0.062	0.121	0.189	0.255	0.331	0.39	0.449

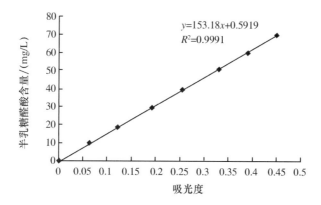

图 8-1　半乳糖醛酸含量标准曲线

（2）样品测定。取果胶提取液 1 mL 定容至 100 mL，再从中吸取 1 mL 置于 10 mL 的具塞试管中，加入 6 mL 浓硫酸，在沸水浴上加热 20 min，取出在冷水中冷却至室温，向其中加入配制好的咔唑试剂摇匀，在室温下放置 40 min，测定其吸光度并计算半乳糖醛酸含量。

3. 计算

$$半乳糖醛酸含量 = \frac{c \times V \times K}{m \times 10^6} \times 100\%$$

式中，c—半乳糖醛酸的浓度，mg/L

V—果胶提取液总体积，mL

K—提取液稀释倍数。

m—样品质量，g。

$$果胶提取率 = \frac{果胶质量(g)}{苹果渣质量(g)} \times 100\%$$

三、结果与分析

（一）酸的选择

从图 8-2 中可以看出在使用单一酸提取果胶时，其中盐酸的提取效果最好，提取率可达 12.58%，硫酸次之，而硝酸的提取率最低，仅为 7.21%，这可能是由于硝酸的酸性及氧化性过强在反应中破坏了果胶分子中的羟基，并且降低了果胶的亲水性（鲍金勇，2006）。同时，亚硫酸可以有效地软化果渣，并与葡萄糖等低聚糖发生反应，阻断羰氨反应带来的非酶褐变。经过研究发现各单一酸中加入亚硫酸之后，虽然果胶的提取率差异不明显，但是透光率有明显的提高，这表明单一酸与亚硫酸组合后对果胶粗提取液的色泽有很大的影响，在一定程度上提高了果胶的品质。其中，盐酸和亚硫酸（3:1）的组合提取效果最优，提取率和透光率分别达到 13.44% 和 34.8%，由于亚硫酸加热会产生有刺激性气味的二氧化硫，通过试验发现当盐酸与亚硫酸的配比为 3:1 时既可以保证果胶的透光率，又可以保证果胶没有异味。

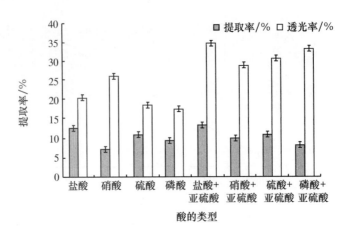

图 8-2　不同酸对果胶提取效果的影响

(二)酸法提取果胶的单因素试验

1.酸解时间对苹果渣果胶提取率的影响

在果胶的提取试验中,提取时间是影响果胶提取率的重要影响因素。经过预处理之后的果渣在酸解温度为 80℃,pH 为 2.0,料液比为 1:20 的情况下分别选取酸解时间 0.5 h、1.0 h、1.5 h、2.0 h、2.5 h 和 3.0 h 进行果胶提取试验,每组条件进行 3 次平行试验,得到的果胶提取率取平均值,提取率随提取时间的变化所受到的影响如图 8-3 所示。

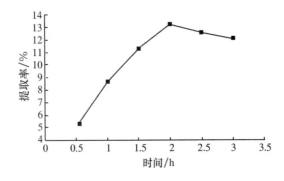

图 8-3　提取时间对果胶提取率的影响

如图 8-3 所示,果胶的提取率随着反应时间的增加而增加,当反应时间为 0.5 h 时,提取率仅为 5.32%,可见,提取时间过短反应不完全,无法使果渣中的果胶充分提取出来。当反应时间到达 2 h 时,提取率达最高为 13.27%。当反应时间继续增加,果胶提取率趋于平缓并略有降低,这是因为提取时间过长会引起部分果胶的水解从而降低了果胶的含量。因此选择 2 h 为果胶提取的最佳时间。

2.酸解温度对苹果渣果胶提取率的影响

选择合适的温度对于果胶的提取至关重要,经过预处理之后的果渣在酸解时间为 1.5 h,pH 为 1.5,料液比为 1:20 的情况下,选取酸解温度分别为 60℃、70℃、80℃、90℃和 100℃进行果胶的提取试验,研究温度对于果胶提取率的影响,试验结果如图 8-4 所示。

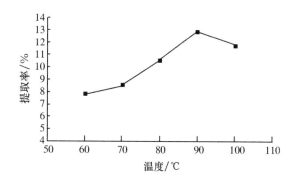

图 8-4　提取温度对果胶提取率的影响

由图 8-4 可以看出,随着提取温度的升高,果胶的提取率总体呈上升趋势。当温度为 60℃时,提取率仅为 7.93％,可见,温度过低无法达到使果胶充分水解出来的条件。温度升至 90℃的时候果胶提取率达到最高水平,为 12.89％。当温度继续升高则果胶的提取率开始逐渐下降,原因是温度过高会使果胶分子发生降解,进而影响果胶得率。因此本试验选择 90℃为提取果胶的最佳温度。

3. pH 对苹果渣果胶提取率的影响

提取果胶试验中 pH 对反应能否顺利进行起着决定性的作用,经过预处理之后的果渣在酸解时间为 1.5 h,温度为 80℃,料液比为 1∶20 的条件下,选取溶液 pH 为 1.0、1.5、2.0、2.5 和 3.0 进行果胶提取试验,研究 pH 对于果胶提取率的影响,试验结果如图 8-5 所示。

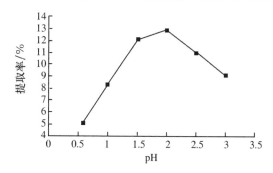

图 8-5　pH 对果胶提取率的影响

由图 8-5 可以看出,pH 对于果胶提取率的影响比较显著。pH 为 0.5 时溶液酸性比较大,果胶提取率仅为 5.12％,当 pH 为 2.0 时果胶提取率达最高为 12.96％,而 pH 继续升高时果胶提取率则呈现明显下降趋势。因此选择 pH 为 2.0 作为果胶提取的最佳条件。

4. 料液比对苹果渣果胶提取率的影响

料液比对也是果胶提取的重要影响因素之一,试验选择果渣的酸解时间为 1.5 h,温度为 80℃,pH 为 1.5,料液比分别为 1∶8、1∶12、1∶16、1∶20 和 1∶24 的条件下进行果胶提取试验,研究料液比对于苹果果胶提取率的影响,试验结果如图 8-6 所示。

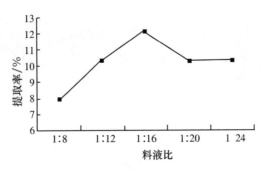

图 8-6　料液比对果胶提取率的影响

由图 8-6 可以看出,随着料液比的增大,果胶提取率逐渐先有所提高,达到峰值时又开始下降,当料液比为 1:8 时,提取率为 7.89%,当料液比为 1:16 时,提取率最大为 12.15%,当料液比继续增大,提取率先下降之后保持平缓,而且料液比过大会对以后的试验造成影响,使成本上升,因此选择料液比为 1:16 为果胶提取的最佳条件。

(三)响应面优化试验的结果分析

1. 苹果渣果胶提取的响应面模型拟合

根据单因素试验,以酸解时间(X_1)、温度(X_2)、pH(X_3)和料液比(X_4)为自变量,提取率(Y)为响应值,响应面试验的优化与分析。

(1)试验设计因素及水平见表 8-2。

表 8-2　响应面因素和水平

水平	X_1 时间/h	X_2 温度/℃	X_3 pH	X_4 料液比
-1	1.5	80	1.5	1:12
0	2	90	2	1:16
1	2.5	100	2.5	1:20

(2)建立响应面模型与显著性分析。本试验采用 Box-Behnken 组合设计,利用 Minitab 16 软件对果胶的提取进行定量研究并建立数学模型,研究提高苹果渣果胶的产量和品质的方法。试验结果如表 8-3 所示。

表 8-3　Box-Behnken 组合试验设计及试验结果

实验序号	X_1 时间/h	X_2 温度/℃	X_3 pH	X_4 料液比	提取率/%
1	0	0	0	0	14.45
2	0	1	0	-1	9.42
3	-1	0	1	0	12.34
4	1	0	0	-1	10.90
5	0	1	1	0	9.32

实验序号	X_1 时间/h	X_2 温度/℃	X_3 pH	X_4 料液比	提取率/%
6	−1	0	0	−1	8.96
7	0	0	−1	−1	11.39
8	0	0	0	0	15.01
9	−1	0	−1	0	9.98
10	−1	1	0	0	9.10
11	−1	−1	0	0	5.67
12	0	0	−1	1	13.11
13	0	−1	−1	0	9.16
14	−1	0	0	1	12.63
15	0	−1	0	−1	6.80
16	0	0	0	0	14.22
17	0	1	0	1	8.64
18	1	0	−1	0	10.96
19	1	−1	0	0	8.91
20	0	−1	0	1	9.14
21	0	1	−1	0	7.70
22	0	0	0	0	14.65
23	1	0	1	0	10.98
24	0	−1	1	0	7.65
25	0	0	1	1	13.46
26	1	0	0	1	11.11
27	0	0	0	0	14.38
28	0	0	1	−1	10.49
29	1	1	0	0	8.12

通过对表 8-3 进行统计分析得出表 8-4 回归方差分析结果,并且建立二次回归方程如下。

$$Y = -504.345 + 65.4587X_1 + 8.84877X_2 + 9.14367X_3 + 5.23171X_4 - 8.62133X_1^2 - 0.0465908X_2^2 - 5.18133X_3^2 - 0.0847865X_4^2 - 0.211X_1X_2 - 2.34X_1X_3 - 0.4325X_1X_4 + 0.1565X_2X_3 - 0.0195X_2X_4 + 0.15625X_3X_4$$

第八章 寒富苹果渣果胶的制备、纯化及抗氧化性的研究

表 8-4　响应面回归模型的显著性检验和方差分析(ANOVA)

变异来源	自由度	平方和	均方	F 值	P 值
X_1	1	0.411	0.411	1.20	0.293
X_2	1	2.058	2.058	5.58	0.033*
X_3	1	0.314	0.314	0.85	0.372
X_4	1	8.551	8.551	23.19	0.000**
X_1^2	1	9.333	30.113	81.70	0.000**
X_2^2	1	123.916	140.803	381.79	0.000**
X_3^2	1	7.258	10.884	29.51	0.000**
X_4^2	1	11.937	11.937	32.37	0.000**
X_1X_2	1	4.452	4.452	12.07	0.004**
X_1X_3	1	1.369	1.369	3.71	0.075
X_1X_4	1	2.993	2.993	8.12	0.013*
X_2X_3	1	2.449	2.449	6.64	0.022*
X_2X_4	1	2.434	2.434	6.60	0.022*
X_3X_4	1	0.391	0.391	1.06	0.321
回归	14	177.896	12.707	34.45	0.000
线性	4	11.364	2.841	7.70	0.002
残差误差	14	5.163	0.369		
失拟	10	4.761	0.476	4.73	0.074
纯误差	4	0.403	0.101		

注：* 为差异性显著($P \leqslant 0.05$)；** 为差异性极显著($P \leqslant 0.01$)；$R^2 = 97.18\%$；$R_{Adj}^2 = 94.36\%$。

从表 8-4 中可以看出，料液比(X_4)、酸解时间与温度(X_1X_2)相互作用对于果胶提取率的影响极显著($P < 0.01$)；酸解温度(X_2)、酸解时间与料液比(X_1X_4)相互作用、酸解温度与 pH(X_2X_3)相互作用和酸解温度与料液比(X_2X_4)相互作用对于果胶提取率的影响显著($P < 0.05$)；酸解时间、pH、时间与 pH 相互作用和 pH 与料液比相互作用不显著($P > 0.05$)。

方差分析结果表 8-4 表明：此模型的 $R_{Adj}^2 = 94.36\%$，回归模型的 $F = 34.45$，其对应的 $P = 0.000$，这说明该模型极显著，并且失拟项 $P = 0.074$ 大于 0.05，说明失拟项不显著，综上所述该回归方程的拟合度较好。

2. 响应面分析

为了方便考察模型中交互项对于苹果渣果胶提取率的影响，利用 Minitab 16 软件分析任意两个因素相互作用对于果胶提取率的影响，所得到响应面图及等高线图，如图 8-7 所示。

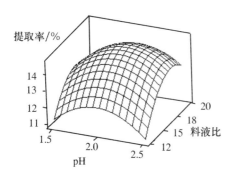
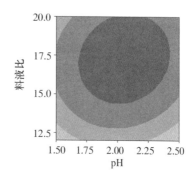

A. 料液比与 pH 的响应面图及等高线图

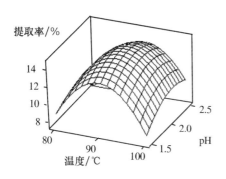
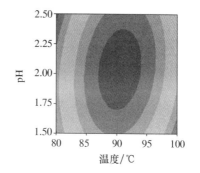

B. 酸解温度与 pH 的响应面图及等高线图

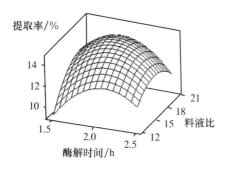
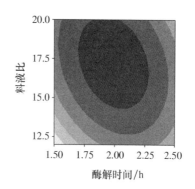

C. 酸解时间与料液比的响应面图及等高线图

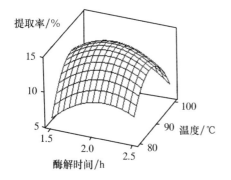
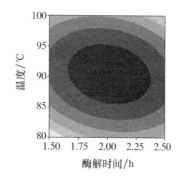

D. 酸解温度与时间的响应面图及等高线图

x

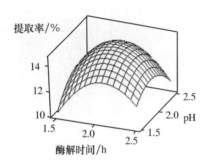 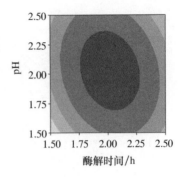

E. 酸解时间与 pH 的响应面图及等高线图

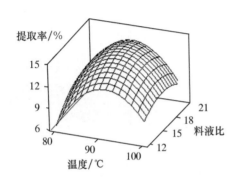 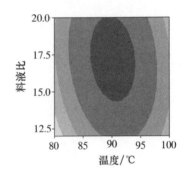

F. 酸解温度与料液比的响应面图及等高线图

图 8-7　响应面图及等高线图

响应面图表示 4 项影响因素中固定其中任意两项,另外两项交互作用对酸提效果的影响,图中的坡度可以说明随着反应条件的变化,果胶提取率的响应灵敏度,当曲面陡峭时说明响应灵敏度高,反之响应灵敏度低。等高线图中等高线呈椭圆形表示交互项的影响效果显著,而圆形表示影响不显著,在同一椭圆区域内的果胶得率相同,圆心附近区域的得率最大。

从图 8-7 中可以看出,随着每个影响因素的增大,对应的响应值也会开始增大,当因素增大到某个点时响应值达到峰值,因素继续增大响应值也开始下降。在交互项对于果胶提取率的影响中,酸解时间与料液比、酸解温度与 pH、酸解温度与料液比对于酸水解法提取苹果渣果胶的提取率影响均显著。此外由图 8-7 可知,6 组响应面均为抛物曲面状,容易寻找最大值和最优的工艺。

3. 果胶提取工艺的优化和验证

经过软件对数据进行优化,得到苹果渣果胶酸提的最佳工艺:酸解时间为 1.9 h、温度为 90.3℃、pH 为 2.1、料液比为 1:17,在此最佳条件下苹果渣果胶提取率的理论值为 14.71%。考虑到便于实际操作,将最佳工艺调整为:酸解时间 1.9 h、温度 90℃、pH 为 2.0、料液比为 1:17,在此工艺下进行验证,苹果渣果胶提取率为 14.96%,这与预测的理论值非常接近,结果表明该模型对于苹果渣果胶提取的优化是可行的,并有较好的预测能力。

(四)果胶脱色效果研究

1. 活性炭脱色

(1)活性炭用量对于苹果果胶脱色效果的影响。从图 8-8 可知,活性炭用量对于果胶脱色效果的影响较为明显,活性炭用量为 0.5％～3％时,随着活性炭用量的增加,果胶液的透光率有显著的提高。当活性炭用量为 1.5％时,果胶液的透光率为 74.92％,果胶回收率为 97.92％,活性炭用量为 2％时,果胶液的透光率达到 75.89％,果胶回收率为 96.88％。活性炭继续增加透光率变化不明显,但是回收率开始下降,对果胶的损失情况和透光率做综合考量选取活性炭的添加量为 1.5％。

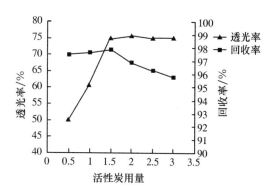

图 8-8　活性炭用量对于果胶脱色效果的影响

(2)脱色温度对于苹果果胶脱色效果的影响。从图 8-9 可知,脱色温度对于果胶的透光率影响比较明显,而对于回收率的影响不大。在脱色温度为 20～80℃时,随着温度的升高,果胶液的透光率有明显的上升,活性炭的脱色效果越来越明显,其中,当温度为 60℃的时候,透光率 77.18％,回收率 97.56％随着温度的继续升高果胶液的透光率变化趋于平稳,故出于成本的考量选择 60℃为脱色的最佳温度。

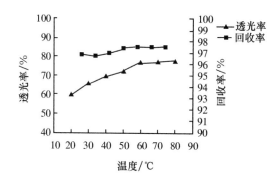

图 8-9　温度对于果胶脱色效果的影响

(3)脱色时间对于苹果果胶脱色效果的影响。从图 8-10 可知,脱色时间对于果胶液的透光率和果胶的回收率影响比较显著,随着脱色时间的增加,活性炭可更有效地吸附色素等物质,但当吸附时间过长果胶的回收率出现下降。当脱色时间达到 30 min 时,果胶液的透光率 79.38％,回收率 97.16％,随着时间的继续增加果胶液的透光率无明显变化,果胶回收率开始下降,故选 30 min 为果胶液脱色的最佳时间。

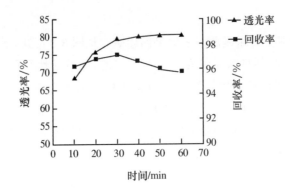

图 8-10 脱色时间对于果胶脱色效果的影响

(4)脱色工艺的验证。利用以上 3 组试验得出的最佳脱色条件,活性炭用量 1.5％、温度 60℃、时间 30 min 进行果胶液的脱色试验,结果显示果胶液的透光率为 79.82％,回收率为 97.66％。

2.大孔树脂脱色

(1)温度对果胶脱色效果的影响。从图 8-11 可知,当温度为 25℃时果胶液的透光率 75.46％,果胶的回收率 97.44％,但是温度继续升高透光率变化小,果胶回收率有明显的下降,故选择温度 25℃为大孔树脂脱色的最佳条件。

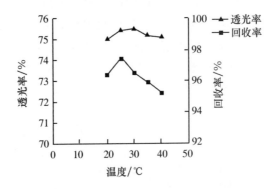

图 8-11 温度对于果胶脱色效果的影响

(2)不同流速对于果胶脱色效果的影响。从图 8-12 可知,随着流速的升高透光率呈微弱下降的趋势,而果胶的回收率却有显著的提高,当流速为 200 mL/h 时,透光率为 78.89％,果胶回收率为 96.42％,流速为 250 mL/h 时,透光率为 78.67％,果胶回收率为 97.55％。当流速过慢时,树脂可以与果胶充分接触利于吸附色素,但同时一部分果胶也不可避免地被大孔树脂吸附造成果胶的损失。因此,考虑上述条件选择流速为 250 mL/h 为大孔树脂脱色的最佳流速。

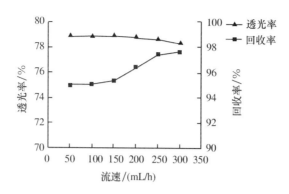

图 8-12　流速对于果胶脱色效果的影响

（3）大孔树脂脱色的工艺验证。通过以上两组试验确定大孔树脂脱色的最佳条件：脱色温度 25℃，果胶液流速 250 mL/h，在此条件下进行脱色试验，果胶液的透光率为79.72%，回收为 97.99%。

3．活性炭脱色与大孔树脂脱色效果的比较

比较活性炭脱色和大孔树脂脱色的效果，二者果胶液的透光率和果胶回收率相差无几，但用活性炭脱色后的果胶液残留中有部分极为细小的黑色颗粒难以清除，在一定程度上影响了果胶的品质。同时，活性炭脱色的果胶灰分含量（GB/T 5009.4—2003）达 6.88%，而树脂脱色的果胶灰分的含量为 4.26%，经过盐析之后发现通过活性炭脱色的果胶粉的颜色明显比树脂脱色的果胶粉颜色深。另外，在实际生产中树脂脱色后可以对树脂进行洗脱重复利用，利于节约成本。综上所述，选择大孔树脂对果胶液脱色是较好的方法。

四、结论

本试验对酸法提取苹果渣果胶的用酸种类和组合进行了分析比较，结果表明盐酸＋亚硫酸为最佳用酸。

采用单因素试验和响应面优化试验确定了酸法提取果胶的最佳工艺参数：酸解时间为 1.9 h、温度 90℃、pH 为 2.0 和料液比为 1∶17，在此工艺条件下果胶的提取率达 14.96%。

研究了活性炭脱色的影响因素（活性炭用量、温度和时间）对脱色效果的影响，确定其最佳脱色条件：活性炭用量为 1.5%、温度为 60℃ 和时间为 30 min，在此条件下对果胶液脱色，果胶液的透光率为 79.82%，果胶回收率为 97.66%。同时，研究了大孔树脂脱色的影响因素（脱色温度和流速）对脱色效果的影响，确定其最佳脱色条件：脱色温度为 25℃、流速为 250 mL/h，在此条件下对果胶液脱色，果胶液的透光率为 79.72%，果胶回收率为 97.99%。由于活性炭脱色后果胶灰分较高，且盐析之后果胶粉的颜色较深，因此，本试验选择大孔树脂来对果胶液进行脱色。

第三节　盐析法沉淀寒富苹果渣果胶的研究

一、材料与仪器

(一)材料与试剂

果胶提取液(实验室制取)。

硫酸铝、氯化铜、氯化铁、氯化镁、硫酸铵、浓氨水、无水乙醇、盐酸:国药集团化学试剂有限公司,试验试剂均为分析纯。

(二)仪器与设备

PHS-25 数显酸度计,上海精密科学仪器有限公司;HH-6 数显恒温水浴锅,国华电器有限公司;TDL-40B 台式离心机,上海安亭科学仪器厂。

二、试验方法

(一)盐析沉淀果胶的操作要点

1. 盐析

取 100 mL 纯化后的果胶液,滴入饱和盐溶液,用浓氨水调 pH,保温沉淀。

2. 脱盐

将果胶盐沉淀浸泡在酸化的乙醇溶液中,搅拌一定时间后离心取沉淀,并用旋转蒸发仪回收乙醇。

(二)盐析法用盐的选择

盐析法的试验原理:通过果胶分子和金属离子反应生成不溶于水的果胶盐,将果胶盐沉淀分离出来,在对其进行脱盐处理得到果胶。

试验选择几种能与果胶产生沉淀的盐,如硫酸铝、氯化铜、氯化铁、氯化镁和硫酸铵,以果胶的得率为主要指标,同时考虑所得果胶的品质等因素来确定适用于盐析法沉淀果胶的盐。

试验方法:用硫酸铝、氯化铜、氯化铁、氯化铝和氯化镁制成对应的饱和溶液,各取 3 mL,向每种饱和溶液中加入 100 mL 的果胶提取液,用浓氨水调节 pH 达 5.0,在 60℃下保温沉淀 45 min,在经过脱盐、干燥等处理制得果胶,以果胶得率为主要衡量指标。

(三)盐析法沉淀果胶的单因素试验

利用单因素试验,研究温度、时间、pH 和料液比四个主要因素对盐析法沉淀果胶的影响。温度分别为 40℃、50℃、60℃、70℃、80℃和 90℃六个水平;时间设置为 20 min、40 min、60 min、80 min、100 min 和 120 min 六个水平;pH 分别为 2.0、3.0、4.0、5.0、6.0 和 7.0 六个水平;料液比为 1:8、1:12、1:16、1:20、1:24 和 1:28 六个水平。以果胶得率为依据判断最适合的工艺条件,每组试验均重复 3 次。

(四)响应面优化试验

在单因素试验的基础上,采用 Minitab 16 软件设计整套试验方案,通过其进行数据的回归和线性分析,并利用软件对得到的 3D 图和等高线图做更进一步的分析。试验以 Box-Behnken 设计建立数学模型,选取温度、盐析时间、pH 和料液比为自变量,果胶得率为响应值,设计四因素三水平共计 27 个试验,其中的中心点重复 3 次。利用响应面优化盐析法沉淀苹果渣果胶的工艺。

(五)脱盐

1. 脱盐液中酸的用量

准备 5 份脱盐液(150 mL),其组成为乙醇＋盐酸＋水,5 份脱盐液中乙醇的含量固定为60％,盐酸的含量分别为 1％、2％、3％、4％、5％,其余则为水。称取 3 g 果胶盐粉末放入脱盐液中保温搅拌 30 min,离心取沉淀物干燥,测量果胶重量。

2. 脱盐液的用量

准备 5 份脱盐液分别为 100 mL、150 mL、200 mL、250 mL 和 300 mL,向其中分别加入3 g 果胶盐粉末保温搅拌 30 min,离心取沉淀物干燥,测量果胶重量。

3. 脱盐时间

准备 5 份 150 mL 的脱盐液分别加入 3 g 的果胶盐粉末,保温搅拌 20 min、30 min、40 min、50 min 和 60 min,离心取沉淀物干燥,测量果胶重量。

4. 脱盐温度

准备 5 份 150 mL 的脱盐液分别加入 3 g 的果胶盐粉末,在 20℃、30℃、40℃、50℃ 和60℃下保温搅拌 30 min,离心取沉淀物干燥,测量果胶重量。

三、结果与分析

(一)不同盐对于沉淀果胶效果的影响

盐中的金属离子可以与果胶分子中的羧基反应,生成果胶盐沉淀,在经过脱盐后,测定果胶得率,判断最合适的盐。研究表明,硫酸铝沉淀的果胶得率为 11.68％,氯化铜沉淀的果胶得率为 11.54％,氯化铁对应的果胶得率为 9.89％,氯化铝对应的果胶得率为 7.96％,氯化镁对应的果胶得率最低仅为 5.69％。硫酸铝和氯化铜的果胶得率差别不大,但硫酸铝沉淀的果胶颜色最浅,而用氯化铜沉淀的果胶颜色较深,对果胶的品质影响较大,且铜离子为重金属离子,如果脱盐不彻底会导致果胶产品中的重金属超标,因此,选择硫酸铝最佳用盐(图 8-13)。

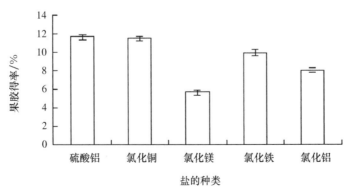

图 8-13　不同种盐对于果胶得率的影响

(二)盐析法沉淀果胶单因素试验的结果分析

1. 沉淀温度对于果胶沉淀效果的影响

试验设置沉淀时间为80 min,pH为4.0,料液比为1:20,沉淀温度分别为40℃、50℃、60℃、70℃、80℃和90℃对果胶液进行沉淀,每组条件进行3次平行试验,果胶得率取平均值,得率随温度变化所受到的影响如图8-14所示。随着沉淀温度的升高果胶得率也呈现上升趋势,温度为40℃时,果胶得率仅为6.23%,当温度升到70℃时果胶得率增至13.48%,随着温度继续升高时,果胶的得率基本保持平稳并略有下降,因此选择70℃为最优沉淀温度。

2. 保温时间对于果胶沉淀效果的影响

试验设置温度为80℃,pH为4.0、料液比为1:20,保温时间分别为20 min、40 min、60 min、80 min、100 min和120 min进行单因素试验研究不同时间对于果胶沉淀效果的影响,结果如图8-15所示。果胶得率随着保温时间的延长呈整体上升趋势,反应时间为20 min时果胶得率为8.16%,在60 min处达到峰值,果胶得率为13.58%,并且随着时间继续增加得率趋于平稳无明显变化。因此选择60 min作为最佳条件。

3. 不同pH对于果胶沉淀效果的影响

试验设置温度为80℃,时间为80 min,料液比为1:16,pH分别选择2.0、3.0、4.0、5.0、6.0和7.0,在此条件下观察pH对于果胶沉淀的效果。如图8-16所示,随着pH的增大,果胶得率逐渐升高,之后变化平稳。当pH为2.0时,果胶得率仅为5.12%,随着pH的逐渐增大果胶得率也随之提高,当pH为5.0时果胶盐充分沉淀,果胶得率达到峰值14.02%,随着pH继续增大果胶得率略有下降,因此选择pH为5.0作为果胶沉淀的最佳条件。

4. 不同料液比对果胶沉淀效果的影响

试验选取沉淀温度为70℃,时间为80 min,pH为4.0,料液比分别选择1:8、1:12、1:16、1:20、1:24和1:28,在此条件下研究料液比对于果胶沉淀效果的影响。如图8-17所示,果胶得率随着料液比的增大而增大,当料液比在1:16的时候果胶得率达到了峰值得率为13.67%,因此选择料液比1:16作为果胶沉淀的最佳条件。

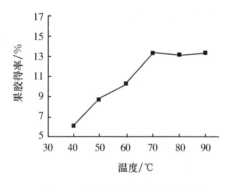

图 8-14 温度对果胶得率的影响

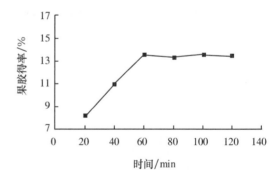

图 8-15 时间对果胶得率的影响

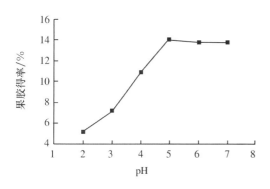

图 8-16 pH 对果胶得率的影响   图 8-17   料液比对果胶得率的影响

(三)响应面优化试验的结果分析

1. 盐析法沉淀果胶的响应面模型拟合

根据单因素试验,以温度(X_1)、时间(X_2)、pH(X_3)和料液比(X_4)为自变量,提取率(Y)为响应值进行响应面试验的优化与分析。

(1)试验设计因素及水平见表 8-5。

表 8-5   响应面因素和水平

水平	X_1 温度/℃	X_2 时间/min	X_3 pH	X_4 料液比
-1	60	40	4	1:12
0	70	60	5	1:16
1	80	80	6	1:20

(2)建立响应面模型与显著性分析。本试验采用 Box-Behnken 组合设计,利用 Minitab 16 软件对果胶的提取进行定量研究并建立数学模型,研究提高盐析法沉淀果胶的得率方法,试验结果如表 8-6 所示。

表 8-6   Box-Behnken 组合试验设计及试验结果

实验序号	X_1 温度/℃	X_2 时间/min	X_3 pH	X_4 料液比	果胶得率/%
1	0	0	1	-1	13.72
2	1	-1	0	0	11.64
3	0	0	-1	-1	12.00
4	0	-1	0	1	13.42
5	0	0	0	0	15.12
6	-1	0	1	0	10.37
7	-1	0	0	-1	9.20
8	0	1	-1	0	13.72

实验序号	X_1 温度/℃	X_2 时间/min	X_3 pH	X_4 料液比	果胶得率/%
9	0	0	−1	1	13.86
10	0	1	0	1	14.41
11	0	0	0	0	14.24
12	1	0	1	0	13.11
13	1	0	0	1	13.54
14	0	0	1	1	14.16
15	0	1	1	0	14.22
16	0	0	0	0	15.58
17	−1	1	0	0	9.85
18	−1	0	0	1	10.06
19	0	−1	−1	0	10.24
20	0	1	0	−1	13.90
21	1	0	0	−1	13.84
22	−1	−1	0	0	8.64
23	0	−1	1	0	12.21
24	1	0	−1	0	13.86
25	1	1	0	0	14.04
26	−1	0	−1	0	8.57
27	0	−1	0	−1	10.48

通过对表 8-6 进行统计分析得出表 8-7 回归方差分析结果,并且建立二次回归方程如下。

$$Y = 14.98 + 1.945X_1 + 1.12583X_2 + 0.461667X_3 + 0.525833X_4 - 2.61083X_1^2 -$$
$$1.35458X_2^2 - 0.945833X_3^2 - 0.627083X_4^2 + 0.2975X_1X_2 - 0.6375X_1X_3 -$$
$$0.29X_1X_4 - 0.3675X_2X_3 - 0.6075X_2X_4 - 0.355X_3X_4$$

表 8-7　响应面回归模型的方差分析(ANOVA)

变异来源	自由度	平方和	均方	F 值	P 值
X_1	1	45.396	45.3963	187.25	0.000 **
X_2	1	15.210	15.2100	62.74	0.000 **
X_3	1	2.558	2.5576	10.55	0.007 **
X_4	1	3.318	3.3180	13.69	0.003 **
X_1^2	1	27.347	36.5544	149.95	0.000

寒富苹果深加工关键理论与技术

变异来源	自由度	平方和	均方	F 值	P 值
X_2^2	1	5.915	9.7861	40.37	0.000
X_3^2	1	3.257	4.7712	19.68	0.001
X_4^2	1	2.097	2.0972	8.65	0.012
X_1^2	1	0.354	0.3540	1.46	0.250
$X_1 X_3$	1	1.626	1.6256	6.71	0.024*
$X_1 X_4$	1	0.336	0.3364	1.39	0.262
$X_2 X_3$	1	0.540	0.5402	2.23	0.161
$X_2 X_4$	1	1.476	1.4762	6.09	0.030*
模型	14	109.934	7.8525	32.39	0.000**
残差误差	12	2.909	0.2424		
失拟	10	1.982	0.1982	0.43	0.853
纯误差	2	0.927	0.4636		

注：* 为差异性显著（$P \leqslant 0.05$）；** 为差异性极显著（$P \leqslant 0.01$）；$R^2 = 97.42\%$，$R_{Adj}^2 = 94.41\%$。

如表 8-7 所示，时间、温度、pH 和料液比对果胶得率的影响效果极显著（$P < 0.01$），交互项：温度与 pH 相互作用对于果胶得率的影响显著（$P < 0.05$），时间与料液比相互作用对于果胶得率的影响显著（$P < 0.05$）。交互项：温度与料液比相互作用和时间与 pH 相互作用对于果胶得率的影响效果不显著（$P > 0.05$）。方差结果分析：此模型的 $R_{(Adj)}^2 = 94.41\%$，表示试验数据有 94.41% 都分布在所选的 4 个因素中，只有 5.59% 的数据不能用该模型来解释，说明该模型的拟合度很高。该试验的回归模型的 $P = 0.000$，说明模型极显著，并且模型的失拟项的 $P = 0.853$ 大于 0.05，失拟项不显著，因此该模型可用。

2. 响应面图及等高线图分析

为了方便考察模型中交互项对于果胶得率的影响，在其他条件保持不变的情况下，分析任意两个因素相互作用对于果胶得率的影响，利用 Minitab 16 软件分析，所得到的响应面图及等高线图如图 8-18A-F 所示。

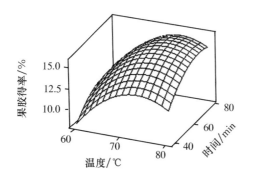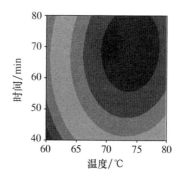

A. 温度与时间的响应面图及等高线图

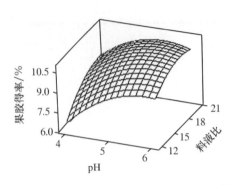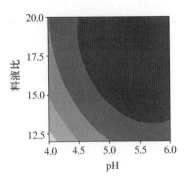

B. 料液比与 pH 的响应面图及等高线图

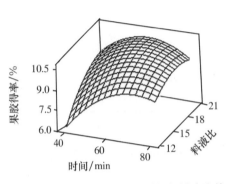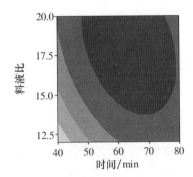

C. 时间与料液比的响应面图及等高线图

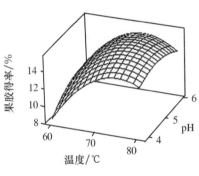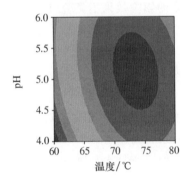

D. 温度与 pH 的响应面图及等高线图

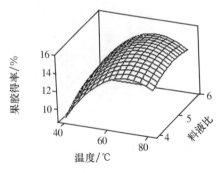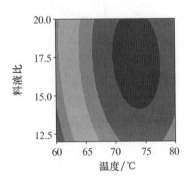

E. 温度与料液比的响应面图及等高线图

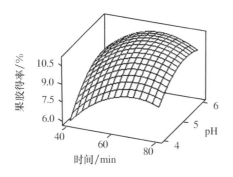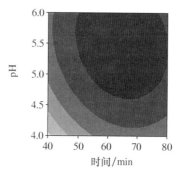

F. 时间与 pH 的响应面图及等高线图

图 8-18　盐析的响应面图及等高线

由图 8-18 可以看出,影响因素的增大,果胶得率的变化也随之增大,但是当果胶得率到达顶点之后,又伴随着影响因素的增大而下降。在交互项中:沉淀温度与 pH 相互作用对于果胶得率的影响显著,料液比与时间相互作用对于果胶得率的影响显著。

3. 盐析法沉淀果胶工艺参数的优化与验证

根据响应面试验并且通过软件优化得到盐析法沉淀果胶的最佳工艺参数为:温度 73.93℃,时间 68.68 min,pH 5.01,料液比 1∶16.56,在此最佳条件下苹果渣果胶得率的理论值为 15.63%。考虑到实际操作,将最佳提取工艺修正为:温度 74℃,时间为 69 min,pH 为 5.0,料液比为 1∶17。在此最佳盐析工艺下进行验证,果胶的得率达到了 15.59%,结果与理论值非常接近,表明该模型对于盐析法沉淀果胶得率的优化是可行的,并有较好的预测能力。

(四)脱盐条件

脱盐是盐析法制备果胶的重要步骤之一,脱盐的程度直接决定着果胶的品质及其用途,硫酸铝滴入果胶时形成氢氧化铝,当氢氧化铝与果胶相遇时两种胶体发生聚沉使果胶沉淀出来,此过程是可逆的,再通过酸将铝离子溶解出来,达到脱盐的目的。

1. 脱盐液中盐酸的用量

在果胶脱盐试验中,脱盐液的组成对于脱盐效果有着很关键的影响,当脱盐液中酸量过少的时候,无法把全部的铝离子都置换出来,铝离子的残留导致果胶成品中铝离子的超标,影响果胶品质,但是酸量过多会引起果胶一定程度上的降解,并导致果胶成品的颜色过深,影响果胶品质。

如图 8-19 所示,含酸量为 1% 时所得的果胶质量为 1.25 g,虽然得胶量大,但由于酸量的不足导致铝离子的残留,所得的果胶不是真实的含量;当含酸量增大的时候果胶质量开始趋于平稳,含酸量为 3% 时所得果胶质量为 0.86 g,含酸量为 4% 时所得果胶质量为0.85 g,含酸量继续增大果胶质量略有下降,故选择酸的添加量为 3%,因此脱盐液的组成为乙醇+盐酸+水,含量分别为 60%、3% 和 37%。

2. 脱盐液的用量

在对果胶脱盐的试验中,脱盐液的用量对脱盐效果的影响也是至关重要的,脱盐液用量不足时果胶盐中的金属离子无法充分地溶出,导致果胶脱盐不彻底、果胶品质下降,但是脱盐液量过多虽然可以保证脱盐效果很好,但是造成浪费增加生产成本,所以通过试验找到一个合适的用量是必要的。

如图 8-20 所示,脱盐液为 100 mL 时,所得果胶质量为 1.12 g,随着脱盐液用量的不断增大,果胶量开始下降并逐渐保持平稳,这是由于开始脱盐液太少导致果胶脱盐不充分,所得的果胶不能真实反映果胶的实际质量。当脱盐液增加到 150 mL 时,所得果胶质量为 0.89 g,脱盐液为 200 mL 时,果胶为 0.88 g,继续增加脱盐液用量果胶质量几乎保持不变,故每 3 g 果胶盐选择脱盐液用量为 150 mL 为最佳用量。

3. 脱盐时间

脱盐时间的长短对于果胶脱盐是否彻底,有着很重要的影响,当脱盐时间不够,反应无法充分完成,但是反应时间过长会导致部分果胶降解,并且浪费资源。

如图 8-21 所示,当脱盐时间为 20 min 时,所得果胶质量为 1.02 g,随着反应时间增加,果胶脱盐效果越充分,果胶质量开始下降,脱盐时间为 40 min 时所得果胶质量为 0.88 g,脱盐时间为 50 min 时,所的果胶为 0.87 g,时间继续增大为 60 min 时果胶质量有一定程度的下降,这是由于反应时间过长导致部分果胶分子降解的原因,因此选择 40 min 为最合适的脱盐时间。

4. 脱盐温度

脱盐过程中选择合适的反应温度对于提高反应的完成速度和效果有着重要的影响,温度过低,反应耗时,温度过高又会使果胶降解影响果胶品质。

如图 8-22 所示,温度为 20℃时,所得果胶的质量为 0.92 g,但含有部分残留的盐,随着温度的继续升高,所得果胶的质量也逐渐减少,当温度到达 40℃时,所得果胶的质量为 0.85 g,且果胶的产量开始平稳。因此选择脱盐温度 40℃为最佳条件。

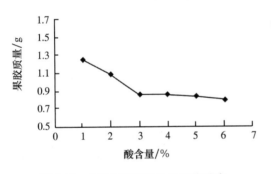

图 8-19　盐酸用量对脱盐效果的影响

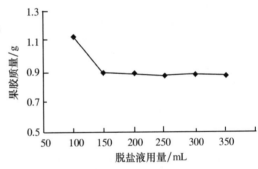

图 8-20　脱盐液用量对脱盐效果的影响

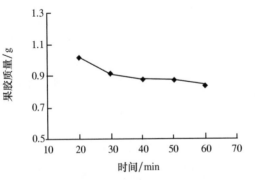

图 8-21　脱盐时间对脱盐效果的影响

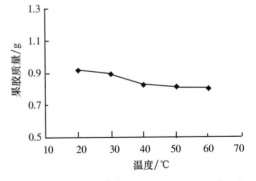

图 8-22　脱盐温度对脱盐效果的影响

5. 脱盐工艺的验证

根据以上 4 组试验确定果胶脱盐的工艺参数为:脱盐液中盐酸含量为 3%(乙醇 60%＋盐酸 3%＋水 37%),脱盐液用量为每 3 g 果胶盐用 150 mL,脱盐时间为 40 min,脱盐温度为 40℃。在此条件下对其进行验证,结果所得果胶质量为 0.89 g。

四、果胶产品质量

根据我国现行的果胶食品添加剂的理化指标标准,对于本试验所得的果胶产品进行对比,结果如表 8-8 所示,本工艺提取获得的果胶符合国家标准。

表 8-8　苹果渣果胶产品的理化指标

指标	标准 QB2484—2000	样品
干燥失重/%	≤8	5.12
灰分/%	≤5	4.52
盐酸不溶物/%	≤1	0.13
总半乳糖醛酸/%	≥65.0	73.5
pH	2.6～3.0 高甲氧基	2.76

五、结论

本章主要探讨了盐析法提取果胶过程中的适宜用盐、盐析沉淀果胶的工艺条件和脱盐条件,主要结果如下。

试验通过对几种盐的比较,利用果胶的得率和品质来确定盐析法的用盐,试验选取硫酸铝、氯化铜、氯化铁、氯化铝和氯化镁的饱和溶液进行沉淀果胶液,研究表明,在同样的条件下硫酸铝作为盐析法用盐比较合适,用硫酸铝制取的果胶无论是得率还是果胶品质都有着明显的优势。

对盐析法沉淀果胶的工艺进行优化,确定盐析法沉淀果胶的最佳工艺参数为:盐析温度 74℃,时间为 69 min,pH 为 5.0,料液比 1∶17。并且在此最佳盐析工艺下进行验证,果胶的得率达到了 15.59%。

确定了脱盐的最佳工艺参数为:脱盐液中盐酸含量为 3%(乙醇 60%＋盐酸 3%＋水 37%),脱盐液用量为 50 mL 每克果胶盐,脱盐时间为 40 min,脱盐温度为 40℃,在此条件下,所得的果胶质量为 0.89 g。

第四节　寒富苹果渣果胶的抗氧化性研究

一、材料与仪器

(一)材料与试剂

寒富苹果渣果胶由实验室自制,制备方法如第三章所述。

DPPH、乙醇、$FeSO_4$ 溶液、水杨酸、双氧水、邻苯三酚、三羟甲基氨基甲烷(Tris)、维生素 C、磷酸缓冲液、盐酸:国药集团化学试剂有限公司,以上试剂均为分析纯。

(二)仪器与设备

PHS-25 数显酸度计,上海精密科学仪器有限公司;TDL-40B 台式离心机,上海安亭科学仪器厂;TU-1810 紫外可见分光光度计,北京普析通用仪器有限公司。

二、试验方法

(一)苹果渣果胶清除 DPPH·自由基的测定

DPPH·自由基溶于乙醇之后会形成紫色的溶液,并且在 517 nm 出有一个强吸收,当有抗氧化剂存在的时候,可以根据溶液颜色的褪色情况,利用分光光度计来测定其吸光度,判断清除剂的抗氧化性强弱。

准备不同浓度的待测果胶样品各 2 mL,加入 2 mL 的 0.2 mmol/L 的 DPPH-乙醇,摇匀之后避光常温下放置半小时,在利用紫外分光光度计在 517 nm 处测定其吸光度 $A_{样品}$,并且测定与上一组试验相同比例的果胶样品 2 mL,加入 2 mL 乙醇作为对照 $A_{对照}$,用 2 mL 蒸馏水加入 2 mL 0.2 mmol/L 的 DPPH-乙醇作为对照 $A_{空白}$。每组试验测定 3 次,取平均值计算清除率,并且结果越大,说明样品的抗氧化性越强(董银萍,2013),以维生素 C 为阳性对照。

计算公式如下:

$$清除率 = \left(1 - \frac{A_{样品} - A_{对照}}{A_{空白}}\right) \times 100\%$$

(二)苹果渣果胶清除·OH 自由基的测定

利用 Fenton 反应体系(严军,2009)来测定,苹果渣果胶对于·OH 自由基的清除作用。

准备果胶样品 1 mL,取 2 mL 的 1.8 mmol/L $FeSO_4$ 溶液和 1.5 mL 1.8 mmol/L 的水杨酸-乙醇溶液,再加入 0.1 mL 的双氧水含量为 0.3%,试剂充分混合摇匀之后,在 37℃ 下水浴保温 30 min 并且利用分光光度计在 510 nm 处测得吸光度 $A_{样品}$,以蒸馏水代替果胶样品作为对照 $A_{对照}$,通过公式计算自由基的清除率,以维生素 C 为阳性对照。

计算公式如下:

$$清除率 = \frac{A_{对照} - A_{样品}}{A_{对照}} \times 100\%$$

(三)苹果渣果胶清除超氧阴离子自由基的测定

首先进行邻苯三酚自氧速率的测定,准备 4.5 mL pH 8.2 的三羟甲基氨基甲烷(Tris)-盐酸缓冲液与 4.2 mL 的蒸馏水混合摇匀,并且在水浴锅中保温(25℃)静置 20 min,取出试剂再加入 0.3 mL 50 mmol/L 的邻苯三酚充分混合之后再放入水浴锅中保温水浴(25℃)静置 5 min,之后向其中加入 1 mL 8 mmol/L 的盐酸终止反应,并且在 325 nm 处用分光光度计测量吸光度 $A_{对照}$,空白管用 Tris-HCl 缓冲液代替邻苯三酚。

加入果胶样品后的自氧速率的测定,准备 4.5 mL pH 8.2 的三羟甲基氨基甲烷(Tris)-盐酸缓冲液与 3.2 mL 的蒸馏水混合摇匀再加入 1 mL 的果胶样品和邻苯三酚,充分混合之后测量吸光度 A 样品,空白用 Tris-HCl 缓冲液代替邻苯三酚,测量方法同上,以维生素 C 为阳性对照。

计算公式如下：

$$清除率 = \frac{A_{对照} - A_{样品}}{A_{对照}} \times 100\%$$

(四)苹果渣果胶卵黄脂蛋白脂质过氧化抑制效果的测定

试验首先需要制备卵黄悬液，取鸡蛋中的卵黄部分，并且取与卵黄等体积的 0.1 mol/L，pH＝7.4 的磷酸缓冲液充分混合配成 1:1 的悬液，再用磷酸缓冲液将悬液稀释 25 倍，放入冰箱冷藏室备用。

将配置好的 1 mL 悬液放入具塞试管中，加入 0.5 mL 的不同浓度的果胶样品，1 mL 25 mmol/L 的硫酸亚铁和 1 mL 磷酸缓冲液混合均匀之后，放入振荡水浴锅（37℃）中震荡 15 min，完毕之后取试液向其中加入 1 mL 20％的三氯乙酸混合均匀。在离心机中离心（4 500 r/min）15 min，取离心后试液的上清液 3 mL 加入 1 mL 0.8％的硫代巴比妥酸，具塞试管盖好管塞，放入沸水中加热 10 min，待加热完成之后取出冷却，降至室温之后放入分光光度计（532 nm）中测定吸光度 $A_{样品}$，用蒸馏水代替果胶样品作为对照 $A_{对照}$，以样品的抗氧化活性来表示对卵黄脂蛋白氧化的抑制程度，以维生素 C 为阳性对照。

计算公式如下：

$$抑制率 = \frac{A_{对照} - A_{样品}}{A_{对照}} \times 100\%$$

三、结果与分析

(一)苹果渣果胶清除 DPPH・自由基效果的研究

DPPH・自由基中文名字：1,1-二苯基-2-三硝基苯肼，其广泛应用于生物试剂和食品的抗氧化能力测试。由于 DPPH・自由基溶于乙醇之后呈紫色溶液，当有抗氧化剂时，溶液会产生褪色的效果，褪色越明显说明抗氧化剂的效果越明显，同时褪色越快也说明抗氧化的效果越明显。

浓度为 0.5～2.5 mg/mL（0.5、0.7、0.9、1.2、1.5、2 和 2.5 mg/mL）的果胶样品和维生素 C 样品对于 DPPH・自由基的清除效果如图 8-23 所示。在此浓度下的维生素 C 对于 DPPH・自由基的清除率保持在 90％以上；而对于果胶样品来说，随着果胶浓度的增大，其对 DPPH・自由基的清除效果也逐渐增强，当果胶浓度为 0.5 mg/mL 浓度时，果胶对 DPPH・自由基的清除率仅为 19.89％，当浓度继续增大至 1.2 mg/mL 时，果胶对 DPPH・自由基的清除效果明显提高，当果胶浓度为 2 mg/mL 时，清除率为 73.34％。

(二)苹果渣果胶清除・OH 自由基效果的研究

・OH 是一种很常见的自由基，其得到电子的能力极强，在自然界中其氧化性仅次于氟，因此，・OH 对于人体的不良影响也是显而易见的。

图 8-24 为果胶样品和维生素 C 对于羟基自由基的清除效果。由图可知，维生素 C 对于・OH 的清除效果是随着浓度的升高逐渐增强的，当浓度到达 1.2 mg/mL 时，清除率开始基本稳定保持在 90％以上。果胶样品对于羟基自由基也有一定的清除效果，随着果胶样浓度的升高，清除效果也开始缓慢增强，当果胶浓度为 0.5 mg/mL 时，清除率仅为 2.45％，浓度增大到 1.5 mg/mL 时，清除率增加至 24.98％。

(三)苹果渣果胶清除超氧阴离子自由基效果的研究

因为超氧阴离子对于邻苯三酚的自氧化有着催化作用,因此研究样品对于超氧阴离子的清除作用能体现对于邻苯三酚自氧化的抑制作用。

图 8-25 表示果胶样品和维生素 C 对于超氧阴离子自由基的清除效果。由图可知,随着样品和维生素 C 浓度的增加对于超氧阴离子的清除效果逐渐增强,当维生素 C 的浓度达到 1.2 mg/mL 时,其对超氧阴离子自由基的清除率稳定在 90% 以上。当果胶样品的浓度为 0.5 mg/mL 时其对于超氧阴离子的清除率仅为 5.19%,增加果胶样品的浓度,清除效果逐渐增强,当样品浓度为 2 mg/mL 时,清除率为 32.66%。

(四)苹果渣果胶卵黄脂蛋白脂质过氧化抑制效果的研究

卵黄中不饱和脂肪酸在有亚铁离子的情况下,会发生过氧化进而产生烷氧自由基和烷过氧自由基,并且发生一系列反应,反应生成的过氧化物可以与硫代巴比妥酸反应并生成粉红色的化合物。

图 8-26 表示果胶样品和维生素 C 对于卵黄脂蛋白脂质过氧化的抑制效果。随着样品的供试浓度的增大,对过氧化抑制效果也逐渐增强,维生素 C 对于脂质过氧化的抑制效果基本保持在 80% 以上,果胶样品浓度为 0.5 mg/mL 时,抑制率为 31.23%,当果胶的浓度增至 1.2 mg/mL 时,抑制率达到了 61.42%。

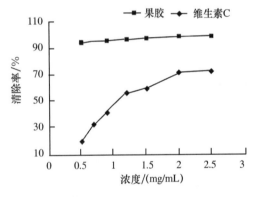

图 8-23 果胶样品和维生素 C 清除
DPPH·自由基的效果图

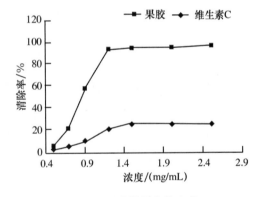

图 8-24 果胶样品和维生素 C
清除·OH 自由基的效果图

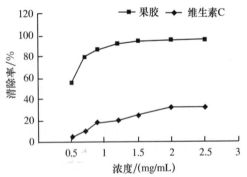

图 8-25 果胶样品和维生素 C
清除超氧阴离子自由基效果图

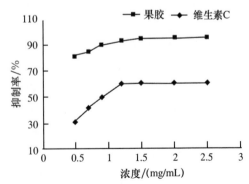

图 8-26 果胶样品和维生素 C
抑制卵黄脂蛋白过氧化效果图

四、结论

本章试验通过苹果渣果胶对于 DPPH·自由基、·OH 自由基、超氧阴离子的清除效果和卵黄脂蛋白脂质过氧化的抑制效果来研究苹果渣果胶的抗氧化能力,并且用维生素 C 作为对比参考。试验发现苹果渣果胶对于 DPPH·自由基的清除效果和对卵黄脂蛋白脂质过氧化的抑制效果优于另外两种体系,试验证明了苹果渣果胶具有清除自由基和抑制脂质过氧化的效果,可作为一种天然的抗氧化剂来开发。

第九章　寒富苹果渣中水溶性膳食纤维的提取、性质分析及应用研究

第一节　概　　述

　　随着国民经济的发展,人民生活水平逐渐提高,饮食结构也在发生变化,动物蛋白质及脂肪摄入偏高导致肥胖病、高血压、冠心病、糖尿病等各种"文明病"。近几年来,人们对于营养和保健的认识逐渐加强,膳食纤维由于其生理功能而逐渐受到人们的青睐,成为"第七营养素"。

　　目前,膳食纤维作为一个热门的研究课题,是食品及医药领域科研人员研究的热点。国外(如欧、美、日、韩等)对膳食纤维研究已达较高水平,国内研究起步稍晚,但科研机构和企业也加强了开发利用。膳食纤维广泛应用于食品、保健品、医药等领域,主要有玉米膳食纤维、大豆膳食纤维、米糠膳食纤维及麦麸膳食纤维等。也有从豆渣、苹果渣、玉米种皮、牛蒡渣等物质中提取膳食纤维的报道。

　　我国是世界上最大的苹果浓缩汁生产国之一,在世界苹果产业中占有重要地位。但是,随着苹果汁加工业的进一步发展,每年产生苹果废渣100多万吨(付成程等,2011)。一般苹果加工产生的废渣大多被当作废料舍弃,既污染环境又使其中大量营养浪费(杨福等,1994)。苹果渣中含有丰富的膳食纤维,含量高达60%～90%,且水溶性膳食纤维含量约占13%,是制备膳食纤维的良好原料。因此,进行苹果渣有效成分的资源化利用不仅有利于保护环境,更有利于提高苹果的附加值(彭凯等,2008),具有良好的经济效益和社会效益(宋纪蓉等,2003)。

　　研究表明,SDF在预防糖尿病、心血管疾病,降低胆固醇和清除外源有害物质等方面具有比IDF更强的生理功能(苗敬芝等,2011)。因此,本章考虑经济和社会的双重效益,选取具有地域特色的寒富苹果对苹果渣中水溶性膳食纤维的提取工艺、性质及其在面包中的应用进行研究。

第二节　寒富苹果渣水溶性膳食纤维提取工艺的研究

一、材料与方法

(一)材料、试剂和主要仪器

1. 材料、主要试剂

寒富苹果由沈阳农业大学园艺学院提供。

氢氧化钠、95％乙醇、盐酸等均为国产分析纯,试验中所用的水均为蒸馏水;木瓜蛋白酶、α-淀粉酶:北京鼎国昌盛生物技术有限责任公司;纤维素酶:国药集团化学试剂有限公司。

2.主要仪器与设备

DHG-9070A 电热恒温鼓风干燥箱、DZF-6050 真空干燥箱:上海精宏实验设备有限公司;BSA224S 电子天平、PB-10 pH 计:赛多利斯科学仪器有限公司;SHA-C 水浴恒温振荡器:常州国华电器有限公司;himacCR-21G 高速冷冻离心机:日本日立公司;SHB-ⅢA 循环水式多用真空泵:郑州长城科工贸有限公司;RE-52AA 旋转蒸发器:上海亚荣生化仪器厂。

(二)试验方法

1.碱法提取苹果渣 SDF 试验方法

(1)工艺流程。原料预处理→干苹果渣→水洗→碱液浸泡→离心→滤液→调节 pH(4.0~4.5)→抽滤→滤液→70℃减压浓缩→调节 pH(6.0~7.0)→乙醇沉淀→抽滤→滤渣→60℃真空干燥→水溶性膳食纤维(SDF)。

(2)工艺要点。原料预处理:新鲜寒富苹果清洗、切块,榨汁机榨汁,得果渣。果渣经 70℃鼓风干燥 24 h,粉碎过 40 目筛备用。

水洗:20℃振荡漂洗 1 h。

碱液浸泡:加入不同 pH、料液比的氢氧化钠溶液,设置梯度反应温度与提取时间进行反应。

离心:采用高速冷冻离心机,设置离心温度 4℃、转速 10 000 r/min、时间 30 min 进行离心分离。

抽滤:采用循环水式多用真空泵进行抽滤,达到固液分离的目的。

减压浓缩:设置温度为 70℃,采用旋转蒸发器对上清液进行减压浓缩,使浓缩液体积为原体积的 1/3。

醇沉:搅拌的同时向浓缩液中加入 4 倍体积的 95％乙醇,4℃冰箱中静置 12 h。真空干燥:控制温度 60℃进行真空干燥。

(3)试验设计。单因素试验:选取影响 SDF 得率的 pH、提取温度、提取时间、料液比 4 个主要因素进行研究。设计 pH 10、11、12、13、13.7 五个水平,提取温度 55℃、65℃、75℃、85℃和 95℃五个水平,提取时间 60 min、120 min、180 min、240 min 和 300 min 五个水平,料液比 1:5、1:10、1:15、1:20 和 1:25 五个水平,进行单因素梯度试验,通过计算 SDF 得率确定各因素的最适水平。

$$\text{SDF 得率} = \frac{m_1}{m_2} \times 100\%$$

式中,m_1 为提取的 SDF 质量;m_2 为原料质量。

正交试验:在单因素试验的基础上,针对 4 个主要因素(pH、提取温度、提取时间、料液比)选取 3 个最佳水平设计四因素三水平的正交试验,采用正交分析方法优化提取工艺。

2.双酶法提取苹果渣 SDF 试验方法

(1)工艺流程。原料预处理→干苹果渣→酶解→灭酶→离心→抽滤→滤液→减压浓缩→醇沉→抽滤→滤渣→真空干燥→水溶性膳食纤维（SDF）。

木瓜蛋白酶酶解：固定料液比1:15，pH＝6.5，提取温度65℃，调节木瓜蛋白酶加酶量、酶反应时间进行酶解。

α-淀粉酶酶解：固定料液比1:15，pH＝6.0，提取温度65℃，调节α-淀粉酶加酶量、酶反应时间进行酶解。

灭酶：煮沸灭酶10 min。

（2）试验设计。单因素试验：选取影响SDF得率的木瓜蛋白酶加酶量、α-淀粉酶加酶量、木瓜蛋白酶酶解时间、α-淀粉酶酶解时间4个主要因素进行研究。设计木瓜蛋白酶加酶量0.20%、0.40%、0.60%、0.80%和1.00% 五个水平，α-淀粉酶加酶量0.40%、0.80%、1.20%、1.60%和2.00% 五个水平，木瓜蛋白酶酶解时间60 min、120 min、180 min、240 min和300 min 五个水平，α-淀粉酶酶解时间60 min、120 min、180 min、240 min和300 min 五个水平，进行单因素梯度试验，通过计算SDF得率确定各因素的最适水平。

$$\text{SDF 得率}=\frac{m_1}{m_2}\times100\%$$

式中，m_1为提取的SDF质量；m_2为原料质量。

正交试验：在单因素试验的基础上，针对4个主要因素（木瓜蛋白酶加酶量、α-淀粉酶加酶量、木瓜蛋白酶酶解时间）选取3个最佳水平设计四因素三水平的正交试验，采用正交分析方法优化提取工艺。

3. 纤维素酶法提取苹果渣SDF试验方法

（1）工艺流程。原料预处理→干苹果渣→混合酶酶解→灭酶→纤维素酶酶解→灭酶→离心→抽滤→滤液→70℃减压浓缩→醇沉→抽滤→滤渣→60℃真空干燥→水溶性膳食纤维。

（2）工艺要点。

混合酶酶解：调节pH 6.0、温度65℃、料液比1:15（以 g/mL 计），分别添加质量分数0.6%木瓜蛋白酶、1.0% α-淀粉酶酶解2 h，去除苹果渣中的蛋白质和淀粉。

纤维素酶酶解：固定料液比1:15，调节pH、温度、纤维素酶添加量、反应时间进行酶解。

（3）试验设计。

影响水溶性膳食纤维得率的单因素试验　选取影响SDF得率的酶添加量、酶解pH、酶解温度、酶解时间和料液比5个因素进行研究。考虑试验中所选纤维素酶的酶活力，在文献阅读及大量预实验的基础上，固定料液比1:15，设计加酶量0.60%、0.80%、1.00%、1.20%、1.40% 五个水平，酶解pH 3.0、4.0、5.0、6.0和7.0 五个水平，酶解温度30℃、40℃、50℃、60℃和70℃ 五个水平，酶解时间120 min、180 min、240 min、300 min、360 min 五个水平，进行单因素梯度试验，通过计算SDF得率确定各因素的最适水平。

$$\text{SDF 得率}=\frac{m_1}{m_2}\times100\%$$

式中，m_1为提取的SDF质量；m_2为原料质量。

响应面优化试验　在单因素试验的基础上，采用 SAS 软件（Enterprise Reporter 9.1）设计，以 Box-Behnken 设计建立数学模型，选取加酶量、酶解pH、酶解温度、酶解时间为自变量,SDF 得率为响应值。设计四因素三水平的二次回归方程,拟合自变量和 SDF 得率之间的函数关系,采用响应面分析方法优化提取工艺(Mont gonmery D C,2001)。

二、结果与分析

(一)SDF 碱法提取

1. 温度对寒富苹果渣 SDF 提取的影响

固定提取时间为 180 min、氢氧化钠溶液 pH 为 13、料液比为 1∶15,提取温度设置 55℃、65℃、75℃、85℃和 95℃ 五个水平,研究提取温度对苹果渣 SDF 提取的影响。由图 9-1 可知,温度对苹果渣 SDF 提取影响较大,在 55～95℃试验范围内,随着温度的升高,SDF 得率不断增加,但温度高于 75℃时,SDF 得率增加趋于平缓。这是因为在 SDF 提取过程中,部分半纤维素克服与纤维素之间的氢键作用而溶解,从而提高了 SDF 得率。随着温度升高,热能增加,纤维素与半纤维素之间氢键破坏程度加强,半纤维素的溶解增加。但是,当温度高于 75℃时,大部分氢键已经被破坏,温度继续增加 SDF 得率增加不再明显,而温度越高能量消耗越大,同时温度越高提取的水溶性膳食纤维的感官性状越差。所以,结合实验结果和能源角度共同考虑,选 75℃为最佳温度,正交实验温度选 65℃、75℃、85℃。

2. pH 对寒富苹果渣 SDF 提取的影响

固定提取时间为 180 min、提取温度为 75℃、料液比为 1∶15,溶液 pH 设置为 10、11、12、13 和 13.7 五个水平,研究 pH 对苹果渣 SDF 提取的影响。结果如图 9-2 所示,pH 在 10～12 范围内时,SDF 得率小且上升缓慢,pH 在 12～13 时,SDF 得率上升幅度明显增加,而 pH 在 13～13.7 时,得率又明显下降,且 pH 为 13.7 时所得 SDF 感官性状较差。因此选取 13 为最佳 pH,此时 SDF 得率最高且性状较好。正交实验 pH 选 12、13 和 13.7。

3. 料液比对寒富苹果渣 SDF 提取的影响

固定提取时间为 180 min、提取温度为 75℃、氢氧化钠溶液 pH 为 13,料液比设置 1∶5、1∶10、1∶15、1∶20 和 1∶25 五个水平,研究料液比对苹果渣 SDF 提取的影响。结果如图 9-3 所示,料液比在 1∶5 到 1∶10 时 SDF 得率增加相对较快,当料液比达到 1∶10 后,SDF 得率增加幅度变小,大于 1∶15 后趋于稳定。实验过程中发现,如果料液比低于 1∶10,搅拌和分离等步骤操作困难,人工操作造成的误差很大,而当料液比大于 1∶25 时,由于强碱的作用使提取物由胶状物质逐渐变为絮状物质,SDF 性状明显改变。当料液比为 1∶15 时,可以解决以上问题,因此,料液比选 1∶15 为最佳,正交实验的料液比选 1∶10、1∶15、1∶20。

4. 时间对寒富苹果渣 SDF 提取的影响

固定提取温度为 75℃、氢氧化钠溶液 pH 为 13、物料比为 1∶15,提取时间设置 60 min、120 min、180 min、240 min 和 300 min 五个水平,研究提取时间对苹果渣 SDF 提取的影响。结果如图 9-4 所示,随着提取时间的延长,SDF 得率逐渐增加,当提取时间为 180 min 时,SDF 的得率基本达到最大值,继续反应 SDF 得率增加不明显。由于反应时间越长所消耗的能量越多,因此选择 180 min 为最佳提取时间,而从能量角度考虑正交实验提取时间选 120 min、180 min、240 min。

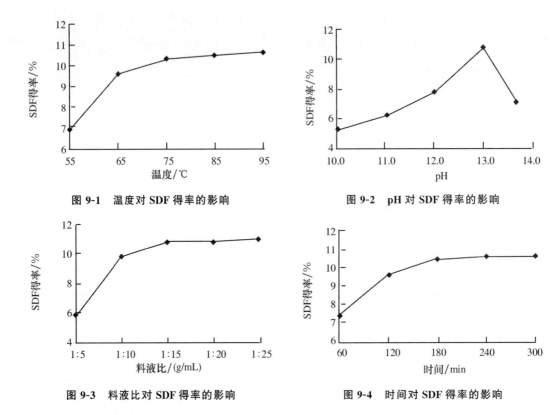

图 9-1 温度对 SDF 得率的影响　　　　图 9-2 pH 对 SDF 得率的影响

图 9-3 料液比对 SDF 得率的影响　　　　图 9-4 时间对 SDF 得率的影响

5. 寒富苹果渣 SDF 提取工艺的正交试验优化

　　根据单因素试验结果确定 4 个主要因素的 3 个最适水平,列出的因素水平表如表 9-1 所示。

表 9-1　试验因素及水平表

水平	A 温度/℃	B pH	C 物料比/(g/mL)	D 时间/min
1	65	12	1:10	120
2	75	13	1:15	180
3	85	13.7	1:20	240

　　本试验为 4 因素 3 水平试验,在 3 水平正交表中,选用试验工作量最小的 $L_9(3^4)$ 正交表来安排试验,并对试验结果进行分析,结果见表 9-2。

表 9-2　正交试验结果与分析

试验号	因素				SDF 得率/%
	A 温度/℃	B pH	C 物料比/(g/mL)	D 时间/min	
1	1(65)	1(12)	1(1:10)	1(120)	2.62±0.12
2	1	2(13)	2(1:15)	2(180)	10.41±0.37
3	1	3(13.7)	3(1:20)	3(240)	3.58±0.16

试验号	因素				SDF 得率/%
	A 温度/℃	B pH	C 物料比/(g/mL)	D 时间/min	
4	2(75)	1	2	3	6.24±0.29
5	2	2	3	1	8.79±0.31
6	2	3	1	2	4.83±0.17
7	3(85)	1	3	2	7.02±0.27
8	3	2	1	3	7.60±0.28
9	3	3	2	1	6.22±0.26
k_1	5.54	5.29	5.02	5.88	$T = K_1 + K_2 + K_3$
k_2	6.62	8.93	7.62	7.42	$= 229.24$
k_3	6.95	4.88	6.46	5.81	
R	1.41	4.05	2.60	1.61	
因素主→次			B>C>D>A		
最优组合			$A_3B_2C_2D_2$		

由表 9-2 可知,根据极差 R 判断各因素主次关系为 B>C>D>A,即 pH>物料比>时间>温度。结合 k 值可知各因素的最优组合为 $A_3B_2C_2D_2$,而正交试验中直接试验最优组合为 $A_1B_2C_2D_2$。结合因素的主次进行综合分析,由于 A(提取温度)为次要因素,且直接试验得到的 SDF 得率为(10.41±0.37)%,计算分析的得率为(11.16±0.23)%,只是略高于直接试验。结合实际生产条件,温度升高会浪费大量能源,并且温度升高影响水溶性膳食纤维性状。从节约能源角度考虑,最终确定验证试验方案,选择 $A_1B_2C_2D_2$ 为最优方案,即提取温度为 65℃,pH 为 13,料液比为 1:15,提取时间为 180 min。

(二)SDF 双酶法提取

1. α-淀粉酶添加量对寒富苹果渣 SDF 得率的影响

固定木瓜蛋白酶酶解时间为 180 min、α-淀粉酶酶解时间为 240 min、木瓜蛋白酶添加量为 0.6%,α-淀粉酶添加量设置为原料量的 0.4%、0.8%、1.2%、1.6% 和 2.0% 五个水平,研究 α-淀粉酶添加量对苹果渣 SDF 提取的影响。研究结果如图 9-5 所示,当 α-淀粉酶的添加量为 0.4%～1.6% 时,SDF 得率随着酶添加量的增加平稳且较大幅度的增加,在添加量为 1.6% 时出现峰值。随着 α-淀粉酶添加量的继续增加,在 1.6%～2.0% SDF 得率有微弱的下降趋势。α-淀粉酶的酶解原理是水解淀粉分子中的 α-1,4-葡萄糖苷键,随机生成长短不一的短链糊精和少量的低聚糖。α-淀粉酶添加量在 1.6%～2.0% SDF 得率呈下降趋势的原因可能是由于过量的 α-淀粉酶将短链糊精和低聚糖过度降解,使这部分 SDF 在醇沉时不能被沉淀出来。因此选择 1.6% 为最佳数据。正交试验选择 α-淀粉酶添加量 0.8%、1.2%、1.6%。

2. 木瓜蛋白酶添加量对寒富苹果渣 SDF 得率的影响

固定木瓜蛋白酶酶解时间为 180 min,α-淀粉酶酶解时间为 240 min,α-淀粉酶添加量为 1.6%,木瓜蛋白酶添加量设定为原料量的 0.2%、0.4%、0.6%、0.8% 和 1.0% 五个水平,研究木瓜蛋白酶添加量对苹果渣 SDF 提取的影响。研究结果如图 9-6 所示,当木瓜蛋白酶添加量在 0.2％～0.6％时,SDF 的得率随加酶量的增加而增大,增大幅度相对较大。当木瓜蛋白酶添加量大于 0.6％以后,SDF 得率增加幅度开始变小,并逐渐趋于平稳。原因可能是随着木瓜蛋白酶添加量的增加,酶反应底物逐渐减少,最终底物完全反应。因此选取加酶量 0.6％为最佳值。正交试验选择木瓜蛋白酶添加量为 0.4％、0.6％、0.8％。

3. α-淀粉酶酶解时间对寒富苹果渣 SDF 得率的影响

固定木瓜蛋白酶酶解时间为 180 min,α-淀粉酶添加量为 1.6％,木瓜蛋白酶添加量为 0.6％,α-淀粉酶酶解时间设置为 60 min、120 min、180 min、240 min 和 300 min 五个水平,研究 α-淀粉酶酶解时间对苹果渣 SDF 提取的影响。研究结果如图 9-7 所示,当 α-淀粉酶酶解时间在 60～240 min 时,SDF 得率随 α-淀粉酶酶解时间增加大幅度上升,在 240～300 min ,SDF 得率上升缓慢,并逐渐趋于平衡。原因可能是随着 α-淀粉酶酶解时间的增加,酶与淀粉结合完全,酶反应完毕。因此选择 240 min 为最佳的 α-淀粉酶酶解时间。正交试验选择 180 min、240 min、300 min。

4. 木瓜蛋白酶酶解时间对寒富苹果渣 SDF 得率的影响

将 α-淀粉酶添加量固定为 1.6％,木瓜蛋白酶添加量为 0.6％,α-淀粉酶酶解时间为 240 min,木瓜蛋白酶酶解时间设置为 60 min、120 min、180 min、240 min 和 300 min 五个水平,研究木瓜蛋白酶酶解时间对苹果渣 SDF 提取的影响。研究结果如图 9-8 所示,当木瓜蛋白酶酶解时间在 60～180 min 时随着酶解时间的延长,SDF 得率逐渐增加,且幅度较大。酶解时间在 180～240 min 时 SDF 得率上升缓慢,之后逐渐趋于平衡。原因可能是随着木瓜蛋白酶酶解时间的增加,酶与蛋白质结合完全,酶反应完毕。所以选择 240 min 为酶解的最佳时间。正交试验选取 120 min、180 min、240 min。

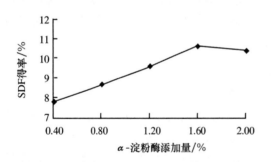

图 9-5　α-淀粉酶添加量对 SDF 得率的影响

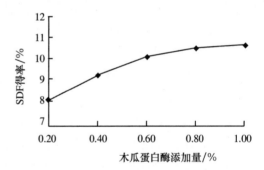

图 9-6　木瓜蛋白酶添加量对 SDF 得率的影响

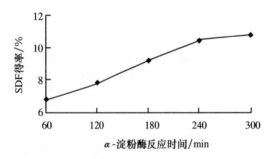

图 9-7　α-淀粉酶反应时间对 SDF 得率的影响

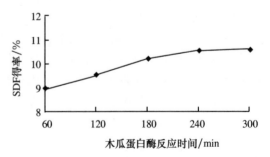

图 9-8　木瓜蛋白酶反应时间对 SDF 得率的影响

5. 水溶性膳食纤维提取工艺的正交试验优化

根据单因素试验结果确定 4 个主要因素的 3 个最适水平，列出的因素水平表如表 9-3 所示。

表 9-3 试验因素及水平表

水平	A α-淀粉酶 添加量/%	B 木瓜蛋白酶 酶解时间/min	C α-淀粉酶 酶解时间/min	D 木瓜蛋白酶 添加量/%
1	0.8	120	180	0.4
2	1.2	180	240	0.6
3	1.6	240	300	0.8

本试验为 4 因素 3 水平试验，在 3 水平正交表中，选用试验工作量最小的 $L_9(3^4)$ 正交表来安排试验，并对试验结果进行分析，结果见表 9-4。

表 9-4 正交试验结果与分析

试验号	A α-淀粉酶 添加量/%	B 木瓜蛋白酶 酶解时间/min	C α-淀粉酶 酶解时间/min	D 木瓜蛋白酶 添加量/%	SDF 得率/%
1	1(0.8%)	1(120)	1(180)	1(0.4%)	4.39±0.23
2	1	2(180)	2(240)	2(0.6%)	7.22±0.30
3	1	3(240)	3(300)	3(0.8%)	10.03±0.36
4	2(1.2%)	1	2	3	6.81±0.24
5	2	2	3	1	8.61±0.32
6	2	3	1	2	5.79±0.29
7	3(1.6%)	1	3	2	11.04±0.37
8	3	2	1	3	7.63±0.30
9	3	3	2	1	7.42±0.25
k_1	7.21	7.41	5.94	6.81	$T=K_1+K_2+K_3$
k_2	7.07	7.82	7.15	8.02	$=275.76$
k_3	8.70	7.75	9.89	8.16	
R	1.63	0.41	3.95	1.35	
因素主→次			$C \rightarrow A \rightarrow D \rightarrow B$		
最优组合			$A_3 B_2 C_3 D_3$		

由表 9-4 可知,根据极差 R 判断各因素主次关系为 C＞A＞D＞B,即 α-淀粉酶酶解时间＞α-淀粉酶添加量＞木瓜蛋白酶添加量＞木瓜蛋白酶酶解时间。结合 k 值可知各因素的最优组合为 $A_3B_2C_3D_3$,而正交试验中直接试验最优组合为 $A_3B_1C_3D_2$。对 $A_3B_2C_3D_3$ 组合进行验证试验,水溶性膳食纤维得率为(11.92±0.33)％,高于正交试验中直接试验结果(11.04±0.37)％。选择 $A_3B_2C_3D_3$ 为最优方案,即 α-淀粉酶添加量为 1.6％,木瓜蛋白酶的酶解时间为 180 min,α-淀粉酶的酶解时间为 300 min,木瓜蛋白酶的添加量为 0.8％。

(三)SDF 纤维素酶法提取

1. 纤维素酶添加量对寒富苹果渣 SDF 得率的影响

固定料液比 1:15,在酶解 pH 为 5.0、酶解温度 50℃、酶解时间 240 min 的条件下,设计加酶量 0.60％、0.80％、1.00％、1.20％和 1.40％ 五个水平进行单因素试验,研究加酶量对 SDF 得率的影响,结果如图 9-9 所示。可以看出,加酶量在 0.60％～1.00％时,SDF 得率呈快速增加趋势,在 1.00％达到最大值。当加酶量大于 1.00％时,SDF 得率逐渐下降。这是因为纤维素酶作用于 IDF 大分子组分连接键可使部分 IDF 降解为小分子 SDF,溶解度增大,SDF 得率增加;但是随着加酶量的继续增大,纤维素酶可进一步作用于 SDF,将其降解为相对分子质量更小的低聚糖或单糖。由于分子量小、聚合度低,在乙醇醇沉的过程中这些组分由于溶于乙醇而不能被再沉淀(孙慧和刘凌,2007)。

2. 酶解 pH 对寒富苹果渣 SDF 得率的影响

固定料液比 1:15,在加酶量 1.00％、酶解温度 50℃、酶解时间 240 min 的条件下,设计酶解 pH 3.0、4.0、5.0、6.0 和 7.0 五个水平进行单因素试验,研究酶解 pH 对 SDF 得率的影响,结果如图 9-10 所示。可以看出 pH 为 3.0～5.0 时,SDF 得率呈快速增加趋势,在 5.0 达到最大值。当 pH 大于 5.0 时,SDF 得率迅速下降。原因是 pH 过高或过低都会影响酶的活性,影响酶反应的进行。

3. 酶解温度对寒富苹果渣 SDF 得率的影响

固定料液比 1:15,在加酶量 1.00％、酶解 pH 5.0、酶解时间 240 min 的条件下,设计酶解温度 30、40、50、60 和 70℃五个水平进行单因素试验,研究酶解温度对 SDF 得率的影响,结果如图 9-11 所示。可以看出酶解温度为 30～50℃时,SDF 得率逐渐增大,在 50℃达到最大值。当温度大于 50℃时,SDF 得率迅速下降。原因是温度过低或过高都会影响酶的活性,影响酶反应的进行。

4. 酶解时间对寒富苹果渣 SDF 得率的影响

固定料液比 1:15,在加酶量 1.00％、酶解 pH 5.0、酶解温度 50℃的条件下,设计酶解时间 120、180、240、300 和 360 min 五个水平进行单因素试验,研究酶解时间对 SDF 得率的影响,结果如图 9-12 所示。可以看出酶解时间为 120～240 min 时,SDF 得率逐渐增大,在 240 min 时达到最大值,随着酶反应时间的继续延长,SDF 得率逐渐下降。这是因为在 240 min 以前酶解时间过短,酶并没有充分反应。SDF 主要成分为果胶,如果酶解时间过长,会导致果胶被果胶酶裂解为相对分子质量更小的低聚糖或单糖,而这些低聚糖和单糖由于聚合度低,不能被醇沉从而降低 SDF 得率(李加兴等,2009;何玉凤等,2010)。

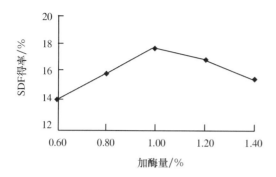

图 9-9 酶添加量对 SDF 得率的影响

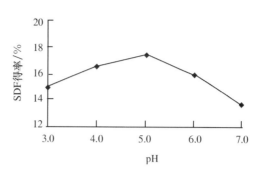

图 9-10 酶解 pH 对 SDF 得率的影响

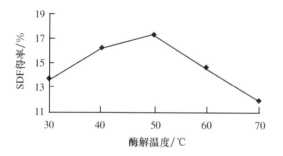

图 9-11 酶解温度对 SDF 得率的影响

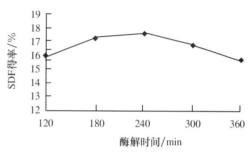

图 9-12 酶解时间对 SDF 得率的影响

5. 寒富苹果渣 SDF 提取工艺的响应面优化

试验设计因素水平见表 9-5。

表 9-5 响应面分析因素与水平表

水平	X_1 加酶量/%	X_2 酶解 pH	X_3 酶解温度/℃	X_4 酶解时间/min
−1	0.80	4.0	40	180
0	1.00	5.0	50	240
1	1.20	6.0	60	300

（1）模型的建立与显著性分析。本试验采用 SAS 软件（Enterprise Reporter 9.1）中的 Box-Behnken 模型，在单因素试验的基础上设计 4 因素 3 水平的响应面优化试验，试验设计及结果见表 9-6。对表 9-6 中数据进行回归分析，得到回归方程：

$$Y = 17.77 + 0.558333X_1 - 0.270833X_2 - 1.0525X_3 - 0.3X_4 - 1.3925X_1X_1$$
$$+ 0.36X_1X_2 - 0.5875X_1X_3 - 0.7825X_1X_4 - 1.41125X_2^2 + 0.7175X_2X_3$$
$$- 0.085X_2X_4 - 2.45625X_3^2 - 1.2325X_3X_4 - 0.555\ X_4^2$$

表 9-6 Box-Behnken 试验设计及结果

试验号	X_1 加酶量/%	X_2 酶解 pH	X_3 酶解温度/℃	X_4 酶解时间/min	得率/%
1	−1	−1	0	0	15.12±0.28[gh]
2	−1	1	0	0	13.80±0.37[d]
3	1	−1	0	0	15.48±0.32[ghi]
4	1	1	0	0	15.60±0.28[hi]
5	0	0	−1	−1	15.36±0.44[ghi]
6	0	0	−1	1	16.56±0.28[l]
7	0	0	1	−1	15.49±0.28[ghi]
8	0	0	1	1	11.76±0.24[a]
9	−1	0	0	−1	14.64±0.32[ef]
10	−1	0	0	−1	16.32±0.28[kl]
11	1	0	0	−1	17.04±0.22[m]
12	1	0	0	1	15.59±0.31[hi]
13	0	−1	−1	0	16.21±0.30[jkl]
14	0	−1	1	0	12.24±0.34[b]
15	0	1	−1	0	14.28±0.20[e]
16	0	1	1	0	13.18±0.21[c]
17	−1	0	−1	0	13.23±0.31[c]
18	−1	0	1	0	12.96±0.28[c]
19	1	0	−1	0	15.84±0.18[ijk]
20	1	0	1	0	13.22±0.22[c]
21	0	−1	0	−1	16.20±0.26[jkl]
22	0	−1	0	1	15.72±0.24[ij]
23	0	1	0	−1	15.84±0.22[ijk]
24	0	1	0	1	15.02±0.20[fg]
25	0	0	0	0	18.03±0.31[o]
26	0	0	0	0	17.52±0.23[n]
27	0	0	0	0	17.76±0.21[n]

注:每个值是平均值±标准差($n=3$)。

对二次回归方程进行方差分析,结果见表 9-7。结果显示:此模型 R^2_{Adj} 为 0.9358,表明有 93.58% 的得率变异分布在所研究的 4 个相关因素中,其总变异度仅有 6.42% 不能由该模型来解释;多元相关系数 R^2 为 0.9704,表明实测值和预测值间有很好的拟合度;模型 F 值为 28.05171($P<0.0001$),表明该模型极显著;失拟项 F 值为 3.019675,表明数据中有异常点。失拟项 P 值为 0.274327>0.05,失拟项差异不显著,方程对试验拟合程度较好。各因素中一次项、二次项及交互项中 X_1X_3、X_1X_4、X_2X_3、X_3X_4 均表现出显著水平,交互项 X_1X_2、X_2X_4 不显著($P>0.05$)。

表 9-7　回归模型显著性检验及方差分析

变异源	自由度	平方和	均方	F 值	P 值
X_1	1	3.740833	3.740833	21.4169	0.000582
X_2	1	0.880208	0.880208	5.039341	0.04408
X_3	1	13.29308	13.29308	76.10509	0.0001
X_4	1	1.08	1.08	6.183182	0.02861
$X_1 X_1$	1	10.34163	10.34163	59.20759	0.0001
$X_1 X_2$	1	0.5184	0.5184	2.967927	0.110577
$X_1 X_3$	1	1.380625	1.380625	7.90431	0.015707
$X_1 X_4$	1	2.449225	2.449225	14.02222	0.002798
$X_2 X_2$	1	10.62201	10.62201	60.81278	0.0001
$X_2 X_3$	1	2.059225	2.059225	11.78941	0.004953
$X_2 X_4$	1	0.0289	0.0289	0.165457	0.691342
$X_3 X_3$	1	32.17687	32.17687	184.218	0.0001
$X_3 X_4$	1	6.076225	6.076225	34.78741	0.0001
$X_4 X_4$	1	1.6428	1.6428	9.405306	0.009775
模型	14	68.59606	4.899718	28.05171	0.0004
线性	4	18.99412	4.748529	27.18613	0.0001
平方	4	37.08934	9.272335	23.08568	0.0001
交互项	6	12.5126	2.085433	11.93946	0.000188
误差	12	2.096008	0.174667		
失拟项	10	1.965808	0.196581	3.019675	0.274327
纯误差	2	0.1302	0.0651		
合计	26	70.69207			

注：$R^2 = 0.9704$；$R^2_{Adj} = 0.9358$；预测 $R^2 = 0.9626$；预测 $R^2_{Adj} = 0.9306$。

（2）响应面图及等高线图分析。为了考察交互项对提取率的影响，在其他因素条件固定不变的情况下，考察交互项对 SDF 得率的影响，对模型进行降维分析。经 SAS（Enterprise Reporter 9.1）软件分析，所得的响应面图及等高线图见图 9-13。

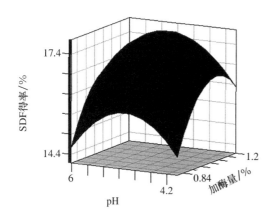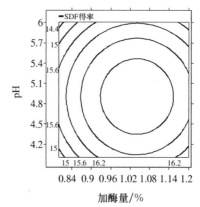

Fixed levels：酶解温度/℃＝50　酶解时间/min＝240

A. 加酶量与 pH

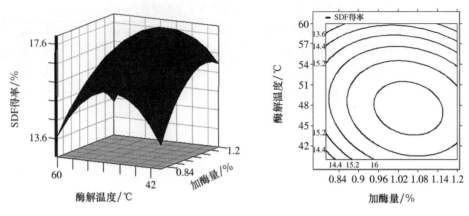

Fixed levels：pH＝5.00　酶解时间/min＝240

B．加酶量与酶解温度

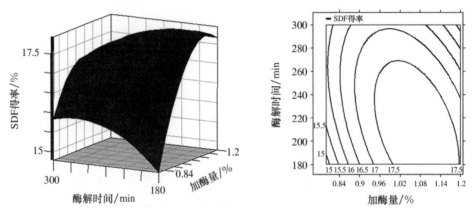

Fixed levels：pH＝5.00　酶解温度/℃＝50

C．加酶量与酶解时间

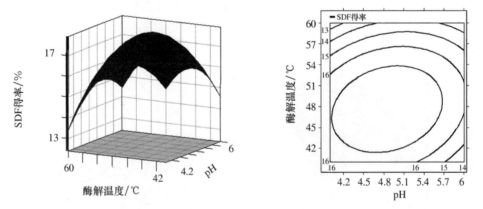

Fixed levels：加酶量/％＝1.00　酶解时间/min＝240

D．pH与酶解温度

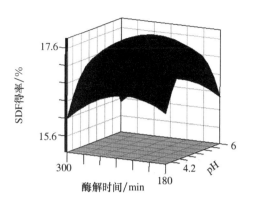 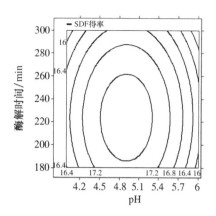

Fixed levels：加酶量/％＝1.00　酶解温度/℃＝50

E. pH 与酶解时间

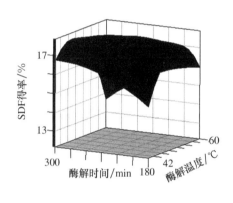 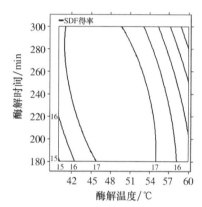

Fixed levels：加酶量/％＝1.00　pH＝5.0

F. 酶解温度与酶解时间

图 9-13　各两因素交互作用的响应面图及等高线图

由图 9-13 可知,随着每个因素的增大,响应值增大;当响应值增大到极值后,随着因素的增大,响应值逐渐减小;在交互项对 SDF 得率的影响中,加酶量与酶解温度、加酶量与酶解时间、酶解 pH 与酶解温度、酶解温度与酶解时间对 SDF 得率的影响均显著。

（3）提取工艺的优化与验证。经 SAS 软件(Enterprise Reporter 9.1)分析优化,可得到苹果渣 SDF 最佳提取工艺参数为:酶添加量 1.064％、酶解 pH 4.85、酶解温度 47.92℃,酶解时间 227.6 min。在此最佳工艺条件下 SDF 得率理论值为 18.0262％。考虑到可操作性,将最优提取条件修正为酶添加量 1.06％、酶解 pH 4.9、酶解温度 48℃,酶解时间 228 min。用此最优提取条件进行验证,得到 SDF 得率为(18.21±0.21)％,与理论值较为接近,表明数学模型对优化苹果渣 SDF 的提取工艺是可行的。

三、结论

(一)碱法提取寒富苹果渣 SDF 工艺优化

各因素对 SDF 得率的影响顺序为:pH＞物料比＞时间＞温度。经过正交试验优化的最佳提取工艺参数为:提取温度为65℃,pH为13,料液比为1:15,提取时间为180 min,在此条件下SDF得率为(10.41±0.37)%。

(二)双酶法提取寒富苹果渣SDF工艺优化

各因素对SDF得率的影响顺序为:α-淀粉酶酶解时间>α-淀粉酶添加量>木瓜蛋白酶添加量>木瓜蛋白酶酶解时间。经过正交试验优化的最佳提取工艺参数为:α-淀粉酶添加量为1.6%,木瓜蛋白酶的酶解时间为180 min,α-淀粉酶的酶解时间为300 min,木瓜蛋白酶的添加量为0.8%,在此条件下SDF得率为(11.92±0.33)%。

(三)纤维素酶法提取寒富苹果渣SDF工艺优化

通过回归模型的分析可知,纤维素酶添加量、酶解pH、酶解温度、酶解时间对提取效果的线性效应显著;加酶量与酶解温度、加酶量与酶解时间、酶解pH与酶解温度、酶解温度与酶解时间对提取效果的交互影响显著;加酶量与酶解pH、酶解pH与酶解时间对提取效果的交互影响不显著。各因素对SDF得率的影响顺序为:酶解温度>加酶量>酶解时间>酶解pH。经过响应面优化的最佳提取工艺参数为:纤维素酶添加量1.06%,酶解pH 4.9,酶解温度48℃,酶解时间228 min,在此条件下SDF得率为(18.21±0.21)%。试验证明实际测量值与预测值之间具有良好的拟合度,说明该模型对于优化寒富苹果渣SDF纤维素酶法提取工艺是合理的。

第三节　寒富苹果渣水溶性膳食纤维的性质分析研究

一、材料与方法

(一)材料、主要仪器和设备

1. 材料、主要试剂

水溶性膳食纤维:纤维素酶法自制;DPPH试剂:美国Sigma公司。

95%乙醇、过氧化氢、三羟甲基氨基甲烷(Tris)、盐酸、硫酸亚铁、水杨酸、邻苯三酚等均为国产分析纯。

2. 主要仪器与设备

DHG-9070A电热恒温鼓风干燥箱、DZF-6050真空干燥箱:上海精宏实验设备有限公司;BSA224S电子天平、PB-10 pH计:赛多利斯科学仪器有限公司;SHA-C水浴恒温振荡器:常州国华电器有限公司;himacCR-21G高速冷冻离心机:日本日立公司;SHB-ⅢA循环水式多用真空泵:郑州长城科工贸有限公司;RE-52AA旋转蒸发器:上海亚荣生化仪器厂;UV-2000分光光度计:尼柯(上海)仪器有限公司。

(二)试验方法

1. 苹果渣SDF的物理性质

(1)持水性的测定。准确称取1.000 g粉碎过40目筛的苹果渣SDF于烧杯中,加蒸馏水适量,摇匀,在室温下浸泡1 h,将SDF倒入滤纸漏斗上过滤,待水滴干后,称重(贺连智,2007)。

$$持水力/(g/g) = \frac{样品湿重(g) - 样品干重(g)}{样品干重(g)}$$

(2)溶胀性的测定。准确称取 0.100 0 g 粉碎过 40 目筛的苹果渣 SDF 于量筒中,读取体积,加蒸馏水适量摇匀,室温放置 24 h,读取量筒中膳食纤维吸水膨胀后的体积。

$$溶胀力/(mL/g) = \frac{溶胀后体积(mL) - 样品体积(mL)}{样品干重(g)}$$

(3)溶解性分析。取 1 g(m_1)样品溶于 100 mL 水中,置于不同温度、pH 条件下静置 20 min,趁热抽滤,取上清液 20 mL 倒入已恒重的坩埚,105℃ 干燥至恒重得 m_2,计算样品的溶解率。

$$溶解率 = \frac{m_2 \times 5}{m_1} \times 100\%$$

a. 温度对水溶性膳食纤维溶解度的影响:在 20～100℃ 每隔 10℃ 进行一次溶解率测定。

b. pH 对水溶性膳食纤维溶解度的影响:由于常温下水溶性膳食纤维溶解率小,测定结果误差较大,且难以区分。所以固定水浴温度 50℃,调节溶液的 pH,使其分别为 3、4、5、6、7、8、9,进行溶解率测定。

(4)超微结构分析。样品干燥、粉碎后过 40 目筛,采用溅射镀膜法对样品进行表面镀金后置于扫描电子显微镜下观察。

2. 苹果渣 SDF 对油脂和胆固醇的吸附作用

(1)水溶性膳食纤维对油脂吸附能力的测定

①吸附不饱和油脂能力的测定:称取已干燥至恒重的水溶性膳食纤维 1.0000 g(m_1)、大豆油 25.00 g 于干燥并称重的 50 mL 离心管(m_2)中,搅拌均匀,37℃静置 1 h,4 000 r/min 离心 20 min,弃去上层油,滤纸吸干离心管中游离的大豆油,称重(m_3)。

②吸附饱和脂肪能力的测定:称取已干燥至恒重的水溶性膳食纤维 1.0000 g(m_1)、猪油 25.00 g 于干燥并称重的 50 mL 离心管(m_2)中,搅拌均匀,37℃静置 1 h,4 000 r/min 离心 20 min,弃去上层油,滤纸吸干离心管中游离的猪油,称重(m_3)。

$$吸油率 = \frac{m_3 - m_2 - m_1}{m_1} \times 100\%$$

式中,m_1 为干燥的水溶性膳食纤维质量,g;

m_2 为干燥的离心管质量,g;

m_3 为离心管与吸附了油脂的膳食纤维的总质量,g。

(2)水溶性膳食纤维对胆固醇吸附能力的测定:取市售鲜鸡蛋蛋黄,用 9 倍量蒸馏水充分搅打成乳液。准确称取 1.0000 g 膳食纤维于 250 mL 锥形瓶中,加入 50.00 g 搅打好的蛋黄液,搅拌均匀,调节体系 pH 至 2.0(模拟胃环境)和 7.0(模拟小肠环境),置于恒温水浴振荡器中,37℃(与人体温度相近)振荡 2 h,4 000 r/min 离心 20 min,准确吸取 1 mL 上清液采用上述邻苯二甲醛法测定残留胆固醇含量(欧仕益等,2005)。

$$吸附率/(mg/g) = \frac{吸附前蛋黄液中胆固醇量 - 吸附后上清液中胆固醇量}{膳食纤维质量}$$

3. 苹果渣 SDF 对自由基的清除作用

(1)DPPH 自由基体系。DPPH 溶液的配制：准确称取 0.198 4 g DPPH，用无水乙醇溶液定容至 50 mL，作为储备液。从储备液中吸取 2 mL DPPH，用无水乙醇定容至 100 mL 配成 0.2 mmol/L DPPH 溶液待用。

采用比色法测定。DPPH 用 95% 乙醇配成 0.2 mmol/L 溶液，按表 9-8 加入试剂于试管中，混匀后于 25℃ 水浴中反应 20 min 后，以蒸馏水为对照，在 517 nm 波长处测定吸光度（于丽娜等，2009），吸光度分别为 A_1、A_2、A_3。

表 9-8　清除 DPPH 自由基实验表

吸光度	SDF 体积/mL	DPPH 体积/mL	95%乙醇体积/mL	蒸馏水体积/mL
A_1	4.0	2.0	—	—
A_2	4.0	—	2.0	—
A_3	—	2.0	—	4.0

(2)超氧阴离子自由基体系。Tris-HCl 缓冲溶液的配制：取 50 mL 0.1 mol/L Tris 与 30 mL 0.1 mol/L HCl 混合，用蒸馏水定容到 100 mL。用 pH 计测定并调整 pH，将缓冲液的 pH 调整至(8.2±0.02)范围内即可。得到 0.05 mol/L，pH 8.2 的 Tris-HCl 缓冲液。

采用邻苯三酚自氧化法测定。取 0.05 mol/L Tris-HCl 缓冲液(pH 8.2)4.0 mL，置于 25℃ 水浴中预热 20 min 后，按表 9-9 加入试剂于试管中，混匀后于 25℃ 水浴中反应 5 min，加入 100 μL 8% 盐酸溶液终止反应，以蒸馏水为对照，在 320 nm 波长处测定吸光度（苗敬芝等，2010），吸光度分别为 A_1、A_2、A_3。

表 9-9　清除超氧阴离子自由基实验表

吸光度	SDF 体积/mL	25 mmol/L 邻苯三酚体积/mL	蒸馏水体积/mL
A_1	1.0	1.0	—
A_2	1.0	—	1.0
A_3	—	1.0	1.0

(3)羟自由基体系。采用比色法测定 Fenton 反应产生的 ·OH。按表 9-10 所述分别加入 9 mmol/L 水杨酸-乙醇溶液、SDF、9 mmol/L $FeSO_4$ 溶液、蒸馏水于试管中，最后加入 8.8 mmol/L H_2O_2 启动 Fenton 反应。以蒸馏水为对照，在 510 nm 波长处测定吸光度（张建民等，2007），吸光度分别为 A_1、A_2、A_3。

表 9-10　清除羟自由基实验表

吸光度	水杨酸-乙醇体积/mL	SDF 体积/mL	$FeSO_4$体积/mL	蒸馏水体积/mL	H_2O_2体积/mL
A_1	0.5	1.0	0.5	—	5.0
A_2	0.5	1.0	—	0.5	5.0
A_3	0.5	—	0.5	1.0	5.0

自由基清除率计算公式如下。

$$自由基清除率 = \left(1 - \frac{A_1 - A_2}{A_3}\right) \times 100\%$$

式中，A_1、A_2、A_3 为相应反应吸光度。

二、结果与分析

（一）SDF 的物理性质测定

1. 持水性与溶胀性分析

由表 9-11 可知，寒富苹果渣 SDF 的持水力、溶胀力都很高。其原因可能是在提取过程中纤维素酶将部分不溶性纤维素转变成可溶性低聚糖，以此来提高 SDF 得率。但纤维素酶对细胞壁的降解是有限的，这种部分降解作用，使纤维结构变得较疏松，使水更易于进入间隙，并且这种降解作用使更多的基团暴露，可能生成一些分子量适中、具有持水能力的降解产物，从而使持水力提高。

表 9-11　持水力与溶胀力测定结果

样品	持水力/(g/g)	溶胀力/(mL/g)
水溶性膳食纤维	6.85±0.23	9.63±0.30

2. 苹果渣 SDF 溶解性分析

（1）温度对 SDF 溶解性的影响。由图 9-14 可知，寒富苹果渣 SDF 在水中的溶解率随温度的升高迅速增大，溶解率变化范围为 21.3%～96.45%，温度对 SDF 溶解性影响明显。当温度为 20～30℃时，SDF 溶解率随温度的升高而增大，但增加幅度较小。当温度为 30～40℃时，溶解率显著提高。当温度为 40～60℃时，溶解率升高最快，由 39.25% 升高至 78.45%。温度大于 70℃后溶解率升高速度减缓，逐渐趋于平衡。其原因可能是温度升高破坏了纤维多糖分子侧链间的氢键和离子键，分子链被切断，使分子聚合度降低，溶解度升高。

（2）pH 对 SDF 溶解性的影响。由图 9-15 可知，pH 为 3～7 时，随着 pH 的增大 SDF 溶解率明显增大，溶解率变化范围为 42.35%～62.15%。当 pH 为 4～6 时 SDF 溶解率增大最快，由 45.60% 升高至 58.85%。pH 在 7 左右时 SDF 溶解率达到最大。当 pH 大于 7 时，SDF 的溶解度随 pH 的增大而逐渐降低。这是因为 SDF 的溶解率与黏度有关，同浓度的 SDF 溶液在中性时的黏度小于其在酸性和碱性时的黏度，溶液黏度大导致多糖分子扩散受到的阻力大，使其溶解度降低。所以 SDF 在中性时的溶解率大于在酸性和碱性条件下的溶解率（梁建忠等，2007）。

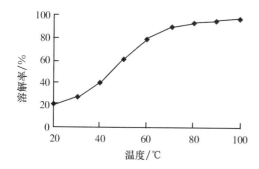

图 9-14　温度对 SDF 溶解性的影响

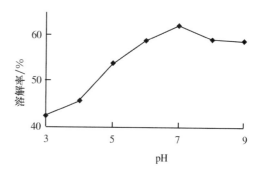

图 9-15　pH 对 SDF 溶解性的影响

3．苹果渣 SDF 的超微结构分析

对碱法、双酶法和纤维素酶法制得的水溶性膳食纤维进行扫描电镜试验,扫描电镜结果见图 9-16。

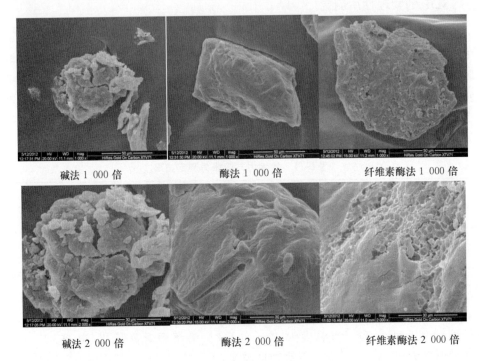

碱法 1 000 倍　　　　酶法 1 000 倍　　　　纤维素酶法 1 000 倍

碱法 2 000 倍　　　　酶法 2 000 倍　　　　纤维素酶法 2 000 倍

图 9-16　SDF 扫描电镜图

图 9-16 为碱法、双酶法、纤维素酶法三种方法提取的水溶性膳食纤维扫描电镜对照图。图中分别比较了 1 000 倍和 2 000 倍电镜扫描结果。由图可知,碱法提取的 SDF 结构松散,有较大裂缝,结构破坏严重,可能是由于碱的强烈作用破坏了 SDF 结构的完整性。双酶法提取的 SDF 表面光滑平整,略有褶皱,可能是由于淀粉酶和蛋白酶反应温和,只是专一的作用于淀粉和蛋白质,对 SDF 的结构破坏不明显。纤维素酶法提取的 SDF 结构疏松,既没有碱法的大裂缝又不像双酶法的光滑平整。其原因可能是纤维素酶酶解破坏了纤维多糖的糖苷键以及多糖链内外的氢键作用力,使纤维多糖发生降解,聚合度下降,使 SDF 疏松多孔,有的呈蜂窝状结构。

(二) SDF 对油脂和胆固醇的吸附

大量研究表明,脂肪摄入量与冠心病、高血压及癌症等疾病的发病率呈强正相关关系。血液中胆固醇含量过高使胆固醇在血管中沉淀,能发展为动脉粥样硬化,同时,它在血清中的浓度与多种心血管疾病有密切关系。为此,本试验探讨了水溶性膳食纤维对脂肪和胆固醇的吸附能力。

由表 9-12 可知,苹果渣 SDF 对脂肪和胆固醇都有很好的吸附。SDF 对饱和脂肪的吸附能力大于对不饱和脂肪的吸附能力。pH 对 SDF 吸附胆固醇能力有较大影响,在中性条件(pH=7,模拟小肠液)时 SDF 对胆固醇的吸附优于在酸性条件(pH=2,模拟胃液)时 SDF 对胆固醇的吸附。

表 9-12　水溶性膳食纤维的吸附能力

样品	不饱和脂肪吸附量/(g/g)	饱和脂肪吸附量/(g/g)	胆固醇吸附量/(mg/g)pH=2	胆固醇吸附量/(mg/g)pH=7
SDF	1.62±0.12	2.31±0.14	21.32±1.18	36.89±1.85

(三)SDF 对自由基的清除作用

1. 寒富苹果渣 SDF 对 DPPH 自由基的清除作用

DPPH(1,1-二苯基-2-三硝基苯肼)自由基是一种以氮为中心的很稳定的自由基,DPPH 自由基含有未成对的单电子,其醇溶液呈紫色,在 517 nm 处有最大吸收峰。当有自由基清除剂 SDF 存在时,由于与其单电子配对而使其吸收逐渐减小,溶液由紫色慢慢变浅甚至变成黄色,褪色后在最大吸收波长处吸光度变小,且颜色变化程度与配对电子数成化学计量关系。因此,可通过吸光度变化来检测 SDF 对 DPPH 的清除能力(周小理等,2011)。

本试验中,SDF 对 DPPH 的清除作用在 SDF 浓度为 2～10 mg/mL 范围内呈上升趋势,且在 SDF 浓度 2～6 mg/mL 范围内上升较快,SDF 浓度大于 6 mg/mL 后上升趋势减缓,清除率为 7.42%～14.56%。

2. 寒富苹果渣 SDF 对超氧阴离子自由基的清除作用

人体中的氧有微量部分是以超氧阴离子自由基($\cdot O_2^-$)形式存在的,少量的 $\cdot O_2^-$ 自由基能够杀菌、消毒,益于人体健康。但是,$\cdot O_2^-$ 自由基积累过多会对细胞内某些物质产生破坏,影响人体健康,很多心血管类疾病的发生都与超氧阴离子自由基过多有关,超氧阴离子自由基增多还是人体衰老的原因之一(Halloiwell B,1989)。

邻苯三酚在 Tris-HCl 缓冲液(pH 8.2)中发生自氧化反应,其机理较为复杂,现在仍未有明确定论。该反应会生成含超氧阴离子自由基的中间产物,该中间产物在 320 nm 处有最大吸收峰。SDF 能够提供电子使超氧阴离子自由基清除,在此过程中吸光度发生变化,因此可通过吸光度变化值检测 SDF 对超氧阴离子自由基的清除能力。

本试验中,SDF 对超氧阴离子自由基的清除能力比对 DPPH 自由基的清除作用强,在质量浓度 2～10 mg/mL 范围内整体呈上升趋势,清除率为 35.97%～65.61%。

3. 寒富苹果渣对羟自由基的清除作用

羟基自由基($\cdot OH$)是一种氧化能力很强的自由基,可以发生电子转移,夺取氢原子和羟基化等反应,可氧化糖类、氨基酸、蛋白质、核酸和脂类,使其遭受损伤和破坏。

Fe^{2+} 与 H_2O_2 反应产生 $\cdot OH$,$\cdot OH$ 反应活性高,存活时间短,若在体系中加入水杨酸能有效地延长 $\cdot OH$ 的存活时间,并产生有色物质,该产物在 510 nm 处有强吸收。若在 Fenton 反应体系中加入具有清除 $\cdot OH$ 能力的物质,便会与水杨酸竞争 $\cdot OH$,而使有色物质生成量减少。由于 Fenton 反应体系产生的 $\cdot OH$ 在 SDF 加入的情况下被逐渐清除,同时 Fe^{2+} 增多,吸光度降低,由此可检测苹果渣 SDF 对 $\cdot OH$ 的清除效果。

本试验中,SDF 对羟自由基的清除能力表现为在 2～10 mg/mL 范围内整体呈上升趋势,清除率为 10.3%～42.17%。

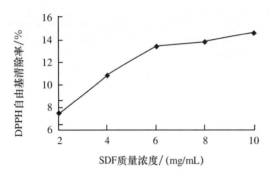

图 9-17　SDF 对 DPPH 自由基的清除能力

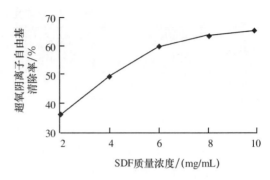

图 9-18　SDF 对超氧阴离子自由基的清除能力

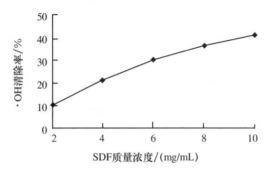

图 9-19　SDF 对·OH 自由基的清除能力

三、结论

(一)寒富苹果渣 SDF 的物理性质

苹果渣 SDF 持水力为(8.45±0.26) g/g,溶胀力为(9.63±0.31) mL/g。苹果渣 SDF 的溶解率随温度的升高迅速增大,溶解率变化范围为 21.3%～96.45%,温度对 SDF 溶解性影响显著。当温度为 20～70℃时,SDF 溶解率随温度的升高而增大,当温度大于 70℃后溶解率升高速度减缓,逐渐趋于平衡。pH 为 3～7 时,随着 pH 的增大 SDF 溶解率明显增大,溶解率变化范围为 42.35%～62.15%。pH 在 7 左右时 SDF 溶解率达到最大。当 pH 大于 7 时,SDF 的溶解率随 pH 的增大而逐渐降低。

碱法提取的 SDF 结构松散,有较大裂缝,结构破坏严重。双酶法提取的 SDF 表面光滑平整,略有褶皱。纤维素酶法提取的 SDF 结构疏松,既没有碱法的大裂缝又不像双酶法的光滑平整,疏松多孔,有的呈蜂窝状结构。

(二)寒富苹果渣 SDF 的吸附性质

苹果渣 SDF 对脂肪和胆固醇都有很好的吸附。SDF 对饱和脂肪的吸附能力大于对不饱和脂肪的吸附能力。pH 对 SDF 吸附胆固醇能力有较大影响,在中性条件(pH＝7,模拟小肠液)时 SDF 对胆固醇的吸附优于在酸性条件(pH＝2,模拟胃液)时 SDF 对胆固醇的吸附。

(三)寒富苹果渣 SDF 对自由基的清除作用

SDF 对 DPPH 的清除作用在 2～10 mg/mL 范围内呈上升趋势,且 2～6 mg/mL 范围内上升较快,大于 6 mg/mL 后上升趋势减缓,清除率为 7.42%～14.56%。SDF 对超氧阴离子的清除能力比对 DPPH 的清除作用强,在质量浓度 2～10 mg/mL 范围内整体呈上升趋势,清除率为 35.97%～65.61%。质量浓度为 2～10 mg/mL 的 SDF 对羟自由基的清除率为 10.3%～42.17%。

第四节　寒富苹果渣水溶性膳食纤维在面包中的应用研究

一、材料与方法

(一)材料、主要试剂和仪器

1. 材料、主要试剂

水溶性膳食纤维:纤维素酶法自制;面包专用粉(金献王 98 普通级):河北谷丰源食品有限公司;奶粉(烘焙食品原料粉):福建省圣王食品有限公司;黄奶油(福临门):中粮东海粮油工业(张家港)有限公司;酵母(雪峰):乐斯福(明光)有限公司;面包改良剂:乐斯福(明光)有限公司。

2. 主要仪器与设备

TextureproCT3 质构仪:美国 Brookfield 工程研究所;ALC-210.2 电子天平:北京赛多利斯仪器系统有限公司;M20 延时醒发箱、平板烤炉 、SF17 和面机:意大利 AIa5ka 公司。

(二)试验方法

1. 膳食纤维面包的基本配方(表 9-13)

表 9-13　膳食纤维面包配方

成分	面粉	酵母	面包改良剂	奶粉	白糖	黄油	盐	水	SDF
含量/g	364～400	4	2.8	40	64	32	4	190	0～36

注:膳食纤维添加后取代相应面粉量。

2. 工艺流程

参考 GB/T 14611—2008 的面包直接发酵法进行改进。

称样→搅拌→中间醒发→分块→搓圆→整形→最后醒发→焙烤→冷却→成品。

3. 工艺要点

称样:面粉和膳食纤维按一定比例混匀,再加入白糖、面包改良剂、酵母粉、奶粉和水。

搅拌:搅拌机内搅拌,慢速 3～5 min 再快速 4 min,搅拌至面团均匀不存在干物质后加入黄油,继续搅拌。在搅拌过程中检测面筋是否形成(取一小块面团,抻开面团看是否成膜,如果出现的孔洞较圆滑,手感柔和就说明面筋形成)。

中间醒发:油纸盖好醒发 10 min。

搓圆:用拇指和食指之间虎口位置推揉面团将面团搓至表面光滑,内部无较大气泡。

整形:将面团拉长,压成长片,从小端卷起。卷片时尽量压实以排出气体,将面团接缝朝下放入模具中。

最后醒发:调节醒发室温度 38℃,湿度 75%～80%醒发 3～4 h。

焙烤:调节烤箱上火温度 175℃,底火温度 220℃焙烤 30 min。

4．试验设计

（1）膳食纤维不同添加量面包的制作。设计 4 组对比试验，分别添加面粉含量的 3％、6％、9％的苹果渣水溶性膳食纤维，以不添加膳食纤维为空白组对照。

（2）面包品质感官评定。面包品质感官评定参照 GB/T 14611—2008 面包烘焙品质评分标准和 GB/T 20981—2007 中华人民共和国国家标准面包，并做部分修改。由 10 名具有感官评定经验的食品专业老师及同学组成鉴评小组进行评定，评定标准见表 9-14。

表 9-14　面包品质评分标准

评分项目	满分标准	满分
表皮色泽	金黄、棕黄、红棕、无斑点、光泽平滑	5
表皮质地与形状	冠大、颈极明显、无裂纹	5
包心色泽	洁白、乳白并有丝样光泽	5
纹理结构	面包气孔细密、均匀并呈长形、孔壁薄、无明显孔洞和坚实部分、呈海绵状	25
平滑度	平滑、细腻、轻柔感	10
弹柔性	柔软而富有弹性、按下复原很快	10
口感	有面包焦香味、甜咸味、味醇正、无霉味、口感细腻、不粗糙	5

（3）面包比容的测定。测定面包体积和质量，按下式计算：

$$P(\text{mL/g}) = \frac{V}{W}$$

式中，P—面包比容，mL/g；

V—面包体积，mL；

W—面包质量，g。

面包体积测量方法：取一个大烧杯填满小米，摇实并刮平。将小米倒出后放入面包块样品，烧杯中的空隙用刚刚倒出的小米填满，摇实、刮平。量筒量出未装完剩余的小米体积即为所要测定的面包体积。

（4）面包质构的测定。面包的质构特性测定参数包括硬度、内聚性、弹性、咀嚼性等。

测定方法：4 组对比试验分别选取表面平整、厚度均匀的面包，将冷却 1 h 后的面包切成约 30 mm 的面包片置于质构仪上，每组试验选取不同位置的 3 个点进行测定。

应用 TextureproCT3 型质构仪进行测定，设置参数如下：探头 TA4/1000；预测试速度 2 mm/s；测试速度 1 mm/s；返回速度 1 mm/s；可恢复时间 3 s；目标 3.0 mm；触发点负载 7 g；循环次数 2 次（徐群英，2005）。

（5）膳食纤维的添加对面包货架期的影响。面包在贮存过程中将发生一系列物理、化学变化，这些变化在很大程度上影响面包的品质，进而影响面包的货架期。例如：水分减少、硬度增加、弹性降低，易掉渣，失去光泽，芳香消失，风味变劣等。通常把这些现象称为面包的老化。从物性学的观点看，面包硬度增加和弹性降低是其老化的重要标志。

判断面包的货架期长短主要通过测定面包的硬度和弹性。每隔一段时间测定一次面包的质构，以此来判断膳食纤维的添加对面包货架期的影响。

二、结果与分析

(一)SDF 添加量对面包感官品质的影响

面包品质感官评定见表 9-15。添加寒富苹果渣 SDF 对面包品质有一定影响。一方面，添加适量的 SDF 不仅可以提高面包的营养价值，使面包具有膳食纤维的生理活性，还可以提高面包的感官品质，如适口性和弹柔性等。另一方面，SDF 过量添加会影响面筋网状结构的形成，使面包硬度增大，弹柔性降低，口感也逐渐降低。所以，SDF 的适量添加至关重要。由表 9-15 可知，当寒富苹果渣 SDF 添加量为 3％～6％时，面包的色泽、质地、结构、弹性和口感等感官品质最佳。

表 9-15　SDF 添加量对面包感官品质的影响

评分项目	SDF 不同添加量/%				满分
	0	3	6	9	
表皮色泽	4.5	4.5	4.5	4.0	5
表皮质地与形状	4.5	4.5	4.5	4.0	5
包心色泽	4.5	4.5	4.5	4.0	5
纹理结构	21	21	21	18	25
平滑度	7	8	9	7	10
弹柔性	8	9	9	7	10
口感	4.0	4.5	4.5	4.0	5
总分	53.5	56	57	48	65

(二)SDF 添加量对面包比容的影响

水溶性膳食纤维添加量对面包比容的影响见图 9-20。随着 SDF 添加量的增加，面包比容呈下降趋势。这可能是因为膳食纤维的添加影响了面团中的麦谷蛋白和麦胶蛋白形成空间连续的网络结构，导致面团胀发困难，持气力下降，影响了面团的发酵，使得体积减小。由于体积减小，减少了烘焙时的水分蒸发，同时，膳食纤维的强持水力也使得水分难以蒸出，导致质量增大。所以，随着 SDF 添加量的逐渐增加面包比容逐渐下降(图 9-20)。

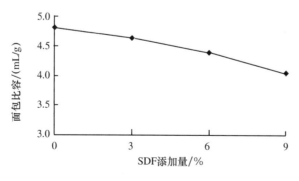

图 9-20　水溶性膳食纤维添加量对面包比容的影响

(三)SDF 添加量对面包质构特性的影响

将添加不同量 SDF 制得的面包选取不同三点进行质构分析,得 SDF 添加量对面包质构特性的影响如表 9-16 所示。

表 9-16　SDF 添加量对面包质构特性的影响

SDF 添加量/%	硬度/g	弹性/mm	咀嚼性/mJ	弹性指数	内聚性
0	80	2.52	1.6	0.85	0.83
3	67	2.56	1.4	0.86	0.82
6	82	2.46	1.5	0.82	0.77
9	98	2.43	1.8	0.81	0.79

注:数据为 3 次测量的中间值,与质构分析图谱对应。

由表 9-16 可知,添加 SDF 量过高会使面包硬度增大,但当添加量为 3% 时硬度反而减小。其原因可能是膳食纤维的高持水性使面包在焙烤过程中保留了更高的水分,这种作用使面包在膳食纤维低添加量时硬度减小。当添加量较高时硬度会急剧增大。这是因为大量添加膳食纤维影响了面筋网络的形成,使面包孔隙较多,无法保留住气体和水分,从而使硬度增加。面包弹性的变化与硬度大体呈负相关,随着 SDF 添加量的增加而逐渐减小。其原因仍然是与面筋网络的形成有关。咀嚼性是通过模拟人的咀嚼,反映食物入口后舒适程度的指标,其值过小则入口后无嚼劲,太大则革性太强。一般咀嚼性的变化与硬度的变化有很高的相关性。从表中可以看出咀嚼性的变化与硬度大体呈正相关,随着膳食纤维的添加逐渐增大。

(四)SDF 添加量对面包贮藏品质的影响

1. 面包硬度的测定结果与分析

面包硬度是判断面包品质的重要指标,也是衡量面包老化程度的重要指标。在贮存期间,由于面包内水分的迁移作用使水分随时间增加而减少,这一作用主要体现在面包的硬度上,随着水分的流失面包逐渐变得干硬、易掉渣,严重影响了面包的品质,缩短了面包的货架期。由图 9-21 可知,面包的硬度随着时间的延长逐渐增大,添加膳食纤维可以在一定程度上延缓硬度增加,当 SDF 添加量为 6% 时,面包硬度的增加较为缓慢。这是因为膳食纤维具有良好的持水性和保水性,从而抑制了水分的流失,延缓了硬度的增加,达到了延长货架期的目的。

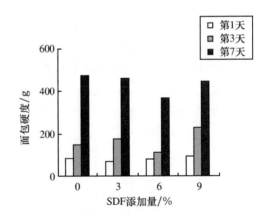

图 9-21　时间对面包硬度的影响

2. 面包弹性的测定结果与分析

面包弹性也是判断面包品质的重要指标，更是衡量面包老化程度的重要指标。弹性的降低是其老化的重要标志。由图9-22可知，随着贮存时间的延长，SDF不同添加量面包的弹性均呈下降趋势，其中未添加SDF的面包弹性降低最明显，添加量为6%的面包弹性降低最慢。这可能是因为适当地添加SDF可以增加面包的持水力，使面包老化程度较低，弹性降低相对缓慢。

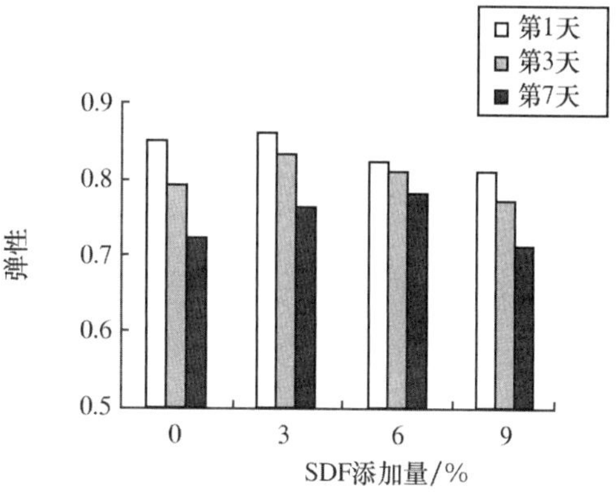

图 9-22　时间对面包弹性的影响

三、结论

(一)面包品质感官评定

添加寒富苹果渣SDF对面包品质有一定影响。添加适量的苹果渣SDF可以提高面包的感官品质，如适口性和弹柔性等。SDF过量添加会影响面筋网状结构的形成，使面包硬度增大，弹柔性降低，口感也逐渐降低。当寒富苹果渣SDF添加量为3%～6%时，面包的色泽、质地、结构、弹性和口感等感官品质最佳。

(二)面包比容的测定

随着寒富苹果渣SDF添加量的增加，面包比容呈下降趋势。

(三)面包质构特性的测定

添加寒富苹果渣SDF量过高会使面包硬度增大，但当添加量为3%时硬度反而减小。面包弹性的变化与硬度大体呈负相关，随着SDF添加量的增加而逐渐减小。咀嚼性的变化与硬度大体呈正相关，随着膳食纤维的添加逐渐增大。

(四)膳食纤维的添加对面包贮藏品质的影响

面包的硬度随着时间的延长逐渐增大，添加寒富苹果渣SDF可以在一定程度上延缓硬度增加，当SDF添加量为6%时，面包硬度的增加较为缓慢。

随着贮存时间的延长，各组面包的弹性均降低，未添加SDF组的弹性降低最快，添加量为6%的面包弹性降低最慢。

参 考 文 献

[1] 艾志录，郭娟，王育红，等. 微波辅助提取苹果渣中苹果多酚的工艺研究[J]. 农业工程学报，2006，22(6)：188-191.

[2] 艾志录，王育红，王海，等. 大孔树脂对苹果渣中多酚物质的吸附研究[J]. 农业工程学报，2007，23(8)：245-248.

[3] 白杰，曹晓虹，罗瑞明，等. 苹果冷冻干燥工艺优化[J]. 食品科学，2005，26(3)：169-173.

[4] 白雪莲，岳田利，章华伟，等. 响应曲面法优化苹果渣多酚纯化工艺[J]. 食品科学，2010，31(14)：32-36.

[5] 鲍金勇. 香蕉皮中果胶提取工艺的研究[J]. 食品与机械，2006，22(1)：39-42.

[6] 暴悦梅，胡彬. 新型果蔬干燥技术研究进展[J]. 食品研究与开发，2016，37(16)：222-224.

[7] 毕金峰，方芳，公丽艳，等. 苹果干燥技术研究进展[J]. 农产品加工学刊，2010(3)：4-6.

[8] 毕金峰，魏益民. 果蔬变温压差膨化干燥技术研究进展[J]. 农业工程学报，2006，24(6)：308-312.

[9] 毕金峰. 苹果变温压差膨化干燥工艺优化研究[J]. 食品科学，2008，29(11)：213-218.

[10] 曹建康，姜微波，赵玉梅. 果蔬采后生理生化实验指导[M]. 北京：中国轻工业出版社，2013.

[11] 曹有福，李树君，赵凤敏，等. 红枣冻干工艺参数的优化[J]. 农产品加工学刊，2009(10)：64-67.

[12] 曾绍东，吴建中，欧仕益，等. 罗非鱼酶解液中挥发性成分分析[J]. 食品科学，2010，31(18)：342-346.

[13] 柴丽红，王媛，左霖，等. 发酵法制备苹果渣膳食纤维的工艺研究[J]. 粮油加工与食品机械，2004(11)：69-71.

[14] 常春，王娟，马晓建，等. 利用玉米粉产柠檬酸黑曲霉的筛选[J]. 郑州轻工业学院学报(自然科学版)，2005，20 (1)：47-49.

[15] 车继海，徐会侠. 利用苹果渣栽培白灵菇[J]. 黑龙江农业科学，2012(2)：163-164.

[16] 陈复生. 食品超高压加工技术[M]. 北京：化学工业出版社，2005：1-5.

[17] 陈辉何，俊萍，何义，等. 酶法提取花生粕不溶性膳食纤维的研究[J]. 食品工业，2011(1)：66-68.

[18] 陈留勇，孟宪军，贾薇，等. 黄桃水溶性多糖的抗肿瘤作用及清除自由基、提高免疫活

性研究[J].食品科学，2004，25(1)：167-170.

[19] 陈清香，黄苇，温升南，等.番木瓜粉喷雾干燥工艺研究[J].现代食品科技，2009，25 (1)：68-72.

[20] 陈学森，韩明玉，苏佳林，等.当今世界苹果产业发展趋势及我国苹果产业优质高效发展意见[J].果树学报，2010，27(4)：598-604.

[21] 陈雪峰，吴丽萍.苹果渣膳食纤维脱色工艺的研究[J].食品与发酵工业，2005，31 (6)：137-139.

[22] 程莉莉.护色处理和膨化干燥工艺对苹果脆片品质的影响.食品与机械，2011,27(1)：127-129.

[23] 程秀娟.电子舌技术在果汁饮料识别中的应用研究[D].北京：中国农业大学，2006.

[24] 程云辉，曾知音，伍桃英，等.大孔吸附树脂分离纯化麦胚蛋白酶解物中的抗氧化寡肽[J].食品与机械，2011，27(1)：19-21.

[25] 德利格尔桑.食品科学与工程概论[M].北京：中国农业出版社，2002.

[26] 邓红，李小平.苹果渣水溶性膳食纤维的提取及脱色工艺研究[J].食品研究与开发，2002，23(2)：22-23.

[27] 邓红，宋纪荣.盐析法从苹果渣中提取果胶的工艺研究[J].食品科学，2002，23(3)：57-60.

[28] 邓红，王晓娟.不同干燥方法对苹果片品质的影响[J].食品科技，2007(2)：84-87.

[29] 邓红.苹果渣制备食品添加剂果胶和食品功能基料食用纤维的研究[D].西安:西北大学，2003.

[30] 丁薇.海红果真空冷冻干燥工艺研究[D].呼和浩特:内蒙古农业大学，2011.

[31] 董根中，远兵强，高红梅，等.我国苹果加工与生产现状[J].农产品加工，2009(10)：64-67.

[32] 董秀萍.海参、扇贝和牡蛎的加工特性及其抗氧化活性肽的研究[D].镇江:江苏大学，2010.

[33] 杜崇旭，牛铭山，刘雪娇.膳食纤维改性与应用的研究进展[J].大连民族学院学报，2005，7(5)：18-21.

[34] 杜连祥，路福平.微生物学实验技术[M].北京:中国轻工业出版社，2006.

[35] 杜书，岳喜庆，武俊瑞，等.自然发酵酸菜游离氨基酸的分析[J].食品与发酵工业，2013，39(2)：174-176.

[36] 杜运平.板栗苞植物多酚提取、纯化及其应用研究[D].北京:中国林业科学研究院，2011.

[37] 段亮亮，郭玉蓉，池霞蔚.澳洲青苹果实不同部位香气成分差异分析[J].食品科学，2010(18)：262-267.

[38] 段延娥，李道亮，李振波，等.基于计算机视觉的水产动物视觉特征测量研究综述[J].农业工程学报，2015,31(15)：1-11.

[39] 范柳萍，张慜.真空油炸过程中干燥特性和产品品质变化的研究[J].食品工业科技，2012，33(8)：194-197.

[40] 范明辉，王森，顾国元.苹果汁的前褐变及苹果PPO的部分特性研究[J].食品与发酵

工业，2005，31(4)：33-36.

[41] 方芳，毕金峰，李宝玉，等. 不同干燥方式对哈密瓜干燥产品品质的影响[J]. 食品与发酵工业，2010，36(5)：68-72.

[42] 冯娟，刘刚，司永胜，等. 苹果采摘机器人激光视觉系统的构建[J]. 农业工程学报，2013，29(25)：32-37.

[43] 付全意. 食品模拟体系糖化反应过程中羟甲基赖氨酸的形成和抑制[D]. 广州：华南理工大学，2012.

[44] 高晴晴. 儿茶素酶促低聚反应的初步研究和红茶酯提取物的分离及活性分析[D]. 北京：中国农业科学院，2008.

[45] 高晓娟. 苹果白兰地与苹果醋的联合生产工艺[D]. 济南：山东轻工业学院，2011.

[46] 高晓明，吕磊，王瑞，等. 苹果多酚的乙醇提取和大孔树脂纯化工艺研究[J]. 食品研究与开发，2009，30(11)：21-25.

[47] 高兴海. 太阳能果蔬脱水车间性能试验及苹果脱水工艺优化研究[D]. 兰州：甘肃农业大学，2010.

[48] 高彦华. 茶多酚提取及 EGCG 纯化新工艺研究[D]. 哈尔滨：东北林业大学，2006.

[49] 高月. 枸杞干燥方法及其促干剂的研究[D]. 保定：河北农业大学，2015.

[50] 葛邦国，吴茂玉，肖丽霞，等. 苹果膳食纤维的研究进展[J]. 食品研究与开发，2009，30(2)：162-165.

[51] 葛蕾，李志西，司翔宇，等. 超声波提取苹果渣多酚工艺研究[J]. 食品研究与开发，2005，26(1)：79-81.

[52] 葛蕾. 苹果渣多酚浸提物及其抗氧化性研究[D]. 杨凌：西北农林科技大学，2005.

[53] 公丽艳. 不同品种苹果加工脆片适宜性评价研究[D]. 沈阳：沈阳农业大学，2014.

[54] 龚志华，任国谱，舒青孝，等. 大孔吸附树脂分离纯化金银花绿原酸研究[J]. 分析测试学报，2001，30(1)：85-90.

[55] 顾晶晶，王爱芹，康健. 响应面法研究新疆大果沙棘的果酒酿造工艺[J]. 食品工业科技，2008，12(8)：224-226.

[56] 春梅，武荣兰，封顺，等. 香青兰多糖的提取、测定及其对活性氧自由基的清除作用[J]. 食品与发酵工业，2005，31(3)：129-132.

[57] 郭娇娇，方敏，林利美，等. 苹果多酚的提取及抗氧化活性研究[J]. 食品科学，2011(32)：95-98.

[58] 郭娟，艾志录，崔建涛，等. 苹果渣中多酚物质的福林法测定[J]. 食品工业科技，2006(2)：178-180.

[59] 郭娟. 苹果渣中苹果多酚的提取、纯化及功效研究[D]. 郑州：河南工业大学，2006.

[60] 郭树国. 人参真空冷冻干燥工艺参数试验研究[D]. 沈阳：沈阳农业大学，2012.

[61] 郭维烈，郭庆华. 新型发酵蛋白饲料[M]. 北京：科学技术文献出版社，2000，6.

[62] 郭卫强. 果脯生产新工艺——介绍国内外果脯加工技术[J]. 食品科学，1986(5)：59-62.

[63] 国家发展和改革委员会. 食品工业"十二五"发展规划[EB/OL]. 2011.(2011-13-31)[2012-02-01].

[64] 国家统计局. 中国统计年鉴 2011[M]. 北京：中国统计出版社，2011.

［65］国家统计局. 2008—2009 年中国浓缩果汁行业研究报告［R］. 2009.

［66］国家现代苹果产业技术研发中心（韩明玉、冯宝荣主编）. 国内外苹果产业技术发展报告［M］. 杨凌：西北农林科技大学出版社，2011.

［67］郝少莉，陈小蒙，仇农学. 苹果渣中多酚物质的纯化及其抑菌活性的研究［J］. 食品科学，2007，28(11)：86-90.

［68］何连芳，刘茵，孙玉梅. 膨化薯干原料柠檬酸发酵新技术的研究［J］. 食品与发酵工业，2002，28(6)：53-56.

［69］何新益，程莉莉，刘金福，等. 苹果片变温压差膨化干燥特性与动力学研究［J］. 农业机械学报，2012，43(5)：136-141.

［70］何新益. 苹果片变温压差膨化干燥特性与动力学研究［J］. 农业机械学报，2012，43(5)：130-135.

［71］何玉凤，张侠，张玲，等. 马铃薯渣可溶性膳食纤维提取工艺及其性能研究［J］. 食品与发酵工业，2010，36(11)：189-193.

［72］侯传伟，魏书信，王安建. 双酶改性制备玉米皮水溶性膳食纤维的工艺研究［J］. 食品科学，2009，30(22)：119-121.

［73］侯格妮，吴天祥. 苹果白兰地发酵酵母菌株筛选及其性能研究［J］. 酿酒科技，2013(6)：14-17.

［74］侯钰，陈欣悦，盛启明. 苹果品种和酿造工艺对苹果酒中酚类物质的影响研究［J］. 中国酿造，2013，32(5)：26-30.

［75］胡昌军. 苹果渣饲喂泌乳牛的试验效果［J］. 中国奶牛，2003(5)：28-29.

［76］胡国华. 功能性食品胶［M］. 北京：化学工业出版社，2004.

［77］胡娜，陈跃雪. 中国苹果汁出口的挑战和对策建议［J］. 北京农学院学报，2011，26(4)：49-51.

［78］胡璇，夏延斌. 基于模糊数学的剁椒感官综合评价方法［J］. 食品科学，2011，32(1)：95-98.

［79］黄才欢，欧仕益，张宁，等. 膳食纤维吸附脂肪、胆固醇和胆酸盐的研究［J］. 食品科技，2006(5)：133-136.

［80］黄建韶，张洪，田宏观. 苹果中多酚氧化酶的性质［J］. 食品与机械，2001(3) 21：199-200.

［81］黄金匐，李瑶卿，洪绍梅. 茶多酚对 8 种致病菌最低抑制浓度的研究［J］. 食品科学，1995，16：6-12.

［82］黄略略. 冻干-真空微波串联联合干燥苹果的保质和节能工艺及模型的研究［D］. 无锡：江南大学，2011.

［83］黄小菲，罗强，丁祥，等. 西南地区不同产地松茸挥发性成分分析［J］. 食品科学，2011，32(18)：171-175.

［84］黄永春. 超声波辅助提取西番莲果皮中果胶的研究［J］. 食品科学，2006，27(10)：341-344.

［85］霍尚一，林坚. 中国苹果的国际竞争力及其影响因素分析［J］. 西北农林科技大学学报，2007，7：77-81.

[86] 贾俊强,桂仲争,吴琼英,等.同时蒸馏萃取与气相色谱-质谱联用分析蚕蛹挥发性成分[J].蚕业科学,2011,37(6)：1111-1116.

[87] 贾生平.果脯加工容易出现的质量问题及解决方法[J].中国农村科技,2010(8)：16-17.

[88] 姜春竹.微萃取技术在环境和药物样品处理中的应用[D].长春:吉林大学,2013.

[89] 姜慧,籍保平,李博,等.影响苹果多酚分离提纯的因素[J].食品科学,2004,25(6)：74-78.

[90] 姜文广,李记明,徐岩,等.4种酿酒红葡萄果实的挥发性香气成分分析[J].食品科学,2011,32(6)：225-229.

[91] 金莹.浓缩苹果汁中棒曲霉毒素的降解及苹果多酚抗肿瘤作用的研究[D].北京:北京林业大学,2010.

[92] 靳学远,秦霞,何晓文.苹果渣多酚微波辅助提取工艺研究[J].中国食物与营养,2006,7：35-37.

[93] 巨浩羽,肖红伟,白竣文,等.苹果片的中短波红外干燥特性和色泽变化研究[J].农业机械学报,2013,44(2)：186-191.

[94] 阚建全.食品化学[M].北京:中国农业大学出版社,2002：211-212.

[95] 黎海彬,李小梅.大孔吸附树脂及其在天然产物研究中的应用[J].广东化工,2005(3)：22-25.

[96] 黎燕,樊晓平,李刚.一种新的图像阈值分割算法[J].计算机仿真,2006,23(6)：195-197.

[97] 李刚.苹果白兰地发酵条件的确定[J].河南科技学院学报:自然科学版,2008,36(4)：49-51.

[98] 李斌,孟宪军,李元甦,等.响应面法优化超临界 CO_2 萃取北五味子藤茎油工艺[J].食品科学,2010.

[99] 李丙智.我国苹果的生产现状与发展[M].西安:西北出版社,2002.

[100] 李大鹏.顶空固相微萃取分析苹果酯类香气[J].食品与发酵工业,2007,33(8)：150-152.

[101] 李凤林,张丽丽,梁永海.苹果梨果脯生产工艺中护色与硬化效果的探讨[J].江苏调味副食品,2006(8)：8-9.

[102] 李桂峰.苹果渣膳食纤维的提取和应用[J].陕西农业科学,2006(3)：60-61

[103] 李国薇.苹果品种及酵母菌种对苹果酒品质特性影响的研究[D].杨凌:西北农林科技大学,2013.

[104] 李华,王华,袁春龙.葡萄酒化学[M].北京:科学出版社,2005.

[105] 李华.葡萄酒品尝学[M].北京:科学出版社,2010.

[106] 李怀玉,李家福,任世忠.苹果抗寒新品种及寒地丰产技术[M].北京:中国林业出版社,1996.

[107] 李怀玉,乔凤岐.寒富苹果的育成及其社会效应[J].沈阳农业大学学报,1998,29(1)：37-40.

[108] 李慧峰,王海波,李林光,等.套袋对"寒富"苹果果实香气成分的影响[J].中国生态农业学报,2011,19(4)：843-847.

[109] 李基洪.饮料和冷饮生产技术.中国轻工业出版社[M].北京：中国轻工业出版社，2006：322-324.

[110] 李加兴，刘飞，范芳利，等.响应面法优化猕猴桃皮渣可溶性膳食纤维提取工艺[J].食品科学，2009，30(14)：143-148.

[111] 李建武.生物化学实验原理和方法[M].北京：北京大学出版社，1994.

[112] 李巨秀.混菌种发酵果渣生产蛋白饲料的研究[D].杨凌：西北农林科技大学，2002.

[113] 李军，张振华,葛毅强，等.我国苹果加工业现状分析[J].食品科学，2004(9)：198-204.

[114] 李里特.食品物性学[M].北京：中国农业出版社，2001.

[115] 李里特.食品原料学[M].北京：中国农业出版社，2005.

[116] 李锐，任海平，孙艳亭，等.小分子与生物大分子间非共价相互作用分析方法研究进展[J].分析化学，2006，34(12)：1801-1806.

[117] 李涛.农产品微波干燥工艺的研究[D].南昌：江西农业大学，2013.

[118] 李阳春，王剑锋，陈光明，等.热泵干燥系统几种循环的对比分析与研究[J].农业机械学报.2003，34(6)：84-86.

[119] 李志西.苹果渣资源化利用研究与实践[D].杨凌：西北农林科技大学，2007.

[120] 励建荣，傅月华，顾振宇，等.高压技术在食品工业中的应用研究[J].食品与发酵工业，1997，23(6)：9-15.

[121] 林捷，林晓静，蒋姐，等.预处理对真空冷冻干燥炭步香芋品质的影响[J].食品科学，2007，28(4)：138-141.

[122] 林喜娜.果蔬红外干燥模型的建立及在线实时检测系统设计[D].淄博：山东理工大学，2010.

[123] 刘春平.苹果多酚对 γ 射线引起的免疫系统损伤防护作用研究[D].哈尔滨：哈尔滨工业大学，2008.

[124] 刘达玉，黄丹，李群兰.酶碱法提取薯渣膳食纤维及其改性研究[J].食品研究与开发，2005，26：63-66.

[125] 刘芳，赵金红，朱明慧,等.多酚氧化酶结构及褐变机理研究进展[J].食品研究与开发，2015(6)：113-119.

[126] 刘夫国，马翠翠，王迪，等.蛋白质与多酚相互作用研究进展.食品与发酵工业，2016，42(2)：282-288.

[127] 刘国成，吕德国，李怀玉.寒富苹果开发推广现状及生产建议[J].北方果树，2004(4)：28-29.

[128] 刘汉成.中国苹果产业发展及国际竞争力研究[D].武汉：华中农业大学，2003：1-11.

[129] 刘华敏，解新安，丁年平.喷雾干燥技术及在果蔬粉加工中的应用进展[J].食品工业科技，2009(2)：304-307.

[130] 刘建学.全藕粉喷雾干燥工艺试验研究[J].农业工程学报，2006，22(9)：229-231.

[131] 刘俊，吴谨.一种基于梯度的直方图阈值图像分割改进方法[J].计算机与数字工程，2010，38(4)：131-133.

[132] 刘列.生物工程技术与蛋白食品生产[J].延边大学农学院学报，2001(3)：219-222.

[133] 刘群，徐中平，刘振华. 酶与化学结合法提取海带膳食纤维的研究[J]. 食品科技，2009，34(10)：209-213.

[134] 刘巍. 果蔬粉生产中包埋剂添加工艺的研究[J]. 计量与测试技术，2016，43(1)：21-22.

[135] 刘玉平，杨俊凯，黄明泉，等. 霉苋菜梗同时蒸馏萃取液中挥发性香味成分分析[J]. 中国食品学报，2011，11(1)：226-232.

[136] 刘芸，仇农学，殷红. 以苹果渣为基质发酵生产凤尾菇白灵菇猴头菇菌丝的试验[J]. 培养材料，2010(6)：28-30.

[137] 吕春茂，王博，孟宪军，等. 寒富苹果渣中多酚类物质超声波辅助提取工艺[J]. 食品研究与开发，2011，32(3)：47-51.

[138] 吕磊，徐抗震，宋纪蓉，等. 鲜苹果渣不同处理方式的成分变化研究[J]. 化学工程师，2006(6)：4-5.

[139] 苗敬芝，冯金和，董玉玮. 超声结合酶法提取生姜中水溶性膳食纤维及其功能性研究[J]. 食品科学，2011，32(24)：120-125.

[140] 苗敬芝，吕兆启，唐仕荣，等. 双酶法提取牛蒡根中水溶性膳食纤维及其抗氧化活性的研究[J]. 食品工业科技，2010，31(7)：245-247.

[141] 莫开菊，柳圣，程超. 生姜的抗氧化活性研究[J]. 食品科学，2006，27(9)：110-115.

[142] 牛广财，姜桥. 果蔬加工学[M]. 中国计量出版社，2010：59-82.

[143] 欧仕益，郑妍，刘子力，等. 酵解和酶解麦麸吸附脂肪和胆固醇的研究[J]. 食品科技，2005(1)：91-93.

[144] 潘丽军，马道荣，韩振宇，等. 漂烫及硬化处理对果块品质影响及机理研究[J]. 食品科学，2008(7)：24-26.

[145] 庞韵华. 组合干燥法生产苹果片的研究[D]. 无锡：江南大学，2008.

[146] 裴海闰，曹学丽，徐春明. 响应面法优化纤维素酶提取苹果渣多酚类物质[J]. 北京农学院学报，2009，24(3)：50-54.

[147] 彭帮柱，岳田利，袁亚宏. 酵母菌 PA4 酿造苹果酒发酵条件的优化[J]. 农业工程学报，2006，22(11)：261-263.

[148] 彭凯，张燕，王似锦，等. 微波干燥预处理对苹果渣提取果胶的影响[J]. 农业工程学报，2008，24(7)：222-226.

[149] 彭雪萍，马庆一，刘艳芳. 超高压萃取苹果多酚的工艺及抗氧化性研究[J]. 食品工业科技，2008，2：191-195.

[150] 彭雪萍，马庆一，刘艳芳，等. 苹果废渣中天然抗氧化物的提取、分离及活性研究[J]. 食品工业科技，2006，27(11)：111-113.

[151] 彭章普，龚伟中，徐艳，等. 苹果渣可溶性膳食纤维提取工艺的研究[J]. 食品科技，2007(7)：238-241.

[152] 戚勃，李来好. 膳食纤维的功能特性及在食品工业中的应用现状[J]. 现代食品科技，2006，22(3)：272-279.

[153] 戚向阳，陈福生，陈维军，等. 苹果多酚抑菌作用的研究[J]. 食品科学，2003，24(5)：33-36.

[154] 綦菁华，蔡同一，倪元颖，等. 酶解对苹果汁混浊的影响[J]. 食品科学，2003(9)：69-

72.

[155] 盛义保，马惠玲，许增巍．苹果渣活性成分预试及其黄酮含量研究[J]．中成药，2005，27(4)：494-496.

[156] 施思，陈炼红．伍红苦丁茶多糖提取工艺条件的优化研究[J]．西南民族大学学报（自然科学版），2010，6：983-987.

[157] 石桂春，胡铁军，闫革华，等．玉米膳食纤维的组成、特性、功能及在食品加工中的应用[J]．食品研究与开发，2001，22(6)：53-54.

[158] 石启龙，张培正，李坤．气流膨化苹果脆片加工工艺初探[J]．河北农业大学学报，2001，24(4)：69-72.

[159] 石启龙，张培正．脱水苹果的非硫护色工艺研究[J]．食品工业科技．2001，22(2)：50-51.

[160] 石启龙．苹果气流膨化前后质构变化研究[J]．食品工业科技．2002(1)：27-28.

[161] 石思文，崔琳，姜冰雪．羊肚菌营养强化米酒发酵工艺的优化[J]．食品工业科技，2014，23(35)：175-181.

[162] 石勇，何平，陈茂彬．果渣的开发利用研究[J]．饲料工业，2007，28(1)：54-56.

[163] 史坤，张泽生，张民，等．苹果多酚对 D-半乳糖致衰小鼠衰老的影响[J]．营养学报，2011，33(2)：201-203.

[164] 宋纪蓉，徐抗震，黄洁，等．利用苹果渣制备膳食纤维的工艺研究[J]．食品科学，2003，24(2)：69-72.

[165] 宋纪蓉，赵宏安，黄洁，等．苹果渣发酵生产饲料蛋白的菌种选育[J]．西北大学学报，2003，33(2)：167-170.

[166] 宋纪蓉，张建刚，李文哲，等．苹果资源的深加工研究[J]．西北大学学报，2002，32(3)：217-218.

[167] 宋莲军，唐贵芳，赵秋艳，等．富士苹果多酚氧化酶的提取及特性的研究[J]．浙江农业科学，2009，1(4)：789-793.

[168] 宋烨，翟衡，刘金豹，等．苹果加工品种果实中的酚类物质与褐变研究[J]．中国农业科学，2007，40(11)：2563-2568.

[169] 宋以玲．黄酒原料和菌种与发酵工艺对抗氧化活性的影响[D]．扬州：扬州大学，2012.

[170] 宋芸．微波真空与真空冷冻干燥组合生产脱水果蔬[D]．无锡：江南大学，2008.

[171] 孙爱东，孙建霞，白卫滨，等．苹果多酚抑菌作用的研究[J]．北京林业大学学报，2008，30(4)：150-152.

[172] 孙红男．苹果渣中多酚类物质的高压脉冲电场处理及其生物活性研究[D]．北京：北京林业大学，2011.

[173] 孙慧，刘凌．优化纤维素酶水解桃渣制备可溶性膳食纤维工艺条件的研究[J]．食品与发酵工业，2007，33(11)：60-64.

[174] 孙佳佳，霍学喜，柳萍．中国苹果出口贸易对苹果产业发展影响分析[J]．北方园艺，2012(3)：174-177.

[175] 孙婕，张华，尹国友．固相微萃取技术在食品分析领域中的应用[J]．东北农业大学

学报，2012，42(8)：154-158.

[176] 孙俊良，赵瑞香，李刚，等. 苹果白兰地的研制[J]. 食品工业，2002(4)：16-17.

[177] 孙攀峰，高腾云，肖杰. 苹果渣饲用价值的研究进展[J]. 中国畜牧兽医，2004，06：13-16.

[178] 孙攀峰. 苹果渣的营养价值评定及其饲喂奶牛的效果研究[D]. 郑州：河南农业大学，2004.

[179] 孙荣. 柠檬酸新型清液发酵工艺研究[D]. 济南：山东轻工业学院，2011.

[180] 陶华伟，赵力，奚吉，等. 基于颜色及纹理特征的果蔬种类识别方法[J]. 农业工程学报，2014，30(16)：305-311.

[181] 陶令霞，王浩，常慧萍，等. 苹果皮渣中苹果多酚的超声辅助提取工艺优化及其抗脂质氧化活性研究[J]. 河南工业大学学报，2008，29(1)：32-35.

[182] 陶敏，潘见，张文成，等. 超高压处理对菠萝汁中菠萝蛋白酶活性的影响[J]. 食品科学，2013，34(15)：162-165.

[183] 田兰兰，郭玉蓉，牛鹏飞，等. 富士苹果中多酚氧化酶特性的研究[J]. 农产品加工学刊，2011(3)：20-23.

[184] 田秀红. 膳食纤维的功能特性及其应用[J]. 食品研究与开发，2002，23(3)：55-56.

[185] 童建民，徐光. TH—FD55×2 食品真空冷冻干燥机加热系统[J]. 真空与低温，2001，7(1)：38-40.

[186] 万国富. 超声波处理在果胶提取工艺中的应用[J]. 食品研究与开发，2006，27(7)：115-118.

[187] 汪立平，徐岩，王栋. 苹果酒香气成分研究进展[J]. 食品与发酵工业，2002，28(7)：59-65.

[188] 汪茂山，谢培山，王忠东，等. 天然有机化合物提取分离与结构鉴定[M]. 北京：化学工业出版社，2004：55-58.

[189] 汪文浩，陆胜民，王涛. 低盐青梅果脯加工工艺研究[J]. 食品与机械，2014(3)：220-236.

[190] 王岸娜，王璋，许时婴，等. 壳聚糖澄清猕猴桃果汁的研究[J]. 食品研究与开发，2007(2)：78-82.

[191] 王蓓，唐柯，聂尧. 搅拌棒吸附萃取-气质联用分析威代尔冰葡萄酒挥发性成分[J]. 食品与发酵工业，2012，38(11)：299.

[192] 王博，王新现，吕春茂，等. 苹果渣中多酚类物质的提取和应用研究进展[J]. 食品工业科技，2011(6)：421-423.

[193] 王成荣. 酶制剂在澄清苹果汁加工中的应用研究[D]. 北京：中国农业大学，1986.

[194] 王传增，张艳敏，徐玉亭，等. 苹果香气 SPME-GC/MS 萃取条件优化[J]. 山东农业科学，2012，44(7)：116-120.

[195] 王宏勋，王岩岩，毛一兵，等. 粉葛渣膳食纤维生物改性研究[J]. 食品工业科技，2007，28(7)：101-106.

[196] 王皎，李赫宇，刘岱琳，等. 苹果的营养成分及保健功效研究进展[J]. 食品研发与开发，2011，32(1)：164-168.

[197] 王立,汪正范.色谱分析样品处理[M].北京:化学工业出版社,2006.

[198] 王丽媛,苗利利,仇农学.苹果渣中高纯度多酚物质的制备及体外抗氧化活性评价[J].农产品加工学刊,2009(3):29-33.

[199] 王临宾.超声波辅助提取苹果叶多酚及其体外抗氧化性研究[D].杨凌:西北农林科技大学,2010.

[200] 王曼玲,胡中立,周明全,等.植物多酚氧化酶的研究进展[J].植物学报,2005,22(2):215-222.

[201] 王娜,谢新华,潘治利,等.苹果多酚在富油植物蛋白饮料中的应用[J].浙江农业科学,2012,(2):205-207.

[202] 王南舟,钟立人,黄高雄,等.鱼精蛋白抗菌特性的研究[J].食品科学,2000,21:43-46.

[203] 王庆国,刘天明.酵母菌分类学方法研究进展[J].微生物学杂志,2007,27(3):96-100.

[204] 王荣梅.低温气流膨化枸杞子的研制及其品质测定[D].泰安:山东农业大学,2004.

[205] 王瑞.典型蔬菜制品高效微波冷冻干燥的工艺与机理研究[D].无锡:江南大学,2010.

[206] 王帅斌,谢建春,孙宝国.顶空单液滴微萃取在挥发性成分分析中的应用进展[J].食品科技,2007,10:25-29.

[207] 王伟.真空冷冻干燥草莓粉的研究[D].保定:河北农业大学,2007.

[208] 王文艳,刘凌,吴娜,等.板栗及其膨化制品的挥发性香气成分分析[J].食品与发酵工业,2012,38(5):197-205.

[209] 王锡昌,陈俊卿.固相微萃取技术及其应用[J].上海水产大学学报,2004,13(4):348-352.

[210] 王霞,李记明,赵光鳌.橡木制品对白兰地中酚类物质的影响[J].酿酒科技,2006,31(1):78-80.

[211] 王晓红,姜忠军,王霞.白兰地原料酒的加工[J].中外葡萄与葡萄酒,2001(3):48-50.

[212] 王轩.不同产地红富士苹果品质评价及加工适宜性研究[D].北京:中国农业科学院,2013.

[213] 王雪媛,陈芹芹,毕金峰,等.热风-脉动压差闪蒸干燥对苹果片水分及微观结构的影响[J].农业工程学报,2015,31(20):287-293.

[214] 王雪媛,高琨,陈芹芹,等.苹果片中短波红外干燥过程中水分扩散特性[J].农业工程学报,2015,31(12):275-281.

[215] 王育红.大孔树脂吸附苹果多酚特性及苹果多酚功效研究[D].郑州:河南农业大学,2007.

[216] 王越鹏,赵征,刘嘉喜,等.真空冷冻干燥过程对脱水胡萝卜品质的影响[J].食品与发酵工业,2007,33(11):89-91.

[217] 王振宇,周丽萍,刘瑜.苹果多酚对小鼠脂肪代谢的影响[J].食品科学,2010,31(9):288-291.

[218] 卫春会,黄治国,罗惠波,等. 干型苹果酒发酵工艺条件的优化[J]. 现代食品科技, 2013, 29(2): 367-371.

[219] 谢国山,王立业. 海蛎子真空冷冻干燥的工艺探讨[J]. 食品科技, 2002(12): 46-48.

[220] 谢建. 太阳能利用技术[M]. 北京:中国农业大学出版社, 2002: 22-23.

[221] 谢建春,孙宝国,刘玉平. 固相微萃取在食品香味分析中的应用[J]. 食品科学, 2003 (8): 299-233.

[222] 谢建春,孙宝国,郑福平. 采用同时蒸馏萃取-气相色谱/质谱分析小茴香的挥发性成分[J]. 食品与发酵工业, 2004, 3(12): 112-116.

[223] 谢静静. 苹果渣的生物利用及发酵工艺的研究[D]. 青岛:中国海洋大学, 2011.

[224] 谢玺文,张翠霞,程立媛,等. 饲用微生物及研究现状[J]. 微生物杂志, 2001, 21 (1): 47-49.

[225] 熊智辉. 单细胞蛋白在饲料业中的研究进展[J]. 养殖与饲料, 2007(7): 11-15.

[226] 胥晶,张涛,江波. 国内外膳食纤维的研究进展[J]. 食品工业科技, 2009(6): 360-367.

[227] 徐抗震,宋纪蓉,黄洁,等. 单细胞蛋白最佳接种混合比的研究[J]. 微生物学通报, 2003a, 30(4): 36-39.

[228] 徐伟泉. 川芎嗪提取分离纯化及稳定性研究[D]. 北京:北京化工大学, 2005.

[229] 徐岩,张继民,汤丹剑. 现代食品微生物学[M]. 北京:中国轻工业出版社, 2001, 177-180.

[230] 许传勇. 东宁县发展寒富苹果的思考[J]. 中国林副特产, 2009 (1): 109-110.

[231] 许晖,孙兰萍,张斌,等. 响应面法优化花生壳黄酮提取工艺的研究[J]. 中国粮油学报, 2009, 24(1): 107-111.

[232] 闫真真. 樱桃酒褐变机理及酿造技术研究[D]. 泰安:山东农业大学, 2013.

[233] 严军,苟小军,邹全付,等. 分光光度法测定 Fenton 反应产生的羟基自由基[J]. 成都大学学报, 2009, 28(2): 91-103.

[234] 阳江平. 基于计算机视觉的果蔬识别方法研究[D]. 大连:大连理工大学, 2011.

[235] 杨保伟. 苹果渣基质柠檬酸产生菌株的选育及固态发酵条件研究[D]. 杨凌:西北农林科技大学, 2004.

[236] 杨波,杨光,李代禧,等. 苯乙醇香精与 β-环糊精包合物的制备工艺研究[J]. 食品工业科技, 2007, 28(1): 210-230.

[237] 杨帆,陆梅. 开发陕西省苹果渣资源[J]. 畜牧兽医杂志, 2007, 26(2): 56-58.

[238] 于丽娜,杨庆利,毕洁,等. 花生壳水溶性膳食纤维不同提取工艺及其抗氧化活性研究[J]. 食品科学, 2009, 30(22): 27-32.

[239] 于丽娜,杨庆利,禹山林,等. 花生膳食纤维的研究开发与应用[J]. 食品工业科技, 2010, 31(3): 376-379.

[240] 臧玉红. 从苹果渣中提取果胶的工艺研究[J]. 食品科技, 2006(9): 284-286.

[241] 张春美,李勇,孙文森,等. 苹果粉制备工艺研究[J]. 江苏食品与发酵, 2007(2): 29-31.

[242] 张桂芝. 酚类物质在苹果中分布、组成及抗氧化构效关系研究[D]. 北京:中国农业大

学，2008．

[243] 张国华，赖卫华．免疫亲和色谱原理的原理及其在食品安全监测中的应用[J]．食品科学，2007，28(10)：557-581．

[244] 张海燕，张永茂，等．钙处理对干装苹果罐头质地的影响[J]．食品工业科技，2013 (3)：6-8．

[245] 张洪，黄建韶．从废料中提取果胶[J]．山西食品工业，2000(3)：7-9．

[246] 张鸿发，励建荣，徐善超，等．从柑橘皮中提取果胶的工艺研究[J]．食品科技，2000 (6)：67-68．

[247] 张丽丽．红外干燥蔬菜的试验研究及分析[D]．北京：中国农业大学，2014．

[248] 张苗苗，曹国珍，缪建顺．物理方法在酿造酒催陈中的研究进展[J]．食品工业科技，2015，36(12)：395-399．

[249] 张懋，王瑞．果蔬微波联合干燥技术研究进展[J]．干燥技术与设备，2005，3(3)：107-110．

[250] 张懋，徐艳阳，孙金才．国内外果蔬分阶段联合干燥技术研究的进展[J]．干燥技术与设备，2003(1)：9-11．

[251] 张长霞．混菌固态发酵苹果渣生产蛋白饲料的研究[D]．天津：天津科技大学，2004．

[252] 张振华，胡小松，葛毅强，等．我国苹果加工业的发展思路[J]．中国果树，2004(2)：50-53．

[253] 张忠义，王运东，戴猷元．固相微萃取技术及其应用[J]．化工进展，2002，21(5)：349-351．

[254] 张仲欣，诸壬娇．香菜真空冷冻干燥工艺研究[J]．食品科学，2005，26：43-45．

[255] 章斌，李远志，肖南，等．香蕉片真空冷冻干燥工艺研究[J]．农产品加工学刊，2009，(3)：142-144．

[256] 赵光远，王璋，许时婴．破碎时蒸汽热处理对浑浊苹果汁色泽及浑浊稳定性的影响[J]．食品与发酵工业，2004，30(10)：26-31．

[257] 赵光远，张培旗，白艳红，等．热协同超高压处理对鲜榨苹果汁品质影响的研究[J]．河南工业大学学报，2007，28(2)：46-50．

[258] 赵光远，李娜，纵伟．从苹果渣中提取酚类物质工艺的研究[J]．食品工业，2007，28 (5)：4-6．

[259] 赵光远．混浊苹果汁的研制及其储藏稳定性的研究[D]．无锡：江南大学，2005．

[260] 赵建民．烹饪营养学[M]．北京：中国财政经济出版社，2001：135．

[261] 赵江，程彦伟．苹果渣提取果胶最佳水解条件的研究[J]．河南工业大学学报，2007，28(4)：48-50．

[262] 赵凯，许鹏．3,5-二硝基水杨酸比色法测定还原糖含量的研究[J]．食品科学，2008 (8)：534-536．

[263] 中华人民共和国农业部．中国农业统计资料[R]．2016．

[264] 中华人民共和国农业部．NY/T 2795—2015 苹果中主要酚类物质的测定——高效液相色谱法．北京：中国标准出版社，2016．

[265] 中华人民共和国卫生部，中国国家标准化委员会．GB 5009.124—2003 食品中氨基

酸的测定[S]. 北京：中国标准出版社，2004.

[266] 周国燕，陈维实，叶秀东. 猕猴桃热风干燥与冷冻干燥的实验研究[J]. 食品科学，2007，28(8)：164-167.

[267] 周国燕，王爱民，胡琦玮. 方便米饭的真空冷冻干燥工艺[J]. 食品科学，2010，31 (24)：147-150.

[268] 周国燕，詹博，桑迎迎，等. 不同干燥方法对三七内部结构和复水品质的影响[J]. 食品科学，2011，32(20)：44-47.

[269] 周建华. 苹果白兰地酒的工艺[J]. 食品科学，1989(10)：13-15 .

[270] Adekunte A O，Tiwari B K. Effect of sonication on color, ascorbic acid and yeast inactivation in tomato juice[J]. Food Chemistry. 2010，122 (3)：500-507.

[271] Agnieszka K，Krzysztof G. Evaluation of dryingmodels of apple (var. McIntosh) dried in a convective dryer[J]. Food Science and Technology，2010，45：891-898.

[272] Ajandouz E H，Tschiape L S，Dalle OF，et al. Effects of pH on caramelization andmaillard reaction kinetics in fructose-lysinemodel systems[J]. Journal of Food Science，2001，66(7)：926-931.

[273] Ajila C M，Brar S K，Verma M，et al. Solid-state fermentation of apple pomace using Phanerocheate chrysosporium-Liberation and extraction of phwnolic antioxidants[J]. Food Chemistry，2011，126(3)：1071-1080.

[274] Aka J P，Courtois F，Louarme L，Nicolas J et al. Modelling the interactions between free phenols，*L*-ascorbic acid，apple polyphenoloxidase and oxygen during a thermal treatment[J]. Food Chemistry，2013. 138：1289-1297.

[275] Akio Y，Tomomasa K，Masayuki T，et al. Inhibitory effects of Apple polyphenols and related compounds on cariogenic factors ofmutans *Streptococci*[J]. J. Agric. Food Chem，2000，(48)：5666-5671.

[276] Angela. Influence of ultra-high pressure homogenisation on antioxidant capacity, polyphenol and vitamin content of clear apple juice[J]. Food chemistry，2011，127 (2)：447-454.

[277] Antonio T J，Gonzalo V. Commercial opportunities and research challenges in the high pressure processing of foods[J]. Journal of Food Engineering，2005，67：955-112.

[278] Aprikian O. Apple and pear peel and pulp and their influence on plasma lipids and antioxidant potentials in rats fed cholesterol-containing diets[J]. J. Agric Food chem，2003 (51)：5780-5785.

[279] Arena E，Ballistreri G，Tomaselli F，et al. Survey of 1, 2-dicarbonyl compounds in commercial honey of different floral origin[J]. Journal of Food Science，2011，76：1203-1210.

[280] Arthur C，Pawliszyn J. Solid phasemicroextraction with thermal desorption using fused silca optical fibers[J]. Anal Chem，1990，62：2145-2148.

[281] Artissa B，Kathryn B，Michelle B. The effects of a new soluble dietary fiber on weightgain and selected blood parameters in rats [J]. Metabolism Clinical and

寒富苹果深加工关键理论与技术

Experimental，2006(55)：195-202.

[282] Kimbaris A C，Siatis N，Daferera D，et al. Comparison of distillation and ultrasound assisted extraction methods for the isolation of sensitive aroma compounds from garlic *Allium sativum*[J]. Ultrasonics Sonochemistry，2006(13)：54-60.

[283] Baini R and Langrish TAG. Assessment of colour development in dried bananas-measurements and implications formodeling[J]. Journal of Food Engineering，2009，93：177-182.

[284] Baljit S. Psyllium as therapeutic and drug delivery agent [J]. International Journal of Pharmaceutics，2007，334 (12)：1-14.

[285] Bandyopadhyay P，Ghosh AK，Ghosh C. Recent developments on polyphenol-protein interactions：effects on tea and coffee taste，antioxidant properties and the digestive system[J]. Food & Function，2012，3(6)：592-605.

[286] Buzrul S，Alpas H，Bozoglu F. Use of Weibull frequency distributionmodel to describe the inactivation of Alicyclobacillus acidoterrestris by high pressure at different temperatures[J]. Food Research International，2005，38(2)：151-157.

[287] Cao Z Z，Zhou L Y，Bi J F，et al. Effect of different drying technologies on drying characteristics and quality of red pepper (*Capsicum frutescens* I.) ：a comparative study. Journal of the Science of Food & Agriculture，2016，96(10)：3596-3603.

[288] Carolyn M，Dallas G，Hoover，Daniel F F. Effects of hing hydrostaic pressure on heat resistang and heat sensitivestrains of salmonella[J]. Journal of Food Science，1989，54 (6)：1547.

[289] Chen H Q，Hoover D G. Modeling the combined effect of high hydrostatic pressure andmild heat on the inactivation kinetics of List-eriamonocytogenes Scott A in wholemilk[J]. Innovative Food Science and Emerging Technologies，2003，4(1)：25-34.

[290] Cho J S，Lee H J，Park J H，et al. Image analysis to evaluate the browning degree of banana (musa spp.) peel[J]. Food Chemistry，2016，194：1028-1033.

[291] Dixon J，Hewett E W. Facets affecting apple aroma/flavor volatile concentration：A review[J]. New Zealand Journal of Crop and Horticultural Science，2000，28：155-173.

[292] Djendoubi M N，Boudhrioua N，Kechaou N，et al. Influence of air drying temperature on kinetics，physicochemical properties，total phenolic content and ascorbic acid of pears[J]. Food & Bioproducts Processing，2012，90(3)：433-441.

[293] Doymaz I. An experiment study on drying of green apples[J]. Drying Technology，2009，27，478-485.

[294] eaction of amino acids and carbonyl compounds in mild conditions [J]. J Agric Food Chem，2000，48(9)：3761-3766.

[295] Figuerola F，Hurtado M，Esteve A M，et al. Fibre concentrates from apple pomace and citrus peel as potential fibre sources for food enrichment [J]. Food Chemistry，

参
考
文
献

2005，91(3)：395-401.

［296］Freitas V D，Carvalho E，Mateus N. Study of carbohydrate influence on protein-tannin aggregation by nephelometry[J]. Food Chemistry，2003，81(4)：503-509.

［297］Fridrich D，Kern M，Pahlke G，et al. Apple polyphenols diminish the phosphorylation of the epidermal growth factor receptor in HT29 colon carcinoma cells[J]. Mol Nutr Food Res，2007，51(5)：594-601.

［298］Gómez R B，Roux S，Courtois F，et al. Spectrophotometricmethod for fast quantification of ascorbic acid and dehydroascorbic acid in simple matrix for kineticsmeasurements[J]. Food Chemistry，2016，211：583-589.

［299］Gomez-Plaza E，Cano-Lopez M. A review on micro-oxygenation of red wines: claims，benefits and the underlying chemistry[J]. Food Chemistry，2011，125(4)：1131-1140.

［300］Chen G，Li J，Sun Z，et al. Rapid and sensitive ultrasonic-assisted derivatisation-microextraction (UDME) technique for bitter taste-free amino acids (FAA) study by HPLC-FLD [J]. Food Chemistry，2014，143(15)：97-105.

［301］Guernevé C L，Sanoner P，Drilleau J F，et al. New compounds obtained by enzymatic oxidation of phloridzin[J]. Tetrahedron Letters，2004，45(35)：6673-6677.

［302］Li H，Pordesimo L，Weiss J. High intensity ultrasound assisted extraction of oil fromsoybeans. Food Researeh International，2004 (37)：731-738.

［303］Nastaj J F. Parabolic problem of moving boundary with relaxation of internal heat source capacity in vacuum freeze drying[J]. Elsevier science，2001，28(8)：1079-1090.

［304］Joshi S S，DhoPeshwarkar R，Jadhav U，et al. Continuous ethanol production by fermentation of waste banana peels using flocculating yeast[J]. Indian Journal of Chemical Technology. 2001，8(3)：153-156.

［305］Joslyn M A. Role of amino acids in the browning of orange juice[J]. Journal of Food Science，1957，22(1)：1-14.

［306］Zhang J，Zhang M，Shan L，et al. Microwave-vacuum heating parameters for Processing savory crisp bighead carp (Hypophthalmichthys nobilis) slices[J]. Journal of Food Engineering，2006，79：885-891.

［307］Lambrechts M G，Pretorious I S. Yeast and its importance to wine aroma a review[J]. South African. Am J Enol Viticult，2000，21：97-129.

［308］Laufenberc G，Kunz B，Nystroem M. Transformation of vegetable waste into value added products：(A) the upgrading concept；(B) practical implementations [J]. Bioresource Technology，2003，87：167-198.

［309］Peri L，Pietraforte D，Scorza G，et al. Apples increase nitric oxide production by human saliva at the acidic pH of the stomach：A new biological function for polyphenols with acatechol group[J]. Free radical biology&medicine，2005，39(5)：668-681.

[310] Liu P and Balaban M O. Quantification of visual characteristics of whipped cream by image analysis andmachine vision: method development[J]. Journal of Food Science, 2015, 80(4): E750-E758.

[311] Lord H, Pawliszyn J. Evolution of solid-phasemicroextraction technology[J]. J Chromatogr A, 2000. 885: 153-193.

[312] Louise U, Prez-Coello M S, Cabezudo M D. Analysis of volatile compounds of rosemary honey. Comparison of different extraction techniques [J]. Chromatographia, 2003, 57: 227-233.

[313] Louka N, Allaf K. New process for texturizing partially dehydrated biological products using controlled sudden decompression to the vacuum: application on potatoes [J]. Journal of Food Science, 2002, 67, 3033-3038.

[314] Mariscal M, Bouchon P, M. Comparison between atmospheric and vacuum frying of apple slices[J]. Food Chemistry, 2008, 107: 1561-1569.

[315] Zougagh M, Valcarcel M, Rios A. Supercritical fluid extraction: a critical review of its analytical usefulness[J]. Trends in Analytical Chemistry, 2004, 23(5): 1-3.

[316] Ma J I, Vicente F. Optimization and evaluation of a procedure for thegas chromatographic-mass spectrometric analysis of the aromasgenerated by fast acid hydrolysis of flavor precursors extracted fromgrapes[J]. Journal of Chromatography A, 2006, 1116: 217-229.

[317] Ma X, James B, Balaban M O, et al. Quantifying blistering and browning properties ofmozzarella cheese. part i: cheese made with different starter cultures[J]. Food Research International, 2013, 54(1): 912-916.

[318] Krokida M K, Maroulis Z B, Saravacos G D. The effect of the method of drying on the color of dehydrated products[J]. Food science and technology, 2001, 36: 53-59.

[319] Maria L Z, Shela G, Elzbieta B, et al. Sugar beet pulp and apple pomace dietary fibers improve lipid metabolism in rats fed cholesterol[J]. Food Chemistry, 2001, 72 (1): 73-78.

[320] Martins S I F S, Jongen W M F, Boekel MAJSV. A review of maillard reaction in food and implications to kinetic modelling. Trends in Food Science & Technology, 2001, 11(9-10): 364-373.

[321] Mottram D S, Wedzicha B L, Dodson A T. Acrylamide is formed in the maillard reaction[J]. Nature, 2002, 419(6906): 448-449.

[322] Naczk M, Grant S, Zadernowski R, et al. Protein precipitating capacity of phenolics of wild blueberry leaves and fruits. Food Chemistry, 2006, 96(4): 640-647.

[323] Nadian M H, Rafiee S, Aghbashlo M, et al. Continuous real-time monitoring and neural network modeling of apple slices color changes during hot air drying[J]. Food and Bioproducts Processing, 2015, 94: 263-274.

[324] Niwa T, Nakao M, Hoshi S, et al. Effect of dietary fiber on morphine-induced constipation in rats [J]. Bioscience, biotechnology, and biochemistry(Japan), 2002,

66(6): 1233-1240.

[325] Nobuo T, Hisashi N, Hiroshi K. Monolithic silica columns for HPLC,micro-HPLC and CEC[J]. High Resolution Chromatoraphy, 2000, 23: 111-118.

[326] Nurhuda H H, Maskat M Y, Mamot S, et al. Effect of blanching on enzyme and antioxidant activities of rambutan (nephelium lappaceum) peel[J]. International Food Research Journal, 2013, 20(4): 1725-1730.

[327] Onwuka C P I, Adetiloye P O, Afolami C A. Use of household wastes and crop residues in small ruminant feeding in Nigeria[J]. Small Ruminant Research, 1997, 24 (3): 233-237.

[328] Oshida T, Sakata R, Yamada S, et al. Effect of apple polyphinol on pig production andmeat quality [J]. Bullrtin of Animal Hygiene(Japan) , 2002, 27(2): 77-83.

[329] Pingret D, Fabiano-Tixier A S, Bourvellec C L, et al. Lab and pilot-scale ultrasound-assisted water extraction of polyphenols from apple pomace [J]. Journal of Food Engineering, 2012, 111(1): 73-81.

[330] Pisarnitskii A F. Formation of wine aroma: tones and imperfections caused byminor components (Review) [J]. Applied Biochemistry and Microbiology, 2001, 37(6): 552-560.

[331] Prigent S V, Voragen A G, Visser A J, et al. Covalent interactions between proteins and oxidation products of caffeoylquinic acid (chlorogenic acid)[J] . Journal of the Science of Food and Agriculture, 2007, 87(13): 2502-2510.

[332] Prigent S V E, Gruppen H, Visser A J W G, et al. Effects of non-covalent interactions with 5-o-caffeoylquinic acid (chlorogenic acid) on the heat denaturation and solubility of globular proteins[J]. Journal of Agricultural & Food Chemistry, 2003, 51(17): 5088-5095.

[333] Han Q, Yin L, Li S, et al. Optimization of process parameters for microwave vacuum drying of apple slices using response surface method[J]. Drying technology, 2010, 28: 523-532.

[334] Quevedo R, Pedreschi F, Bastias J M, et al. Correlation of the fractal enzymatic browning rate with the temperature in mushroom, pear and apple slices[J]. LWT-Food Science and Technology, 2016, 65: 406-413.

[335] Alonso-Salces R M, Korta E, Barranco A, et al. Pressurized liquid extraction for the determination of polyphenols in apple[J]. Journal of Chromatogrphy A, 2001, 933: 37-43.

[336] Rainieri S, Pretorius S. Selection and improvement of wine yeasts [J]. Ann Microbiol, 2000, 50(12): 15-31.

[337] Sun J, Liu R H. Apple phytochemical extracts inhibit proliferation of estrogen-dependent and estrogen-independent human breast cancer cells through cell cycle modulation[J]. J Agric Food Chem, 2008, 56(24): 11661-11667.

[338] Szucs P J. Chemical composition and nutritive value of apple pomace[J]. Allatten-

yesztes -es-Takarmanyozas，1988，37：81-90.

[339] Tosh S M，Yada S. Dietary fibers in pulse seeds and fractions：Characterization，functional attributes，and applications［J］. Food Research International，2010，43(2)：450-460.

[340] Udomkun P，Nagle M，Mahayothee B，et al. Influence of air drying properties on non-enzymatic browning，major bio-active compounds and antioxidant capacity of osmotically pretreated papaya［J］. LWT-Food Science and Technology，2015，60(2)：914-922.

[341] Vendruscolo F，Albuquerque P M，Strejt F，et al. Apple pomace：A versatile substrate for biotechnological applications［J］. Critical Reviews in Biotechnology，2008，28：1-12.

[342] Luczaj W，Skrzydlewska E. Antioxidative properties of black tea［J］. Preventive Medicine，2005，92(3)：547-557.

[343] Kuu W Y，Nail S L. Rapid freeze-drying cycle optimization using computer programs developed based on heat and mass transfer models and facilitated by tunable diode laser absorption spectroscopy (TDLAS)［J］. Pharmaceutical sciences，2009，98(9)：3469-3482.

[344] Xu Y，Zhang M，Tu D，et al. A two-stage convective air and vacuum freeze-drying technique for bamboo shoots［J］. Food Science and Technology，2005，(40)：589-595.

[345] Yen G C and Ping P H. Possible mechanisms of antimutagenic effect of maillard reaction products prepared from xylose and lysine［J］. Maillard Reactions in Chemistry Food & Health，2005，42(1)：341-346.

[346] Yi J Y，Zhou L Y，Bi J F，et al. Influence of number of puffing times on physicochemical，colour，texture，and microstructure of explosion puffing dried apple chips. Drying Technology，2016，34(7)：773-782.

[347] Yilmaz Y and Toledo R. Antioxidant activity of water-soluble maillard reaction products. Food Chemistry，2005，93(2)：273-278.

[348] Yin J，Hedegaard R V，Skibsted L H，et al. Epicatechin and epigallocatechingallate inhibit formation of intermediary radicals during heating of lysine and glucose［J］. Food Chemistry，2014，146(1)：48-55.

[349] Liu Y，Zhao Y，Feng X. Exergy analysis for a freeze-drying process［J］. Applied thermal engineering，2008，28：679-690.

[350] Zabetakis I，Koulentianos A，Orruno E，et al. The effect of high hydrostatic pressure on strawberry flavor compounds［J］. Food Chemistry，2000，71(1)：51-55.

[351] Zakaria Z，Shama G，II all G M. Lactic acid fermentation of scampi waste in a rotatinn horizontal bioreactor for chitin recovery［J］. Process Biochemistry，1998，33(1)：1-6.

[352] Zhang B，Huang W，Li J，et al. Principles，developments and applications of com-

参
考
文
献

puter vision for external quality inspection of fruits and vegetables: a review[J]. Food Research International, 2014, 62: 326-343.

[353] Zhang Z, Zou Y, Wu T, et al. Chlorogenic acid increased 5-hydroxymethylfurfural formation when heating fructose alone or with aspartic acid at two pH levels[J]. Food Chemistry, 2016, 190: 832-835.

寒富苹果深加工关键理论与技术